应用型人才培养系列教材

Verilog HDL 数字系统设计与应用

主　编　叶俊明　苏鹏鉴

副主编　余　华　马海琴　冯小芸

　　　　覃　琴　万剑锋

主　审　向　荣

西安电子科技大学出版社

内 容 简 介

　　本书是根据高等院校电子信息工程技术类专业的授课要求编写的。全书共 9 章，主要内容包括硬件描述语言与可编程逻辑器件、Vivado 和 Quartus Prime 的使用、Verilog HDL 的基本语法、行为描述的语法、基本组合逻辑电路设计、基本时序逻辑电路设计、有限状态机的设计、IP 核、实验指导（含 14 个实验）。本书将知识点的讲解与例题、习题和实验相结合，由浅入深地讲述了 EDA 数字系统设计的方法和思路，旨在提高读者的 Verilog HDL 数字系统设计与应用水平。

　　本书系统性强，内容丰富，概念清晰，通俗易懂，可作为电子信息、通信技术、微电子、人工智能、物联网应用技术等专业的本科及高职高专学生的教学用书。

图书在版编目（CIP）数据

　　Verilog HDL 数字系统设计与应用 / 叶俊明，苏鹏鉴主编. --西安：西安电子科技大学出版社，2023.8
ISBN 978–7–5606–6887–1

　　Ⅰ. ①V…　Ⅱ. ①叶…　②苏…　Ⅲ. ①VHD 语言—程序设计—高等学校—教材
Ⅳ. ①TP312.8

中国国家版本馆 CIP 数据核字(2023)第 098999 号

策　　划　陈　婷
责任编辑　陈　婷
出版发行　西安电子科技大学出版社(西安市太白南路 2 号)
电　　话　(029)88202421　88201467　　邮　　编　710071
网　　址　www.xduph.com　　　　　　　电子邮箱　xdupfxb001@163.com
经　　销　新华书店
印刷单位　陕西天意印务有限责任公司
版　　次　2023 年 8 月第 1 版　　2023 年 8 月第 1 次印刷
开　　本　787 毫米×1092 毫米　1/16　印张　18.5
字　　数　437 千字
印　　数　1～3000 册
定　　价　49.00 元
ISBN 978 – 7 – 5606 – 6887 – 1 / TP
XDUP 7189001–1
＊＊＊ 如有印装问题可调换 ＊＊＊

前　言

　　随着电子技术的不断发展，电子加工工艺的不断改进，EDA 开发工具的不断完善，许多高性价比的 FPGA/CPLD 器件在航空、通信、工业等领域得到了广泛运用。同时，应用面颇广的 Verilog HDL，由于其标准化程度高、语法类似于 C 语言，具有使用灵活、功能丰富、通用性强和开发周期短等优点，也深受开发者青睐。

　　本书针对本科和高职高专院校的电子信息、通信技术、微电子、人工智能、物联网应用技术等专业的学生和相关技术开发人员，以 Verilog HDL 为基础，结合新版的 EDA 开发工具如 Vivado、Quartus Prime 软件编写而成。书中的实例都是精心挑选的，实践指导性强。

　　本书共 9 章。第 1 章主要介绍了硬件描述语言、数字系统设计流程及可编程逻辑器件；第 2 章对 Vivado 和 Quartus Prime 两个软件的使用进行了详细讲解；第 3 和第 4 章分别介绍了 Verilog HDL 的基本语法和行为描述的语法；第 5 和第 6 章以组合逻辑电路、时序逻辑电路中常用的数据选择器、编码器译码器、比较器、锁存器、D 触发器、计数器和分频器等为例，介绍了多种元件设计思路以及组合逻辑电路和时序逻辑电路的设计要点；第 7 章使用一段式、两段式和三段式状态机对计数器进行设计，并采用序列检测器、动态显示电路和数/模转换器进一步讲解状态编码的使用和特点；第 8 章对 Vivado 软件中 IP 核的使用进行了介绍，主要讲述 Math Functions 工具箱的使用及 IP 核的创建、配置和例化等；第 9 章选取了 14 个实验，介绍了从最基础的与非门电路到复杂的串口通信接口电路的设计实验，使读者可以从实践的角度由浅入深、循序渐进地学习数字系统的设计方法。

　　本书由叶俊明和苏鹏鉴主编，具体分工如下：第 1～4 章由苏鹏鉴、万剑锋编写，第 5、6 章由余华、冯小芸、覃琴编写，第 7～9 章由叶俊明、马海琴编写；陶桂龙、黄显昱、张宪、楼家骥、董成刚参与了书本的校正、程序验证、电路图设计等工作；全书由向荣主审。

　　为了和 Vivado、Quartus Prime 软件的仿真结果保持一致，书中部分图中的变量、器件符号未采用国标，请读者阅读时留意。

　　由于编者的水平和精力有限，书中难免存在不足之处，敬请读者批评指正。

编　者
2023 年 2 月

目 录

第 1 章　硬件描述语言与可编程逻辑器件

　　本章主要介绍了硬件描述语言、数字系统设计流程和可编程逻辑器件等内容。硬件描述语言部分介绍了其概念、发展、组成、特点；数字系统设计流程主要包括设计输入、综合、布局布线、仿真、编程/配置；可编程逻辑器件部分介绍了其发展，并从逻辑资源、存储资源、时钟资源、I/O 资源、集成 IP 资源和速度等级等方面，讲述了 FPGA 的选型原则。

1.1　硬件描述语言

　　硬件描述语言(HDL，Hardware Description Language)是一种用文本形式或原理图等方法描述数字系统电路和功能的语言。数字电路系统的设计者利用硬件描述语言，可以从上层到下层(从抽象到具体)逐层描述硬件电路，用一系列分层次的模块来表示极其复杂的数字系统；然后运用电子设计自动化(EDA，Electronics Design Automation)工具逐层进行设计文件的仿真验证，并把其中需要变为具体实际电路的模块组合经由自动综合工具转换到门级电路网表；最后用专用集成电路(ASIC，Application Specific Integrated Circuit)或现场可编程门阵列(FPGA，Field Programmable Gate Array)自动布局布线工具，把电路网表转换为具体的电路布线结构。

　　20 世纪 80 年代初出现了多种硬件描述语言，但大多数硬件描述语言都具有特定性，只能在特定领域中使用，因此未得到设计者的普遍认同。随着 EDA 技术的发展，使用硬件描述语言设计 PLD/FPGA 成为一种趋势。VHDL 和 Verilog HDL 脱颖而出，先后成为 IEEE 标准，是电子设计领域中使用最多的硬件描述语言。VHDL 发展较早，语法严格；Verilog HDL 是在 C 语言的基础上发展起来的一种硬件描述语言，语法较自由。VHDL 和 Verilog HDL 相比，VHDL 的书写规则比 Verilog HDL 更为严谨，但相对自由的 Verilog HDL 语法也容易让部分初学者出错。

　　硬件描述语言主要由五个基础部分组成，即实体说明(Entity Declaration)、结构体(Architecture)、配置(Configuration)、程序包(Package)、库(Library)。

　　(1) 实体说明：描述系统外部的接口信号。

　　(2) 结构体：描述内部的结构和行为。

　　(3) 配置：属性选项，描述层与层之间、实体与结构体之间的连接关系。

　　(4) 程序包：属性选项，用于存放各个模块都能共享的数据类型、常数、子程序。

　　(5) 库：存放已编译的实体、结构体、配置和程序包。

1

本书主要使用 Verilog HDL 进行讲解，下面对其进行简单介绍。

Verilog HDL 是一种硬件描述语言，用于从算法级、门级到开关级的多种抽象设计层次的数字系统建模。Verilog HDL 语言不仅定义了语法，而且对每个语法结构都定义了清晰的模拟、仿真语义。因此，用这种语言编写的模型能够使用 Verilog 仿真器进行验证。Verilog HDL 从 C 语言中继承了多种操作符和结构，易学易用。

Verilog HDL 具有以下特点：

(1) 功能强大，设计灵活。Verilog HDL 具有功能强大的语言结构，可以用简洁明确的源代码来描述复杂的逻辑控制。它具有多层次的设计描述功能，层层细化，最后可直接生成电路级描述。Verilog HDL 支持多类型设计方法，既支持自底向上的设计，又支持自顶向下的设计。

(2) 支持广泛，易于修改。Verilog HDL 已经成为 IEEE 标准的硬件描述语言，商用 EDA 工具都支持 Verilog HDL，这为 Verilog HDL 的进一步推广和应用奠定了基础。用 Verilog HDL 编写的源代码具有易读和结构化的特点，使得修改设计变得容易。

(3) 系统硬件描述能力强大。Verilog HDL 具有多种设计描述风格，既可以描述系统级电路，又可以描述门级电路；既可以采用行为、寄存器传输或结构描述，又可以采用三者混合描述。同时，Verilog HDL 支持惯性延迟和传输延迟，可准确建立硬件电路模型。Verilog HDL 支持预定义的和自定义的数据类型，给硬件描述带来了较大的自由度，使设计者能够方便地创建高层次的系统模型。

(4) 独立于器件的设计，与工艺无关。设计者用 Verilog HDL 进行设计时，不需要考虑目标器件，可以集中精力优化设计；当设计描述完成后，可以用不同的器件来实现其功能。

(5) 移植能力强大。Verilog HDL 是一种标准化的硬件描述语言，同一个设计描述可以被不同的工具所支持，使得设计描述的移植成为可能。

(6) 易于共享和复用。Verilog HDL 采用基于库(Library)的设计方法，可以建立各种复用模块。这些模块可以预先设计或使用以前的存档模块，并以 IP 核等形式存放到库中，可在以后的设计中进行调用，使设计成果在设计者之间进行交流和共享，减少硬件电路设计工作量。

1.2　数字系统设计流程

数字系统设计流程是指利用 EDA 开发软件和编程工具对可编程逻辑器件进行开发的过程。首先，在 EDA 软件平台上，设计者利用硬件描述语言(HDL)完成数字系统电路的逻辑描述和功能设计；其次，在确保系统设计的可行性与正确性的前提下，结合多层次的仿真技术完成数字系统的功能仿真；第三，利用 EDA 工具的逻辑综合功能，把功能描述转换成某一具体目标芯片的网表文件，使用相应的 EDA 工具对目标可编程逻辑器件进行布局布线；最后，将网表文件下载或配置到芯片中进行功能验证。可编程逻辑器件可进行反复擦写编程，如功能不满足，可以反复修改程序、综合、布局布线、配置下载文件，直到满足设计要求。若需要订制为专用集成电路(ASIC)，则将网表文件输出提交到器件厂商，进行逻辑化简及优化、逻辑映射及布局布线，并进行功能和时序验证，直至集成电路设计完成。

ASIC 实现成本高、设计周期长，但可以设计出高速度、低功耗、高面积利用率的芯片，适用于对性能要求很高、批量很大的工业应用。采用可编程逻辑器件(PLD，Programmable Logic Device)实现系统是一种周期短、投入少、风险小的选择。

图 1.1 所示的基于 FPGA/CPLD 器件的数字系统设计流程包括设计输入、综合、布局布线、编程/配置四个步骤。综合后可以进行功能仿真，布局布线后再进行时序仿真，仿真与配置下载是对数字系统设计器件的测试与校验。

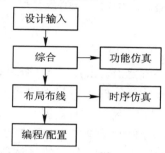

图 1.1　基于 FPGA/CPLD 器件的数字系统设计流程

1.2.1　设计输入

设计输入(Design Entry)是将设计者设计的电路以某种形式表达出来，并输入到相应软件中的过程。设计输入有多种表达方式，如原理图输入、HDL 文本输入、状态图输入和网络文件输入等。这里主要介绍常用的原理图输入和 HDL 文本输入。

1. 原理图输入

原理图(Schematic)输入是图形化的输入方式，主要使用库中的元件符号或模块符号进行连线设计。原理图输入相对来说比较直观，层次结构清晰，在简单的电路设计中，比较容易实现。在复杂的电路设计中，如果用原理图输入设计，则需要设计者具有扎实的基本功。当元件库中没有设计所需的元件时，设计者往往需要自行设计元件，此时使用原理图输入设计并不是很方便，并且移植性也会稍差一些。

2. HDL 文本输入

HDL 是一种用文本形式描述和设计电路的语言。设计者可利用 HDL 描述自己的设计，然后利用 EDA 工具进行综合、仿真并生成网表文件，最后将网表文件编程配置到 ASIC 或 FPGA 完成具体实现。

1.2.2　综合

综合(Synthesis)是 FPGA 电路设计中十分重要的步骤，它将 HDL 或者原理图转换为可与 FPGA/CPLD 或构成 ASIC 的门阵列基本结构相映射的网表文件。硬件综合器和软件程序编译器不同。软件程序编译器是将由 C 语言、汇编语言等编写的程序编译成二进制数据流的机器代码，提供给芯片下载。而硬件综合器是将硬件描述语言或者原理图所描述的电路转化为具体的电路网表文件，提供给厂家或者配置下载到芯片。图 1.2 所示为软件程序编译器和硬件综合器的过程比较图。

图 1.2　软件程序编译器和硬件综合器的过程比较

1.2.3　布局布线

布局布线(Place& Route)也称为适配(Fitting)，它可将综合生成的电路网表文件映射到具体器件中实现。布局布线后，可生成最终的可下载文件。

在 FPGA 布局时需要考虑的问题有降低功耗、减少延时、合理利用资源等。比如，乘法器电路适合布局在 RAM 附近，有利于缩短乘法的延时时间。

布局确定了查找表(LUT，Look Up Table)分布的具体位置，布线则是将输入信号连线到信号处理点，并将输出信号连线到输出 I/O 上，完成线路的最优选择，使电路整体性能更好。

1.2.4　仿真

仿真(Simulation)用于对所设计电路的功能进行模拟验证，以便及早发现问题并及时修改电路设计。

仿真通常可分为功能仿真和时序仿真。功能仿真又称前仿真，它是在电路设计完成后，经过综合器综合后运行的仿真，不考虑信号时延等因素。时序仿真又称后仿真，它是在完成综合和布局布线后进行的仿真。不同器件由于不同的布局、布线，内部延时会不一样，所以时序仿真是考虑延时的仿真。因此设计者完成设计后，有必要对电路进行时序仿真。

1.2.5　编程/配置

RAM 是易失存储器，掉电后保存在 RAM 中的数据会丢失，因此芯片每次上电后需要重新下载数据。EEPROM 是非易失存储器，掉电后保存在 EEPROM 中的数据不会丢失，不需要重新下载数据。通常将基于 EEPROM 工艺的非易失结构可编程逻辑器件的下载称为编程(Program)，而将为了解决 FPGA 等器件中 RAM 掉电造成数据丢失问题采用基于静态随机存取存储器(SRAM，Static Random-Access Memory)工艺结构的可编程逻辑器件的下载称为配置(Configuration)。

1.3　可编程逻辑器件

可编程逻辑器件(PLD)是一种通用半定制集成电路，内部集成了大量的门和触发器，其逻辑功能按照用户对器件的编程来确定。集成度是 PLD 的重要指标之一。常规 PLD 的集成度已经能够满足一般数字系统设计资源的需求。这样设计者就可以自行编程而把一个数字系统"集成"在一片 PLD 上，制作成"片上系统"(SoC，System on Chip)，而无需芯片制造厂商设计和制作专用集成电路芯片了。

目前生产或使用的 PLD 产品主要有可编程逻辑阵列(PLA，Programmable Logic Array)、可编程阵列逻辑(PAL，Programmable Array Logic)、通用阵列逻辑(GAL，Generic Array Logic)、可擦除的可编程逻辑器件(EPLD，Erasable Programmable Logic Device)、复杂的可编程逻辑器件(CPLD，Complex Programmable Logic Device)和现场可编程门阵列(FPGA，Field Programmable Gate Array)等几种类型。其中，PLA、PAL 和 GAL 称为低密度 PLD(一般在千门以下)，EPLD、CPLD 和 FPGA 称为高密度 PLD(半定制)。

1.3.1　可编程逻辑器件的发展

可编程逻辑器件伴随着半导体集成电路的发展而不断发展，其发展过程可分为以下四个阶段。

第一阶段：20 世纪 70 年代初到 70 年代末。该阶段的可编程逻辑器件只有简单的可编程只读存储器(PROM)、紫外线可擦除只读存储器(EPROM)和带电可擦除只读存储器(EEPROM) 3 种，由于结构和下载方式的限制，它们只能完成简单的数字逻辑功能，不能广泛应用。

第二阶段：20 世纪 80 年代初到 80 年代末。该阶段出现了结构上稍微复杂的可编程阵列逻辑(PAL)和通用阵列逻辑(GAL)器件，正式被称为 PLD。PAL 器件只能实现单次可编程，在编程以后无法修改；如要修改，则需更换新的 PAL 器件。GAL 器件不需要进行更换，只要在原器件上再次编程即可。该阶段可编程逻辑器件采用基于乘积项技术的逻辑块编程，不但能做时序逻辑电路，还能完成复杂组合逻辑电路。

第三阶段：20 世纪 90 年代初到 90 年代末。该阶段可编程逻辑器件种类更多，主要以 80 年代中后期出现的复杂的可编程逻辑器件(CPLD)/现场可编程门阵列(FPGA)为代表，逻辑运算速度得到了提高，体系结构和逻辑单元更加灵活，逻辑密集度更高，并且能够实现超大规模的电路，编程方式也很灵活。利用 CPLD/FPGA，电子系统设计工程师可以在实验室中设计出专用 IC，实现系统的集成，从而大大缩短了产品开发、上市的时间，降低了开发成本。

第四阶段：21 世纪初至今。该阶段开始实现 FPGA 和 CPU 相融合。比如，FPGA 器件内嵌了时钟频率高达 500 MHz 的 PowerPC 硬核微处理器和 1 GHz 的 ARM Cortex-A9 双核硬核嵌入式处理器，实现了软件需求和硬件设计的完美结合，使 FPGA 的应用范围从数字逻辑延伸到了嵌入式系统领域。

1.3.2　Xilinx FPGA

现场可编程门阵列(FPGA)是在硅片上预先设计实现的具有可编程特性的集成电路。它能够按照设计者的需求将网表文件配置为指定的电路结构，让用户不必依赖由芯片制造商设计和制造的 ASIC 芯片。FPGA 广泛应用于通信、汽车电子、工业控制、航空航天、数据中心等领域。

FPGA 的逻辑是通过内部静态存储器单元加载编程数据来实现的，存储在存储器中的值决定了逻辑单元的逻辑功能以及各模块之间或者模块与输入/输出端口的连接方式，并最终决定了 FPGA 所能实现的功能，这种加载编程数据的方式可以不限次数地重复修改。FPGA 采用高速 CMOS 工艺设计，可以与 CMOS、TTL 电平兼容，并且内部具有丰富的触发器和 I/O 引脚，用户可以用 FPGA 在 ASCI 设计中缩减设计周期，降低开发费用和风险，不需要投片生产就可以得到符合设计的芯片。

目前，全球四大 FPGA 厂商是 Xilinx(赛灵思)、Altera(阿尔特拉)、Lattice(莱迪思)、Microsemi(美高森美)，其中 Xilinx 与 Altera 这两家公司共占有近 90%的市场份额，而 Xilinx 始终保持着全球 FPGA 的霸主地位。

Xilinx FPGA 芯片的工艺有 90 nm、65 nm、45 nm、28 nm、20 nm、16 nm。例如，Spartan-3/3L 是 2003 年推出的 90 nm 工艺的 FPGA 产品，Virtex-7 是 2011 年推出的 28 nm 工艺的超高端 FPGA 产品。

Xilinx FPGA 的基本结构包括可编程逻辑块、可编程输入/输出单元、布线资源、底层嵌入功能单元、嵌入式 ARM、内嵌专用硬核等。其中：

(1) 可编程逻辑块(CLB，Configure Logic Block)指实现各种逻辑功能的电路，是 Xilinx FPGA 的基本逻辑单元。在 Xilinx FPGA 中，每个 CLB 由 Slice 组成，每个 Slice 由查找表、寄存器、进位链和多路选择器组成。

(2) 可编程输入/输出单元可支持不同的 I/O 引脚的配置，例如 I/O 标准、单端或差分、电压转换速率、输出强度、上拉或者下拉电阻、数控阻抗(DCI)、输出延时等。

(3) 布线资源用来连接 FPGA 内部的所有单元，连线的长度和工艺决定着信号在连线上的驱动能力和传输速度。根据工艺、长度、宽度和分布位置的不同，布线资源可以划分为四类。第一类是全局布线资源，用于芯片内部全局时钟和复位/置位的布线；第二类是长线资源，用于完成 Bank 之间的高速信号的连接；第三类是短线资源，用于完成基本逻辑单元之间的逻辑互联和布线；第四类是分布式布线资源，用于专用时钟、复位等控制信号。

(4) 底层嵌入功能单元主要为时钟资源，可分为全局时钟资源、区域时钟资源和 I/O 时钟资源。全局时钟用于保证时钟信号达到每个目标逻辑单元的时延基本相同。区域时钟是一组独立于全局时钟网络的时钟网络。I/O 时钟通常用于局部 I/O 串行器或解串行器电路的设计。

1.3.3 FPGA 设计中的选型原则

Xilinx 的主流 FPGA 分为两大类：一类侧重于低成本应用，容量中等，性能可以满足一般的逻辑设计要求，如 Spartan 系列；另一类侧重于高性能应用，容量大，性能可以满足各类高端应用，如 Virtex 系列。在性能可以满足的前提下，应优先选择低成本器件。一般情况下，进行芯片的选择时主要考虑以下几个要素。

1. 逻辑资源

CLB 是 FPGA 内的基本逻辑单元，主要用来衡量 FPGA 芯片不同内部结构或不同厂商芯片的资源情况。每个 CLB 都包含一个可配置开关矩阵，此矩阵由 4 或 6 个多路复用器和触发器等组成。开关矩阵是高度灵活的，可以对其进行配置，以便处理组合逻辑、移位寄存器或 RAM 电路。在 Xilinx 公司的 FPGA 器件中，CLB 由多个(一般为 4 个或 2 个)相同的 Slice 和附加逻辑构成。每个 CLB 模块不仅可以用于实现组合逻辑、时序逻辑，还可以配置为分布式 RAM 和分布式 ROM。Slice 是 Xilinx 公司定义的基本逻辑单位。一个 Slice 由两个 4 输入的函数、进位逻辑、算术逻辑、存储逻辑和函数复用器组成。

2. 存储资源

Xilinx FPGA 有以下三种可以用来做片上存储(RAM、ROM 等)的资源：

(1) FlipFlop，即触发器资源。一个 FlipFlop 即一个 1 bit 的触发器。例如，在 Verilog 里面定义的 reg，在综合映射的时候就映射成了 FlipFlop 资源。

(2) LUT(Look-Up-Table)，即查找表。例如，4 输入的 LUT，实际上就是 4 个位的地址线，一位数据位的存储器，能够存储 16 位数据，所以在 FPGA 设计中可以用 LUT 组建分布式的 RAM。

(3) Block RAM，即独立的存储资源。Block RAM 要一块一块地使用，不像分布式 RAM 那样想要多少 bit 都可以。

3. 时钟资源

Xilinx 公司的 FPGA 中提供了丰富的时钟资源，大多数设计者在 FPGA 设计中都会用到时钟资源。时钟资源主要分为数字时钟管理器(DCM)、锁相环(PLL)、相位匹配时钟分频器(PMCD)和混合模式时钟管理器(MMCM)四大类，这四大类中的每一种都针对特定的应用。例如，可以使用 DCM 将时钟源的输入时钟信号相乘，生成高频率时钟信号；或者可以将来自高频率时钟源的输入时钟信号相除，生成低频率时钟信号。

4. I/O 资源

在选择型号时，需要考虑芯片的 I/O 资源能否满足 FPGA 设计的要求。Xilinx FPGA 芯片的 I/O 资源种类多，软件库中提供了大量与 I/O 相关的原语。在例化时，可以指定 I/O 的标准。例如，与单端 I/O 相关的有 IBUF(输入缓冲器)、IBUFG(时钟输入缓冲器)、OBUF(输出缓冲器)、OBUFT(三态输出缓冲器)、IOBUF(输入输出缓冲器)；与差分 I/O 相关的有 IOBUFDS(差分输入输出缓冲器)、IBUFDS(差分输入缓冲器)、IBUFGDS(时钟差分输入缓冲器)等。

5. 集成 IP 资源和速度等级

在 FPGA 设计中，IP 核是指完成某种功能的设计模块。在电子系统的设计中越向高层发展，集成 IP 的设计、复用技术越显得突出。用户可以创建自己的 IP 模块，还可以把自己的 IP 模块打包实现重复使用或供第三方 IP 用户使用。

对于 Xilinx 公司的 FPGA 而言，速度等级(Speed Grade)值越大，速度越高。器件速度等级的选型，一个基本的原则是：在满足应用需求的情况下，尽量选用速度等级低的器件。该选型原则有如下好处：

(1) 由于传输线效应，速度等级高的器件更容易产生信号反射，设计时要在信号的完整性上花更多的精力。

(2) 速度等级高的器件一般用得比较少，价格也比较高，而且高速器件的供货渠道较少，器件的订货周期较长，容易延误产品的研发周期，错过产品的最佳上市时间。

习 题

1. 硬件描述语言通常包含哪几个基础组成部分？
2. Verilog HDL 的特点有哪些？
3. 可编程逻辑器件与专用集成电路各有什么优缺点？
4. 数字系统设计流程包括哪些步骤？
5. 功能仿真与时序仿真有什么区别？
6. 目前生产 FPGA 芯片的主要厂商有哪些？
7. 进行 FPGA 选型时，应主要考虑哪些因素？
8. Xilinx FPGA 的时钟资源主要有哪些？

第2章　Vivado 和 Quartus Prime 的使用

本章介绍 Xilinx 公司的设计仿真软件 Vivado 和英特尔公司的设计仿真软件 Quartus Prime。Vivado 软件的使用步骤包括工程创建、添加建设文件、仿真、约束文件、生成编译文件并下载等；Quartus Prime 软件的使用步骤包括工程创建、创建 Verilog HDL 等。

2.1　Vivado 软件使用

Vivado 设计套件是 Xilinx 厂商于 2008 年研发的、2012 年发布的高度集成 FPGA 开发环境。Vivado 彻底完善了 FPGA 硬件开发堆栈的基础，提供系统到 IC 级别的设计工具，旨在提供超高生产力的设计方法。Vivado 是在原有 ISE 设计套件的基础上研发的，在各方面性能上有很大改进，比如统一的数据格式、强大的脚本功能以及业界的标准性，可以使用 C 语言开发或在 DSP 上开发，仿真速度可达 ISE 的 3 倍，使用 C/C++语言可将验证速度提高 100 倍。随着 Xilinx 芯片架构的持续发展，Vivado 也不断增加新应用领域，比如针对嵌入式开发人员的 SDSoC，为数据中心部署开发的 SDAccel 以及面向 AI 的工具包。目前，Vivado 套件支持 Xilinx 高端系列产品，能够在 Windows 系统和 Linux 系统下进行大型复杂系统设计，极大地丰富了 FPGA 的应用生态。

1. 工程创建

(1) 双击 Vivado 软件，弹出 Vivado 欢迎界面，如图 2.1 所示。

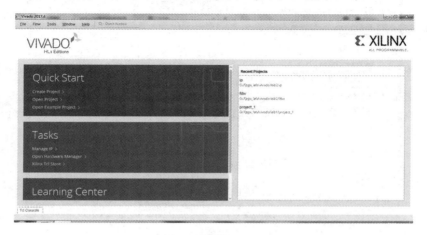

图 2.1　Vivado 欢迎界面

(2) 在 Quick Start 中点击 Creat Project 选项，在 New Project 向导中点击 Next，填写工程名和存储路径，如图 2.2 所示。工程名和存储路径要求必须是英文字母、数字和下画线等字符组合，并要求以英文字母开始。

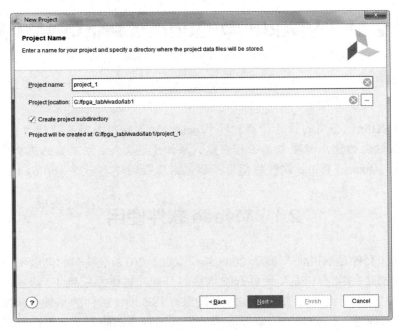

图 2.2 选择工程名字和路径

(3) 选择 RTL Project，为工程选择类型，如图 2.3 所示。

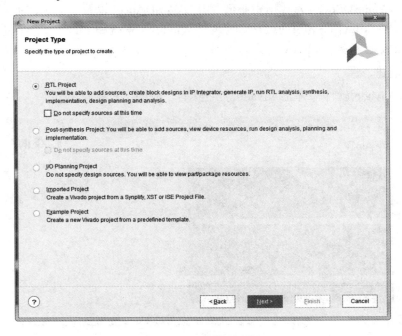

图 2.3 工程类型选择

(4) 根据自己的需要，选择一款 FPGA 开发芯片，在 Default Part 对话框中选择 FPGA 型号：ARTIX-7 系列中的 xc7a35tcsg324-1，如图 2.4 所示。

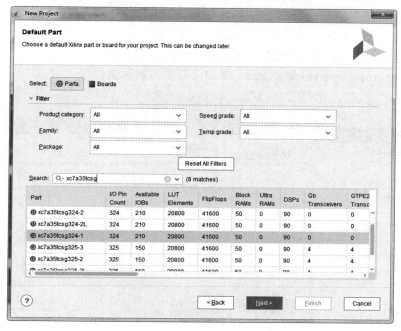

图 2.4　型号选择

(5) New Project Summary 对话框中显示了新建工程的硬件信息是否完整，如有异议可点击 Back 进行修改，无异议可点击 Finish 完成工程创建，如图 2.5 所示。

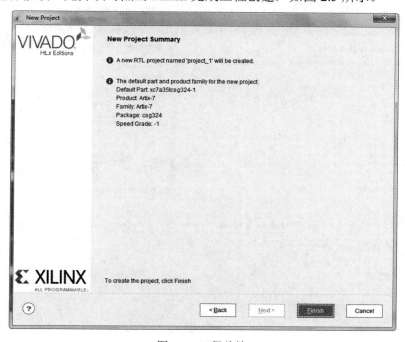

图 2.5　工程总结

2. 添加建设文件

(1) 在 Vivado 工程界面的 PROJECT MANAGER 中选择 Add Sources 或者在 File 中点击 Add Sources，选择 Add or create design sources，如图 2.6 所示。各选项含义如下：

① Add or create contraints：添加或创建约束文件。

② Add or create design sources：添加或创建设计源文件。

③ Add or create simulation source：添加或创建仿真源文件。

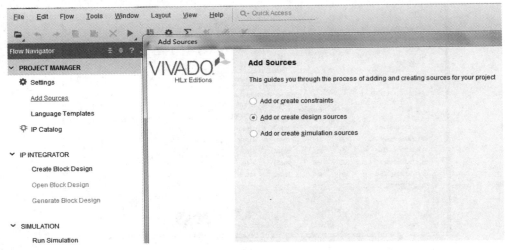

图 2.6　添加源文件

(2) 在 Add or Create Design Source 向导中点击 Create File，填写文件类型、文件名和位置，完成后点击 OK，然后点击 Finish，如图 2.7 所示。

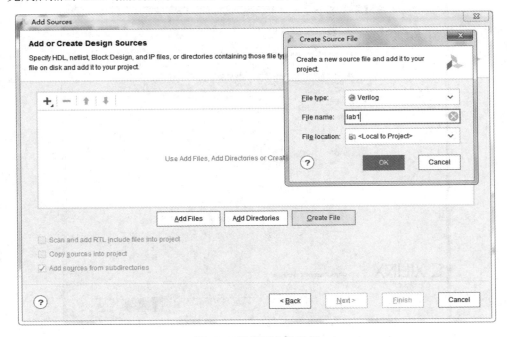

图 2.7　选择源文件类型

（3）在弹出的定义模块窗口中，可以修改模块名、定义模块端口，然后点击 OK，如图 2.8 所示。

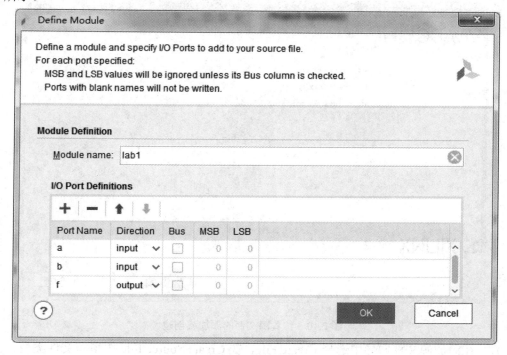

图 2.8　模块定义

（4）在 Sources 界面中的 Design Sources 中双击 lab1.v，在 lab1.v 工程文件中输入相应代码，如图 2.9 所示。

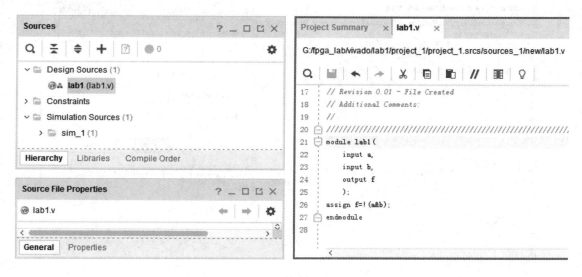

图 2.9　编程界面

3. 仿真

（1）在 File 中点击 Add Sources，选择 Add or create simulation sources，添加或创建仿真

源文件，如图 2.10 所示。

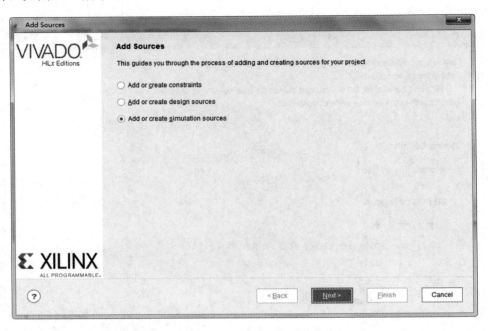

图 2.10　仿真源文件的添加或创建

(2) 在添加源文件向导中选择 Create File，在 Create Source File 中填写文件类型、文件名和位置，完成后点击 OK，然后点击 Finish，如图 2.11 所示。

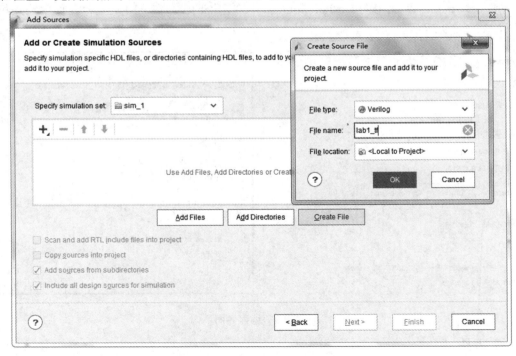

图 2.11　仿真源文件的添加

（3）双击 Sources 内 Simulation Sources 中的仿真文件，如图 2.12 所示。

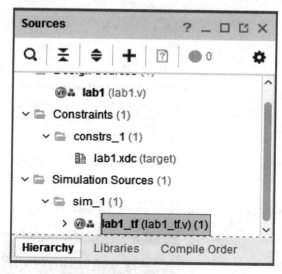

图 2.12　选择测试程序

（4）编写测试程序，如图 2.13 所示。

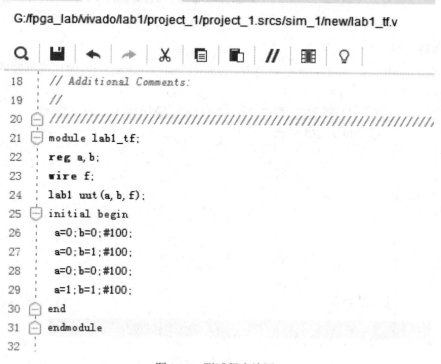

图 2.13　测试程序编写

（5）选择 SIMULATION 中的 Run Simulation，点击 Run Behavioral Simulation，如图 2.14 所示，进行行为仿真。

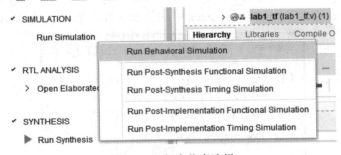

图 2.14 行为仿真选择

(6) 在 SIMULATION 窗口中可看到相应的波形，如图 2.15 所示，可用 Ctrl+滚轮放大或缩小仿真波形图。

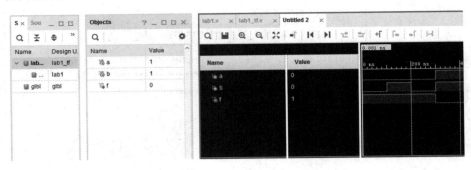

图 2.15 仿真波形图

4. 约束文件

(1) 在 File 中点击 Add Sources，选择 Add or create constraints，添加或创建约束文件，如图 2.16 所示。

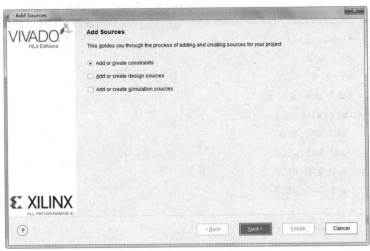

图 2.16 添加或创建约束文件

(2) 在添加源文件向导中选择 Create File，在 Create Constraints File 中填写文件类型、文件名和位置，约束文件类型为 XDC，然后点击 OK 和 Finish，如图 2.17 所示。

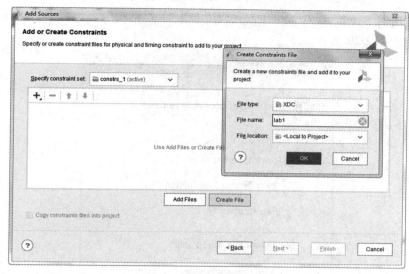

图 2.17 添加用户约束文件

(3) 在弹出的约束文件 lab1.xdc 中，编写与开发板 FPGA 相对应的引脚约束条件，如图 2.18 所示。

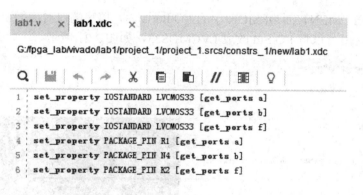

图 2.18 引脚约束条件

(4) 引脚约束的另外一种方法：在左边 Flow Navigator (流动导航器)中双击 IMPLEMENTATION 中的 Run Implementation(运行与实现)进行综合和实现，如图 2.19 所示。

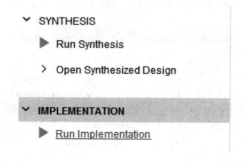

图 2.19 选择 Run Implementation

(5) 在弹出的 Synthesis Completed(完成综合)提示对话框中，选择 Run Implementation 后点击 OK，如图 2.20 所示。

图 2.20　Synthesis Completed 对话框

(6) 在 IMPLEMENTED DESIGN 中的 I/O Ports 内，填写端口对应的引脚编号和 I/O 标准，并保存，这里可以将 I/O Std 改成 LVCMOS33，如图 2.21 所示。

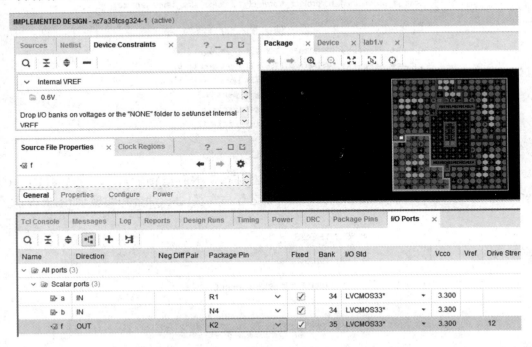

图 2.21　设置引脚约束

5. 生成编译文件并下载

(1) 在左边的 Flow Navigator 中双击 PROGRAM AND DEBUG 中的 Generate Bitstream

生成比特流编码文件，如图 2.22 所示。

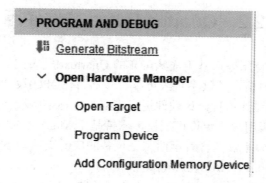

图 2.22　生成比特流编码文件

（2）如果是第一次连接开发板，应选择 Auto Connect 或者 Open New Target 查找目标板卡，如图 2.23 所示，如果已接连，板卡上电后会自动查找到芯片。

图 2.23　查找目标板卡

（3）在左边的 Flow Navigator 中，双击 PROGRAM AND DEBUG 中的 Open Hardware Manager 打开硬件管理器，双击 Program Device，在弹出的对话框中选择 Bitstream file 文件并点击 Program，如图 2.24 所示。

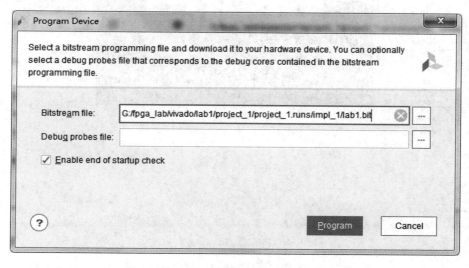

图 2.24　选择比特流编码文件

19

2.2 Quartus Prime 软件使用

Quartus Prime 是英特尔公司基于成熟可靠的 QuartusII 发布的一款 FPGA 开发软件，支持丰富的知识产权(IP)内核，提供系统级可编程单芯片(SOPC)设计的完整设计环境，能够有效加速大规模 FPGA 设计流程。该软件提供精简版、标准版和专业版三种版本。Quartus Prime 精简版面向入门级用户，免许可授权，支持基于 Max、Cyclone 系列器件系统开发。标准版则需要订购许可，不仅包含对早期家庭设备的广泛支持，还提供 IP 基本套件和 SoC 套件，涵盖 Max、Cyclone、Arria、Stratix 等系列。Quartus Prime 专业版软件主要支持从 Arria10 器件系列开始的下一代高端 FPGA 和先进特性，如 Chiplets 物理 IP、HyperFlex 寄存器结构、多样时序优化等。

从设计输入和优化，直至综合、适配、仿真和验证各个阶段，Quartus Prime 软件包括了设计英特尔 FPGA、SOC 和 CPLD 所需的一切，确保设计输入、快速处理和简单的器件编程。Quartus Prime 软件中集成了新的 Spectra-Q 综合工具，支持具有数百万逻辑元件的 FPGA 器件，还集成了新的前端语言解析器，扩展了 Verilog-2005 标准和 VHDL-2008 标准，增强了 RTL 级的设计功能。软件强大的功能为设计人员提供了理想的平台，以满足下一代设计需求。

1. 工程创建

(1) 双击 Quartus Prime 软件，弹出 Quartus Prime 欢迎界面，如图 2.25 所示。

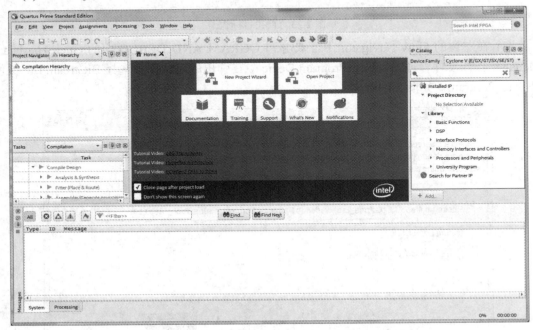

图 2.25　Quartus Prime 欢迎界面

(2) 点击 New Project Wizard 或者依次选择 File→New，选择 New Quartus Prime Project，

然后点击 OK，如图 2.26 所示。

图 2.26　新建选项

（3）弹出对话框，直接点击 Next，该窗口显示了工程设置包括的步骤，如图 2.27 所示。若下次不需要再显示该对话框，可以把图 2.27 中左下角的 Don't show me this introduction again 选项勾选上。

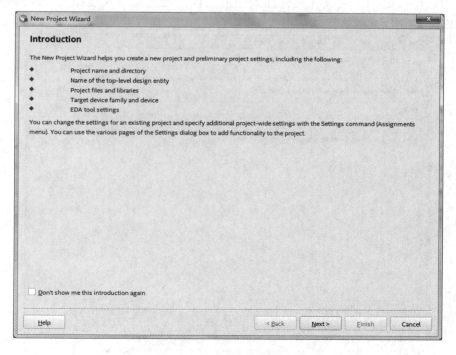

图 2.27　工程设置选项介绍

（4）设置工程存放路径、工程名字和顶层实体名字。在弹出的 Directory, Name, Top-Level Entity 对话框中，点击对话框最上一栏右边的按钮"…"，找到当前工程存放的目录文件夹。在第二栏中填写名字 mux2_1 作为当前工程的名字，第三栏是顶层文件的实体名，一般与工程名相同。设置完后点击 Next，如图 2.28 所示。

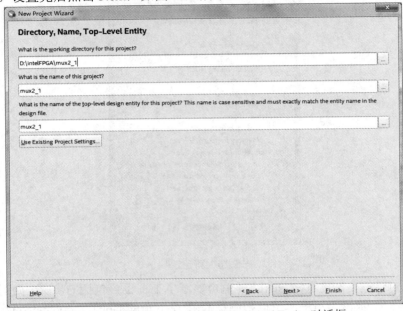

图 2.28　设置 Directory, Name, Top-Level Entity 对话框

（5）将已经做好的相关设计文件加入当前工程，若无需加入设计文件，则直接点击 Next，如图 2.29 所示。

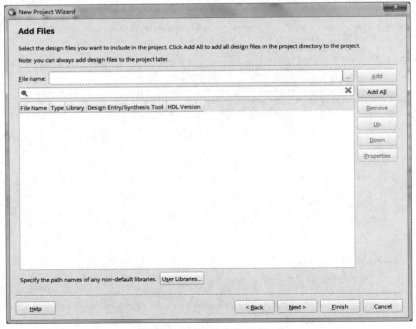

图 2.29　设计文件添加

(6) 选择目标器件，如图 2.30 所示，该对话框为选择目标器件窗口。在 Device family 栏下选择相应的器件系列，在 Show in 'Available devices' list 栏中可以选择芯片的封装、引脚数、速度等级等，在 Available devices 栏中选择开发板中具体的芯片型号。设置好后，点击 Next。

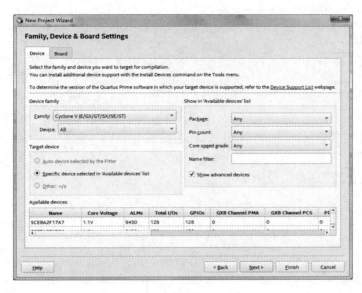

图 2.30　选择目标器件

(7) 选择综合器和仿真器。弹出的 EDA Tool Settings 对话框为选择仿真器和综合器的窗口，如图 2.31 所示。在 Design Entry/Synthesis 中选择综合器，如不进行可选择<None>，默认为 Quartus Prime 自带的综合器。如选择其他的综合器，则需要提前安装好该综合器。在 Simulation 一栏里对仿真器进行选择，选择 modelSim 进行仿真，在后面的 Format 中选择 Verilog HDL。然后点击 Next。

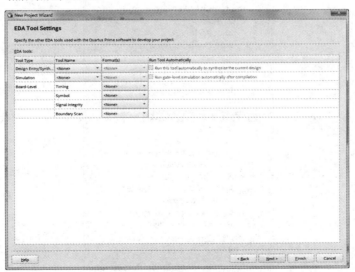

图 2.31　选择综合器和仿真器

(8) 工程设置信息总结窗口如图 2.32 所示，该对话框是对上述设置的汇总，如果信息没有错误，则点击 Finish 完成工程的创建，如果信息有错误，则点击 Back 返回修改。

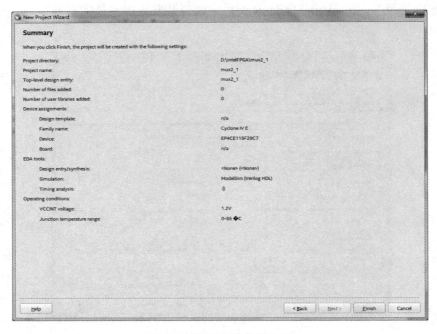

图 2.32　新建工程信息总结

2. 创建 Verilog HDL

(1) 选择菜单 File→New，在弹出的 New 对话框中的 Design Files 中选择设计所用的源文件类型，在这里选择 Verilog HDL File 类型，如图 2.33 所示，选择完成后点击 OK。

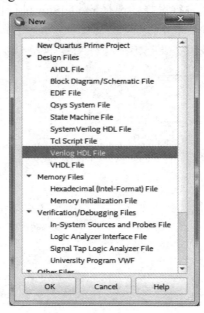

图 2.33　选择设计文件类型

(2) 在 mux2_1.v 文件上编写 Verilog HDL 代码后，选择菜单 Processing→Start Compilation 或者直接点击编译的快捷按钮进行编译，如图 2.34 所示。

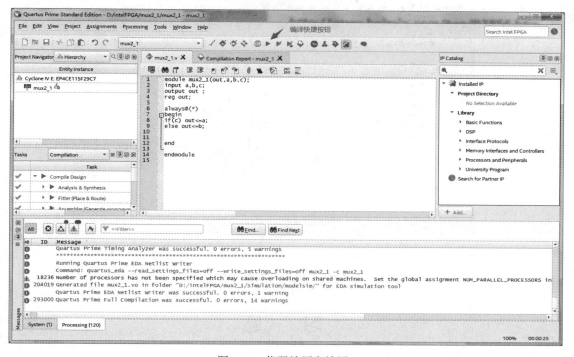

图 2.34　代码编写和编译

(3) 编译通过后，可查看 Verilog HDL 生产的 RTL 图，选择菜单 Tools→Netlist Viewers→RTL Viewer，如图 2.35 所示。系统生成的 mux2_1 的 RTL 图如图 2.36 所示。

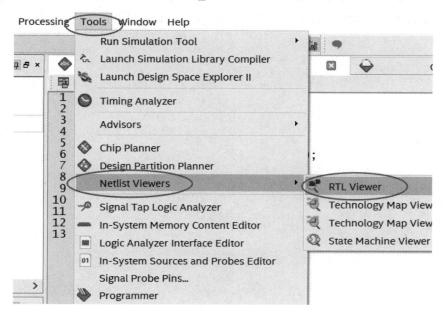

图 2.35　查看 RTL 图

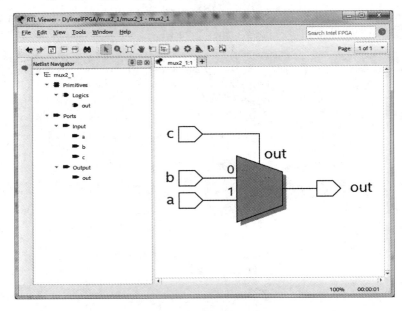

图 2.36　二选一选择器 RTL 图

习　　题

1. 请用 Vivado 软件设计一个三输入与非门。
2. 请用 Vivado 软件创建一个三输入与非门的仿真测试文件。
3. 请用 Quartus Prime 软件设计一个三输入与非门。
4. 请用 Quartus Prime 软件创建一个三输入与非门的仿真测试文件。

第 3 章 Verilog HDL 的基本语法

本章介绍 Verilog 的基本知识，包括模块、Verilog HDL 语言基本要素和基本语法等内容。Verilog HDL 与 C 语言有许多相似之处，例如分号用于结束每个语句，注释符(/* :. */和//)用法相同，运算符 "==" 也用来测试相等性。由于 Verilog 是硬件描述语言的一种，许多概念的物理意义与 C 语言有所不同，因此在学习过程中应加以注意。

3.1 Verilog 模块

Verilog 的基本设计单元为模块(module)，模块结构组成图如图 3.1 所示，一个模块通常由两部分组成：一部分为接口和数据类型说明，另一部分为逻辑功能描述。

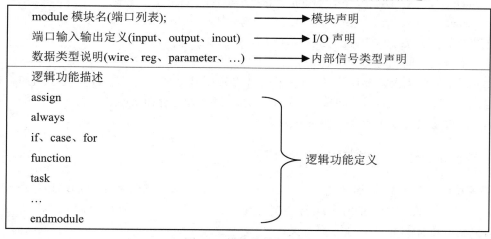

图 3.1 模块结构组成图

从图 3.1 可看出 Verilog 模块包含在 module 和 endmudule 关键字之间，而且每个模块包括 4 个主要部分：模块声明、端口定义(I/O 声明)、内部信号类型声明和逻辑功能定义。

【例 3.1】 描述二输入与非门的 Verilog HDL 的模块。

```
module my_nand(a, b, c);    //模块名为 my_nand，端口有 a、b、c
    input a, b;             //声明 a、b 为输入端口
    output c;               //声明 c 为输出端口
    wire d;                 //声明内部信号 d
    assign d = a&b;         //描述功能
```

```
    assign c =! d;              //描述功能
    endmudule                   //模块结束
```

3.1.1　Verilog HDL 模块声明

模块声明包括模块名、模块输入、输出端口列表。模块定义格式如下：

```
    module 模块名(端口 1，端口 2，…);
        …
    endmodule
```

其中，模块名是该模块的唯一标识，模块名后面的括号中是端口列表定义，端口名定义必须符合标识符命名规则，端口名之间用逗号隔开，模块声明以分号结束。

3.1.2　Verilog HDL 端口定义

端口是模块与外部其他模块进行信号传递的通道或通信信号线，其类型有三种：输入端口(input)、输出端口(output)、双向端口(inout)。每个模块要先对端口进行定义，说明端口的类型，再对模块功能进行描述。

端口定义的语法格式为：

```
    input  端口 1，端口 2，…，端口 n;      //输入端口
    output 端口 1，端口 2，…，端口 n;      //输出端口
    inout  端口 1，端口 2，…，端口 n;      //双向端口
```

定义端口时需注意以下几点：

(1) 端口名之间用逗号分隔。

(2) 每个端口不仅需要声明其端口类型，还要声明其数据类型，具体声明方式见 3.1.3 节。

(3) 输入端口(input)和双向端口(inout)不允许声明为寄存器类型。

(4) 模块仿真测试文件不需要定义端口。

3.1.3　Verilog HDL 内部信号类型声明

对模块中的所有信号都必须进行数据类型的定义，这些信号主要包括端口信号和节点信号。下面举例说明典型的几种信号类型定义。

(1) 端口定义和数据类型分开定义：

```
    module count(a, b, c);
        input[3:0] a, b;
        output[3:0] c;
        wire[3:0] a, b;      //定义输入信号 a、b 为 4 条总线组成的 wire 型变量
        reg[3:0] c;          //定义信号 c 为 4 条总线组成的 reg 型变量
        wire d;              //定义信号节点 d 的数据类型为 wire 型变量
        …
    endmodule
```

(2) 端口定义和数据类型写在同一条语句中：

```
module count(a, b, c);
    input wire[3:0] a, b;        //定义输入信号 a、b 为 4 条总线组成的 wire 型变量
    output reg[3:0] c;           //定义信号 c 为 4 条总线组成的 reg 型变量
    wire d;                      //定义信号节点 d 的数据类型为 wire 型变量
    …
endmodule
```

(3) 端口定义和数据类型放在端口列表中:

```
module count
    (   input wire[3:0] a, b,
        output reg[3:0] c
    );
    wire d;
    …
endmodule
```

以上三种书写风格中，第三种在书写形式上更加简洁，端口类型和信号类型放在模块列表中声明后，在模块内部就不需要再重复声明。

【例 3.2】　用 Verilog HDL 对二选一数据选择器的描述。

```
module MUX2_1
    (   input a, b, sel,
        output out
    );
    assign out = sel?b:a;
endmudule
```

3.1.4　Verilog HDL 逻辑功能定义

模块最核心的部分是逻辑功能定义，可以使用数据流描述、行为描述和元件例化三种不同风格定义和描述逻辑电路的功能。

(1) 数据流描述。数据流描述通常采用连续赋值语句(assign)对电路的逻辑功能进行描述，通过说明数据的流向对模块进行描述。数据流描述方式比较适合对组合逻辑电路进行描述。例如:

```
module aor(a, b, c, out);
    input a, b, c;
    output out;
    assign out = ~((a&b) | (~c));
endmodule
```

使用 assign 赋值时，赋值语句放在 assign 语句后面即可。

(2) 行为描述。行为描述使用过程块结构对电路功能进行描述，过程块通常有 initial 和 always 语句等。过程块结构内部是行为语句，如过程赋值语句、if 语句、case 语句等。行

为描述使用比较抽象的高级程序语句来描述逻辑功能，不涉及实现该模块的具体硬件电路结构。过程块 always 使用频率较高，该语句既可描述组合电路，也可描述时序电路。例如：

```
module aor(a, b, c, out);
    input a, b, c;
    output reg out;
    always @(a, b, c)
    begin
        out = ~((a&b) | (~c));
    end
endmodule
```

(3) 元件调用(元件例化)。元件调用是指调用底层模块或调用基本门级元件的方法，即调用已经定义好的低层次模块或 Verilog 内部预先定义好的门级元件对模块逻辑功能进行描述。只使用门级元件描述的电路也称为门级描述方式。例如：

```
module instance(a, b, c, out);
    input a, b, c;
    output out;
    wire w1, w2, w3;
    and(w1, a, b);          //调用与门
    not(w2, c), (out, w3);  //调用非门
    or(w3, w1, w2);         //调用或门
endmodule
module top(a, b, c, out);
    input a, b, c;
    output out;
    instance my_instance(a, b, c, out);   //调用底层模块
endmodule
```

使用上述三种方式的描述都可以实现组合逻辑电路的逻辑功能，并且使用数据流和行为描述，经过综合工具综合后，结果一般都是门级结构描述。

3.2　基本语法要素

Verilog 代码是由大量的基本语句构成的，其中基本语法元素包括空白符(White Space)、标识符(Identifier)、关键字(Key Word)、数字(Number)、运算符(Operator)、字符串(String)、注释(Comment)等。

1. 空白符

空白符又称间隔符，在 Verilog HDL 代码中，空白符主要包括空格字符(\b)、制表符(\t)、换行符(\n)。这些空白符起到分隔作用，使代码整齐美观，便于代码的阅读和修改。Verilog

HDL 中的空白符只用于分隔标识符，不会被编译，但在字符串中这些空白符是有意义的。Verilog HDL 代码可以单行书写，也可以多行书写。

【例 3.3】 单行书写格式。

```
module mux2_1(a, b, s, y); input a, b, s; output y; assign y = (s==0)?a:b; endmodule
```

【例 3.4】 多行书写格式。

```
module mux2_1(a, b, s, y);
    input a, b, s;
    output y;
    assign y = (s==0)? a:b;
endmodule
```

多行书写格式中加入了空格、换行等字符后，代码更加整齐美观，便于程序员阅读和修改。

2. 标识符

标识符是程序代码编写时为模块、端口、函数、常量等元素定义的名称。程序员可以通过标识符访问或修改程序中的模块、函数、端口等对象。在 Verilog HDL 语言中，合法标识符由字母、数字、下画线(_)和符号($)组成。标识符不能与关键词同名，而且首字符必须是字母(a～z，A～Z)或下画线(_)。另外，Verilog 语言中标识符区分大小写，最长可达 1023 个字符。

【例 3.5】 判断以下标识符的正确性。

```
clk_1        //合法
Clk_1        //合法，第 1 行和第 2 行中的标识符为两个不同的标识符
6class       //非法，不允许以数字开头
_$_$         //合法，但不建议起没有意义的名字
Sec_1@       //非法，名字中带有非法字符@
```

转义标识符可解决不能以数字、美元符号开头和不能包含其他打印字符等缺陷。转义标识符以反斜杠 "\" 开始，以空白符(空格、制表符 Tab、换行符)结束。这样转义标识符中可以包含任何可打印字符，注意：反斜杠和空白符不属于转义标识符的一部分。

【例 3.6】 转义标识符。

```
\4S
\80.0￥
\sum        //等同于标识符 sum
```

3. 关键字

Verilog HDL 定义了一系列关键字(保留字)。关键字都是小写，比如：if-else，用户定义的标识符不能与之相同。

4. 注释

为了增加程序的可读性，有必要在代码中加入注释，方便拥护对程序的阅读和修改。注释的方法有两种：单行注释和多行注释。

单行注释：以 "//" 开始，到本行行尾结束。

多行注释：以 "/*" 开始，到 "*/" 结束。

注意：凡是注释的内容均不会进行编译。多行注释不能嵌套使用，而单行注释可以嵌套在多行注释里面。

【例 3.7】 单行注释与多行注释举例。

(1) 单行注释。

    a = b+c;   //单行注释

(2) 多行注释。

    /*   多行
       注释   */

(3) 多行注释嵌套为不合法的注释。

    /* /*   多行注释嵌套
       为不合法的注释 */ */

(4) 单行注释嵌套在多行注释里面为合法的注释。

    /*   //单行注释嵌套在多行注释里面
       //为合法的注释
    */

3.3 常　　量

在程序运行的过程中，其值不能被改变的量称为常量。在 Verilog HDL 中，主要常量类型有整数、实数和字符串。整数可以被综合，而实数和字符串不能被综合。

3.3.1 整数型常量

1. 进制表示形式

在 Verilog HDL 中，整数型常量主要有四种进制表示形式：

(1) 二进制整数，用字母 b 或 B 表示。

(2) 十进制整数，用字母 d 或 D 表示。

(3) 十六进制整数，用字母 h 或 H 表示。

(4) 八进制整数，用字母 o 或 O 表示。

缺省字母时，默认为十进制整数。

2. 整数表达方式

在 Verilog HDL 中，整数书写格式如下：

    ±<位宽> ' <进制表示形式><数值>

位宽表示所写整数的二进制位数；进制是数字的标识，是指定数值的格式，不区分大小写，如二进制的表示用 b 和 B 含义相同；数值是基于进制的数字序列，其中数字的 x(未知状态)和 z(高阻态)以及十六进制中的 a 到 f 不区分大小写。

注：撇号和进制之间不能有空格，也不允许插入其他符号。

非对齐宽度整数的处理，遵循以下规则：

(1) 当位宽小于实际位数时，截断相应的高位部分。

(2) 当位宽大于实际位数时，且数值的最高位是 0 或 1 时，相应的高位部分补 0。

(3) 当位宽大于实际位数时，且数值的最高位(最左边位)是 x 或 z 时，相应的高位部分补 x 或者 z。

(4) 如果未指定位宽，则默认位宽为 32 位，如实际位宽大于 32 位，则按实际位宽计算。

注：符号？可以替代高阻态 Z，在数字表示中，？与 Z(z)等价。

在数字之间，可以加入下画线符号 "_"，提高可读性。

【例 3.8】　以下为指定位宽整数书写的例子。

8'B1110_1011	//位宽为八位的二进制数 1110_1011
8'h5f	//位宽为八位的十六进制数 5f
6'o71	//位宽为六位的八进制数 71
4'b11_0111	//位宽小于实际位宽，最高位两位二进制 11 被截掉
10'hz1	//位宽大于实际位宽且最高位为 z，则左边补 z，等价 10'bzz_zzzz_0001
8'b1?	//位宽大于实际位宽且最高位为 1，则左边补 0，等价 8'b0000001z

【例 3.9】　以下为未指定位宽整数书写的例子。

599	//未指定位宽和进制，默认为十进制整数 599
'H56_DF	//十六进制数 56_DF，默认 32 位的位宽
'o562	//八进制数 562，默认 32 位的位宽
'HEDA_8760_8760	//十六进制数 EDA_8760_8760，按实际 44 位宽算

3.3.2　实数型常量

实数有十进制和科学计数两种表示方法。

注：十进制小数点两边至少各要有一个数字。

1. 十进制表示法

【例 3.10】　有效实数常量表示的例子。

3.14	
0.5	
3.0	
8.	//无效的实数常量
.1	//无效的实数常量

2. 科学计数表示法

【例 3.11】　有效实数常量表示的例子。

876e2	//等同 87600
0.1e-0	//等同 0.1
2.3223_6554e4	//等同 23223.6554，用下画线隔开
3.e2	//无效的实数常量
.5e2	//无效的实数常量

3. 实数到整数转换

Verilog HDL 语法规定，可通过四舍五入的方法将实数转换为整数。

【例 3.12】 将实数转为整数。

95.49	与 95.449	转为整数后都为 95
95.5	与 95.9	转为整数后都为 96
−95.49	与 −95.449	转为整数后都为 −95
−95.5	与 −95.9	转为整数后都为 −96

3.3.3 字符串

字符串是用双引号括起来的字符序列，字符串数值的表示为每一个字符所对应的 ASCII 码值。例如：字符串"abc"等价于 24'h616263。字符串变量是寄存器型变量，它的位宽等于字符串的字符个数乘以 8。例如：

```
module string_test;
reg[8*6:0] str1;
initial
begin
    str1 = "china";
    $display("%s = %h", str1, str1);
    #200;
    str1 = "china!!";
    $display("%s = %h", str1, str1);
end
endmodule
```

输出结果为

china = 006368696e61

china!! = 68696e612121

字符串主要用于仿真，例如显示一些相关信息。

3.4 数 据 类 型

数据类型用来表示数字电路中的物理连线、数据存储和传输单元类型。Verilog HDL 的数据类型有很多，本节介绍逻辑状态、网络、寄存器、向量四种数据类型。

3.4.1 逻辑状态

Verilog HDL 的信号逻辑状态有以下四种：

(1) 0：低电平、逻辑 0 或者逻辑假；

(2) 1：高电平、逻辑 1 或者逻辑真；

(3) x 或 X：未知状态或不确定；

(4) z 或 Z：高阻态。

未知状态 X 和高阻态 Z 都不区分大小写。比如：8'Hzx 与 8'HZX 等价。

3.4.2　网络

网络(net)型数据表示硬件电路之间的物理连线，该类型的变量不保存值，需要门或者模块的不断驱动，其输出的值始终紧随输入的变化而变化。通常 net 型变量有两种驱动方式：一种是将门电路元器件或者模块输出端连接到该变量(元件例化)；另一种是用 assign 持续赋值语句对该变量赋值。

网络型(net)变量没有连接到驱动时，其值为高阻态 z(除 trireg 以外，trireg 默认初始值为 x)。

常用 net 型变量如表 3.1 所示，其中"√"表示可综合。本小节主要介绍 wire 和 tri 两种网络类型。

表 3.1　常用的网络型变量

类　型	功　能	可综合性
wire/tri	内部连线类型	√
supply1/supply0	电源/地	√
wor/trior	多驱动连线，具有线或特性	×
wand/triand	多驱动连线，具有线与特性	×
tri1/tri0	无驱动时上拉/下拉状态	×
trireg	具有电荷保存，可存储数值	×

1. wire 型变量

wire 型变量是最常用的 net 型变量，在 Verilog 模块中定义输入/输出端口时，如果没有声明端口的数据类型，则默认为 wire 型变量。当输入端口声明为 wire 型信号时，在 assign 语句描述和组合逻辑电路中，输出端口也常声明为 wire 型变量。wire 型变量的取值可以是 0、1、X、Z，如果 wire 型变量没有连接驱动或者初始化时，其值为高阻态 Z。

wire 型变量定义格式如下：

　　wire[msb:lsb] 数据名 1，数据名 2，…，数据名 n；

[ ]可以省略，省略[ ]表示变量的宽度为 1 位。

【例 3.13】　定义 1 位位宽 wire 型变量 a 和 b。

　　wire a, b;

【例 3.14】　定义 10 位位宽 wire 型变量 a、b、c。

　　wire[9:0] a, b, c;

　　wire[10:1]a, b, c;

2. tri(三态)网络类型

wire 型变量和 tri 型变量在功能、语法上一致。tri 只是为了增加程序的可读性，可以清楚地表示信号电路连线具有三态功能。三态网络可以用于描述多个驱动源驱动同一根线的网络类型。如果多个驱动源驱动一个连线，则确定网络的有效值如表 3.2 所示。

表 3.2　wire 和 tri 的真值表

wire/tri	0	1	X	Z
0	0	X	X	0
1	X	1	X	1
X	X	X	X	X
Z	0	1	X	Z

3.4.3　寄存器

寄存器(variable)型数据包括四种类型，如表 3.3 所示，表中"√"表示可综合。本小节介绍常用的 reg 和 integer 两种类型。

表 3.3　variable 型变量

类　型	功　能	可综合性
reg(寄存器)	寄存器型变量	√
integer(整型)	32 位有符号整型变量	√
real(实数型)	64 位有符号实型变量	×
time(时间型)	64 位无符号时间变量	×

1. reg(寄存器)型变量

reg 型变量是最常用的 variable 型变量，reg 型变量初始值为 X。寄存器变量既能表示成存储元件，也能表示成连线。寄存器型变量与网络型变量的主要区别在于以下两点：

(1) 寄存器型变量保持最后一次赋值，只能用于 initial 或 always 语句中。

(2) 网络型变量其数据需要有持续驱动源。

reg 型变量定义格式与 wire 型变量类似，格式如下：

reg[msb:lsb]数据名 1，数据名 2，…，数据名 n；

【例 3.15】　定义 reg 型变量。

```
reg a, b;              //定义了两个 reg 类型的变量 a 和 b，宽度为 1 位
reg [7:0] a, b;        //定义了两个 reg 类型的变量 a 和 b，宽度为 8 位
```

【例 3.16】　Verilog 语言描述组合逻辑电路的例子。

```
module example(a, b, c, out1, out2);
input a, b, c;
output reg out1, out2;
alsways @(a, b, c)
begin
    out1 = a&b;
    out2 = out1 | c;
end
endmodule
```

例 3.16 中变量 out1 和 out2 定义为 reg 寄存器类型变量，表示当 a、b、c 不发生变化时 always 语句不执行，out1、out2 的值寄存以前的值而保持不变。电路并非时序逻辑电路，综合器综合结果并没有将其映射为寄存器，而只是映射为连线。

2. integer(整型)型变量

整型变量 integer 和 32 位寄存器型变量 reg[31:0]在实际意义上是相同的，只是寄存器变量被当作无符号数来处理，而整型变量可以是有符号数。在运用上，integer 型变量不能作为位向量访问，而 reg 型变量可以作为位向量访问。

例如：

```
integer j;                  //声明整型变量 j 为整形变量，32 位的 j 不能按位访问
reg[31:0] k;                //声明了 32 个位宽的寄存器变量 k
k[31] = 1;                  //寄存器变量 k 的最高位赋值 1
k[1:0] = 2'b10;             //寄存器变量 k 的最低 2 位赋值 2' b10
j[32] = 1;                  //非法描述
k[2:1] = j[1:0];            //非法描述
```

3.4.4　向量

1. 标量和向量

变量的宽度只有 1 位(没有高低位)的称为标量，在声明变量时如果没有指定其位宽，则默认宽度为 1。例如：

```
wire       ina;            //1 位位宽的网络型标量 ina
reg        outb;          //1 位位宽的寄存器型标量 outb
```

位宽大于 1 位(有高低位)的变量称为向量，包括 net 型和 variable 型。向量宽度表示形式为

```
[msb:lsb]
```

msb 代表最高有效位，lsb 代表最低有效位。例如：

```
reg[5:0]   ina;           //寄存器向量 ina，最高位为 ina[5]，最低位为 ina[0]
wire[0:9]  inb;           //网络型向量 inb，最高位为 inb[0]，最低位为 inb[9]
```

2. 位选择和域选择

选择向量中的一位称为位选择；选择向量中相邻几位称为域选择。例如：

```
reg[7:0] a, b;
a[7] = b[0];              //将 b 的最低位赋值给 a 的最高位，位选择
a = b[7:1]+b[6:0];        //将 b 的低 7 位加上 b 的高 7 位赋值给 a，域选择
```

位选择与域选择赋值时要注意宽度对齐问题，否则会丢失高位。例如：

```
reg[7:0] a;
wire[3:0] b;
always @(b)
    begin
        a[2:0] = b[3:0];
```

```
        end
```
　　//选取 b 的值赋值给 a 的第 2～0 位，此时 a 仅得到 b 的第 2～0 位，第 3 位未选择

　　向量又分为标量型向量和向量型向量两种。标量型向量支持位选择与域选择，向量型向量不支持位选择和域选择。

　　向量型向量只能看成整体进行操作，用关键字 vectored 说明。

　　标量类向量用关键字 scalared 说明。如果定义变量时没有说明，则默认为标量类向量。

例如：

```
        wire vectored [3:0] a;   //a 为向量类向量，不可以位选择和域选择
        wire scalared [3:0] b;   //b 为标量类向量，可位选择和域选择
        wire [3:0] b;            //b 没有说明向量类型，默认为标量类向量，可位选择和域选择
```

3. 存储器 Memory

　　在 Verilog 中，存储器可以看作是二维向量，或者是寄存器数组，由若干个相同宽度的寄存器向量构成。

　　注意存储器属于寄存器数组类型。线网数据类型没有相应的存储器类型。

　　存储器的定义格式如下：

```
        reg [msb:lsb] memory_name [upper1:lower1];
```

说明：

[msb:lsb]：寄存器字长范围，即每个存储单元中寄存器的数据宽度。

memory_name：存储器的名称。

[upper:lower]：存储器的容量范围，即表示存储器存储单元的数量。upper 为存储器尾地址，lower 为存储器首地址。

例如：

```
        reg [3:0] memerya [9:0];
```

　　上述声明语句中定义了 10 个存储单元，每个存储单元宽度为 4 位位宽存储器，名称为 memerya。

```
        reg [3:0] memerya [9:0];
        reg [0:3] memeryb [0:9];
```

　　在上述声明语句中，memerya 与 memeryb 两个存储器都表示大小相同的寄存器数组，但 memeryb 首地址为 9，尾地址为 0，在使用时不符合一般思维习惯。虽然寄存器数组在定义上有很大随意性，但是为了方便使用和阅读直观，通常在定义存储器位宽和容量范围时把数值大的放在前面。

　　在赋值语句中需要注意如下区别：存储器赋值不能在一条赋值语句中完成，但是寄存器可以。

例如：

```
        reg [5:0] rega;          //rega 为 6 位寄存器
        rega =   6'b110011;
```

　　上述赋值是正确的，下述赋值不正确：

```
        reg mema[5:0];           //mema 为 6 个 1 位寄存器的存储器
```

mema = 6'b110011;　　//错误

对存储器赋值的方法是分别对存储器中的每个单元赋值。

例如：

reg[3:0] mema[4:1];　　//[3:0]表示每个元素的宽度是 4 位，[4:1]表示元素个数为 4 个

mema[1] = 4'hF;

mema[2] = 4'hD;

mema[3] = 4'h6;

mema[4] = 4'h3;

对存储器赋值的另一种方法是使用系统任务(在电路仿真中使用)，有以下两种。

(1) $readmemb：加载二进制值。

(2) $readmemh：加载十六进制值。

系统任务从指定文本文件中读取数据并加载到存储器。文本文件必须包含相应二进制或者十六进制数。

例如：

reg[3:0] MemB[7:0];

$ readmemb ("rom.patt", MemB);

MemB 是存储器。文件"rom.patt"必须包含二进制值。

3.5　运算操作符

Verilog 语言提供了 30 多个运算符，按功能可分为算术运算符、逻辑运算符、位运算符、关系运算符、等式运算符、归约运算符、移位运算符、指数运算符、条件运算符和位拼接运算符等 10 类。按运算符携带操作数的个数可分为以下三种。

(1) 单目运算符：运算符只有一个操作数。

(2) 双目运算符：运算符有两个操作数。

(3) 三目运算符：运算符有三个操作数。

1. 算术运算符(Arithmetic operator)

算术运算符有：

+	加
−	减
*	乘
/	除
%	求模

进行整数除法运算时，结果数值要去除小数部分只保留整数部分；而进行求余运算时，操作数不能是小数，结果数值符号与第一个操作数相同。

注意：在进行算术运算操作时，如某一个操作数有不确定值 x，则整个结果也为不确定值 x。

如：−7%3 的值为 −1；7%-3 的值为 1；7/3 的值则为 2；1'bx/3 的值则为 x。

2. 逻辑运算符(Logical operator)

逻辑运算符有：

    &&   逻辑与

    || 逻辑或

    !   逻辑非

如：

M 非运算表示为!M;

M 和 N 与运算表示为 M&&N;

M 和 N 或运算表示为 M | N。

逻辑运算真值表如表 3.4 所示，运算后的返回值只有一位。

表 3.4   逻辑运算符的真值表

M N	M&&N	M ‖ N	!M !N
1 1	1	1	0 0
1 0	0	1	0 1
0 1	0	1	1 0
0 0	0	0	1 1

如果操作数不止一位，则应将操作数看成一个整体；如果操作数全是 0，则相当于逻辑 0；只要某一位是 1，则操作数就应该整体看作逻辑 1。逻辑运算结果要么为逻辑 1，要么为逻辑 0。

例如：

    A = 4'b0000; B = 4'b0001; C = 4'b0011; D = 4'b0000

运算后：

    !A = 1; !B = 0; A&&B = 0; B&&C = 1; A ‖ B = 1; A ‖ D = 0

3. 位运算符(Bitwise operator)

将运算符两边的操作数按右对齐(左边未能对齐者按 3.3.1 小节整数型变量规则补齐)并进行逻辑运算，称为位运算。

位运算符有：

~   按位取反

&   按位与

| 按位或

^   按位异或(不同为 1，相同为 0)

^~   按位同或(相同为 1，不同为 0)

按位与、按位或、按位异或运算真值表如表 3.5 所示。

表 3.5   按位与、按位或、按位异或的真值表

&	0 1 x	|	0 1 x	^	0 1 x
0	0 0 0	0	0 1 x	0	0 1 x
1	0 1 x	1	1 1 1	1	1 0 x
x	0 x x	x	x 1 x	x	x x x

例如：

　　A = 5'b10111; B = 5'b01011

运算后：

　　~A = 5'b01000; A & B = 5'b00011; A | B = 5'b11111; A ^ B = 5'b11100

当位宽不同的两个数据进行位运算时，会自动将两个操作数按右端对齐，位数少的操作数会按规则补齐(最左端为 0、1 的补齐 0；为 x、z 的补齐 x、z)。

4. 关系运算符(Relational operator)

关系运算符有：

　　<　　　　小于

　　<=　　　小于或等于

　　>　　　　大于

　　>=　　　大于或等于

注意：“<=”操作符也用于表示信号的一种赋值操作。

在关系运算的返回值为 1 位时，如果声明关系为假，则返回值是 0；如果声明关系为真，则返回值是 1；如果操作数数值不定，则关系结果未知，返回值是不定值 x。

5. 等式运算符(Equality operator)

等式运算符有：

　　==　　　等于

　　!=　　　不等于

　　===　　全等

　　!==　　不全等

等式运算符的返回值为 1 位的双目运算符，如果关系成立，结果逻辑值为 1；如果关系不成立，结果逻辑值为 0；如果关系不确定，可以参照表格 3.6 的真值表。

相等运算符(==)和全等运算符(===)比较：相等运算符(==)是关于两个操作数逐位比较的，两个操作数必须完全相等，其相等比较的结果才为 1，否则结果为 0；X 或 Z 不参与比较，并且若操作数有任何 1 位是 X 或 Z，其比较的结果都是 X。全等比较(===)则是对操作数出现 X 或 Z 的位也进行比较，两个操作数必须完全一样，其结果为 1，否则结果为 0。

相等运算符(==)和全等运算符(===)真值表如表 3.6 所示。

表 3.6　相等运算符和全等运算符的真值表

==	0	1	x	z	===	0	1	x	z
0	1	0	x	x	0	1	0	0	0
1	0	1	x	x	1	0	1	0	0
x	x	x	x	x	x	0	0	1	0
z	x	x	x	x	z	0	0	0	1

例如：寄存器变量 a = 4'b0x11，b = 4'b0x11，则"a==b"的结果为不定值 x，而"a===b"的结果为 1。

6. 归约运算符(Reduction operator)

归约运算有：

&	与
~&	与非
|	或
~|	或非
^	异或
^~, ~^	同或

归约运算又称缩位运算，返回值只有一位。归约运算是单目运算符的一种，符号放于单个操作数前进行运算。归约运算符将一个多位宽数缩减为一位位宽的数。例如：

reg [3:0]M;

N = &M;   //等效于 N = ((M[0] &M[1]) &M[2])&M[3];

例如：若 M = 4'b1100，则有

&M = 0;   //0&0&1&1 = 0

| M = 1;   //0 | 0 | 1 | 1 = 1

~&M = 0;   //0~&0~&1~&1 = 0

7. 移位运算符(Shift operator)

移位运算符有：

>>	右移
<<	左移
>>>	算术右移
<<<	算术左移

左移和右移用法一样，其用法为：

M>>N

或

M<<N

表示把操作数 M 右移或左移 N 位。

逻辑移位(<<，>>)始终用零填充空位位置。例如：

若 M = 5'b10011，则

M>>3 的值为 5'b00010;   //将 M 右移 3 位，用 0 添补移出的位

M<<3 的值为 5'b11000;   //将 M 左移 1 位，用 0 添补移出的位

算术左移(<<<)：向左移指定位数，用零填充。

算术右移(>>>)：向右移指定位数。如果表达式是带符号数，则用符号位值填充，否则用 0 填充。

例如：如果定义有符号二进制数 M = 8'sb10010010，则执行算术左移和算术右移后的结果为：

```
M<<<3;          //算术左移两位后其值为 8'b10010000
M>>>3;          //算术右移两位后其值为 8'b11110010
```

8. 指数运算符(Power operator)

指数运算符有:

```
**              指数运算符
```

例如:

```
parameter WIDTH = 16;      //定义参数 WIDTH 的常量值为 16
parameter DEPTH = 8;       //定义参数 DEPTH 的常量值为 8
reg[WIDTH-1:0]mem [(2** DEPTH)-1:0];
//定义一个存储器:有 256 个单元,每个单元的位宽为 16 位
```

9. 条件运算符(Conditional operators)

条件运算符有:

```
?:              条件运算符
```

条件运算符是唯一的三目运算符,格式如下:

```
变量名 = 条件表达式? 表达式 1: 表达式 2;
```

当条件表达式成立时,变量取表达式 1 的值,否则取表达式 2 的值。

【例 3.17】　用 Verilog HDL 描述对输入的两个数选择较大的一个数。

```
module MAX(
    input M, N,
    output F);
assign F = (M>N)?M:N;
endmudule
```

10. 拼接运算符(Concatenation operator)

拼接运算符可将两个或多个变量的某些位拼接或复制使用,变量之间用逗号隔开。格式如下:

```
{变量 1 的某几位, 变量 2 的某几位, …, 变量 N};
```

例如,变量 F 由 M 的高 4 位和 N 的低 4 位拼接得到:

```
input[7:0] M, N;
output[8:0] F;
assign F = {M[7:4], N[3:0]};
{2{M, N}}       //复制 3 次,与{M, N, M, N}相同效果。
{2{3'b101}      //复制 2 次后结果为 101101。
```

11. 运算符的优先级

运算符的优先级如表 3.7 所示,列在同一行的运算符优先级相同。所有运算符在表达式中都是从左向右结合的。不同综合工具的综合运算优先级是略有区别的,最好用括号( )来控制运算符的执行顺序。

表 3.7　运算符的优先级

类　别	运算符	优先级
单目运算符	+ - !~ & ~& | ~| ^ ~^ ^~	高优先级
指数运算符	**	
算术运算符	/ % * + -	
移位运算符	<< >> <<< >>>	
关系运算符	< <= > >=	
等式运算符	== != === !===	
位运算符	& ^ ^~ ~^ |	
逻辑运算符	&& ||	
条件运算符	?:	低优先级
位拼接运算符	{} {{}}	

3.6　赋值语句

本小节主要介绍过程语句中的赋值(阻塞赋值语句、非阻塞赋值语句)和 assign 连续赋值语句。在 assign 语句中的赋值通常使用阻塞赋值语句，而在 always 过程块中的赋值既可以使用阻塞赋值语句，也可以使用非阻塞赋值语句。

3.6.1　过程赋值语句

过程赋值语句是在过程块中的赋值语句，多用于对 variable 型变量进行赋值。过程赋值分为两种：阻塞赋值和非阻塞赋值。

1. 非阻塞(Non_blocking)赋值方式

赋值符号为"<="，例如：

　　N<=M;

　　F<=A;

通常非阻塞赋值放在某个过程块中，非阻塞赋值语句在整个过程块结束时才完成赋值操作，即 N 的值并不是立刻就改变的，而是在过程块结束这一刻同时给块中所有的非赋值语句赋值，一般用于时序逻辑电路的赋值。

2. 阻塞(blocking)赋值方式

赋值符号为"="，例如：

```
N = M;
F = A;
```

阻塞赋值跟 C 语言的赋值是一样的，在该语句结束时立即完成赋值操作，即 N 值在执行完 N = M 语句后立刻改变。N = M 赋值语句完成之前，F = A 赋值语句被阻塞不能马上执行，因此称为阻塞赋值方式。

【例 3.18】　用 Verilog HDL 对二选一数据选择器的描述。

```
module MUX2_1
    (input a, b, sel,
    output reg reg out);
    always@(*)
        begin
            if(sel==1) out = a;
            else out = b;
        end
    endmudule
```

阻塞赋值方式与非阻塞赋值方式是有很大区别的，特别是许多程序员先学了 C 语言的阻塞赋值方式，不习惯非阻塞赋值的用法，下面举例说明。

程序段一：

```
always@(posedge clk)
    begin
        b = a;
        c = b;
    end
```

程序段二：

```
always@(posedge clk)
    begin
        b <= a;
        c <= b;
    end
```

程序段一使用阻塞赋值语句，在 clk 时钟上升沿到来时，按顺序执行 b = a; c = b, a、b、c 运行结果值相同。

程序段二使用非阻塞赋值语句，在 clk 时钟上升沿到来之前假设 a = 1, b = 2, c = 3，当 clk 时钟上升沿到来时 b <= a 和 c <= b 同时执行，因此模块结束时 b 值为 1, c 值为 2。

注意：

(1) 不要在同一个 always 块内同时使用非阻塞赋值语句和阻塞赋值语句。

(2) 无论是使用阻塞赋值语句还是非阻塞赋值语句，不要在不同的 always 块内对同一个变量进行过程赋值。

(3) 阻塞赋值语句是顺序执行的，而非阻塞赋值语句是并发执行的。

(4) 一般在使用 always 块描述系统时，组合逻辑电路使用阻塞赋值语句，而描述时序逻辑电路时使用非阻塞赋值语句。

3.6.2　持续赋值语句

assign 为持续赋值语句，主要用于对 wire 型变量的赋值，比如：

　　assign c = a&b;

在上述赋值代码中，a、b、c 三个变量皆为 wire 型变量，a 和 b 信号的任何变化，都将随时影响 c 的变化。

【例 3.19】　持续赋值方式定义的 2 选 1 多路选择器。

```
module mux2_1              //模块声明采用 Verilog-2001 格式
    (input    a, b, sel,
    output out);
assign out = (sel==0)?a:b;   //持续赋值，如果 sel 为 0，则 out = a；否则 out = b
endmodule
```

【例 3.20】　采用持续赋值语句描述基本 RS 触发器。

```
module rs_ff              //模块声明采用 Verilog-2001 格式
    (input r, s,
     output q, qn);
assign qn = ~(r & q);
assign q = ~(s & qn);
endmodule
```

【例 3.21】　用持续赋值语句实现对 8 位带符号二进制数的求补码运算。

```
module buma
    (input[7:0] ain,       //8 位二进制数
    output[7:0] yout);     //补码输出信号
assign yout = ~ain+1;     //求补
endmodule
```

例 3.21 采用赋值语句实现了对 8 位带符号二进制数的求补码运算，采用了按位取反再加 1 的实现方法。

习　　题

1. 下列标识符哪些是合法的?

ABC、8+A、_sum、$EDA、E&G、data8*、add@、always

2. 下面数字的表示是否正确?

2H'5A、2H'D、H'D、8b'x1、b'zz、4d'10、6'010011、86

3. 如果 wire 型变量没有被驱动，其值为多少?

4. 如果 reg 型变量没有被赋值，其值为多少?

5. 有以下程序段，请判断程序是否有错误，如果有错误，请指出错误在哪。

```
module ab(a, b, out)
input a, b;
output out;
reg out;
assign out = a&b;
endmodule
```

6. 若 A = 5'b11010; B = 5'b01011。请计算下列表达式的值。

(1) A & B、A | B、^A

(2) A && B、A || B、!A

(3) A >> 2、B << 3

(4) A == (&B)、| B

(5) (!A > &B)?A:B、{2A[3], 3B[2]}

7. 请简述阻塞赋值语句和非阻塞赋值语句的不同之处。

第 4 章　行为描述的语法

　　行为描述是一种从抽象角度来表示硬件电路，通过表达输入与输出之间的关系来描述硬件行为的方法。行为描述直接根据电路外部行为进行描述，与硬件电路结构无关。Verilog HDL 语法中的行为语句主要包括过程语句、块语句、条件语句和循环语句。这些语句的用法与 C 语言中的用法很类似，容易理解，但也存在一些不同之处，如块语句、casex 和 casez 等。行为描述一般使用 initial 和 always 过程结构语句，其他行为语句只能出现在这两种过程结构语句中。

4.1　过　程　语　句

　　Verilog HDL 的过程语句主要包括 initial 语句和 always 语句。在一个模块(module)中，使用 initial 和 always 语句的次数是不受限制的，而且每个 initial 和 always 语句都是并行执行的。initial 语句通常用于仿真中的初始化，只在程序开始时执行一次。当触发方式满足后，always 块内的语句一直重复执行。该语句可综合也可用于仿真，是一种被广泛采用的电路设计方式。

4.1.1　initial 语句

　　initial 语句主要用于仿真测试，在仿真 0 时刻开始对变量进行初始化或激励波形的产生。一个模块中可以有多个 initial 语句，每个 initial 语句都是同时从仿真 0 时刻开始并行执行的。initial 语句不能被综合，其格式如下：

```
initial
begin/fork
    语句 1;
    语句 2;
       ⋮
    语句 n;
end/join
```

　　begin-end 与 fork-join 块语句类似 C 语言中的{ }，区别在于 begin-end 是串行执行的，而 fork-join 是并行执行的。

　　【例 4.1】　用 initial 过程语句对测量变量 a 进行赋值。

```
`timescasle 10ns/1ns
module test;
reg[2:0] a;
initial
    begin
        a = 3'b000;
        #5 a = 3'b001;
        #5 a = 3'b010;
        #5 a = 3'b011;
        #5 a = 3'b100;
    end
endmodule
```

在例 4.1 中，`timescasle 10ns/1ns 表示模块仿真的时间单位为 10 ns，时间精度为 1 ns，并定义变量 a，在 initial 语句中对 a 进行赋值。initial 语句中的内容在仿真 0 时刻开始执行，并且只执行一次：仿真 0 时刻开始，a 值为 3'b000，经过 50 ns 后 a 值为 3'b001，再经过 50 ns 后 a 值为 3'b010，最终经过 200 ns 后 a 值一直保持为 3'b100。

4.1.2 always 语句

只有当触发条件满足时，always 语句才会不断重复地执行其后的块语句。always 语句可被综合也可用于仿真，多个 always 语句间是并行执行的，与书写先后顺序无关。

always 语句的格式如下：

```
always @ (敏感信号列表)
    begin
        语句 1;
        语句 2;
           ⋮
        语句 n;
    end
```

敏感信号分为两种：一种为电平敏感型信号，一种为边沿敏感型信号。敏感信号之间用 "or" 或者 "," 隔开。

例如：always @(A, B) 与 always @(A or B) 这两种书写格式表示的内容是一样的。

1. 电平敏感型信号

电平敏感型信号是指信号变量发生电平变化，一般用于组合逻辑电路中。使用时应把可以引起 always 语句中的被赋值变量变化的所有信号都放入敏感信号列表中。

【例 4.2】 用 case 语句描述一个 3 输入与非门。

```
module my_nand(f, a, b, c);
input a, b, c;
output reg f;
```

```
always @(a or b or c)        //等价于 always @(a, b, c)
    case ({a, b, c})
        3'b000:f = 1;
        3'b001:f = 1;
        3'b010:f = 1;
        3'b011:f = 1;
        3'b100:f = 1;
        3'b101:f = 1;
        3'b110:f = 1;
        3'b111:f = 0;
        default:f = 1'bx;
    endcase
endmodule
```

在例 4.2 中，只要 a、b、c 任何一个输入信号发生变化，都会执行 always 语句一次。在 case 语句中，根据{a, b, c}的值来选择执行其中一个分支。

用 always 语句设计组合逻辑电路时，需将所有输入变量都列入敏感信号列表中。可以用 "*" 来表示 always 过程语句中所有的输入信号变量，其书写格式有 always * 或 always(*) 两种。

例 4.2 中的程序可以写为

```
module my_nand(f, a, b, c);
input a, b, c;
output reg f;
always @(*)
    case ({a, b, c})
        3'b000:f = 1;
        3'b001:f = 1;
        3'b010:f = 1;
        3'b011:f = 1;
        3'b100:f = 1;
        3'b101:f = 1;
        3'b110:f = 1;
        3'b111:f = 0;
        default:f = 1'bx;
    endcase
endmodule
```

2. 边沿敏感型信号

边沿敏感型信号是指信号变量出现上升沿或者下降沿变化，主要用于时序逻辑电路中，有两种表示形式：posedge 表示上升沿，negedge 表示下降沿。

【例 4.3】 设计一个同步清零、同步置数的 D 触发器。

```verilog
module Dff(input D, clk, reset, set, output reg Q);
    always @(posedge clk)
        begin
            if(!reset)      Q <= 0;      //同步清零，低电平有效
            else if(!set)   Q <= 1;      //同步置数，低电平有效
            else            Q <= D;
        end
endmodule
```

在例 4.3 中，always 语句的敏感信号列表为上升沿 clk，当 clk 上升沿到来时，将执行 always 中的语句一次。执行 always 语句时会优先判断 reset 复位信号，如果复位信号无效，则判断 set 置数信号，这体现了清零的优先级高于置数的优先级。

当敏感信号列表中加入 reset 和 set 的边沿信号时，D 触发器将变成异步清零、异步置数的 D 触发器，当三个敏感信号的其中之一满足触发条件时，always 后的块语句执行一次，修改如下：

```verilog
always @(posedge clk, negedge reset, negedge set)
```

语句的逻辑描述要与敏感信号列表中的有效电平一致。例如，采用 reset 信号下降沿为触发信号，则低电平为有效置数电平，在描述置数功能时切勿写成高电平有效。

例如，下面的描述是错误的：

```verilog
always @(posedge clk, negedge reset, negedge set)
    begin
        if(reset)       Q <= 0;      //应改为 if(!reset)
        else if(!set)   Q <= 1;
        else            Q <= D;
    end
```

4.2 块 语 句

当块内有两条以上语句时，要用块语句将语句结合成一个整体；当块内只有一条语句时，则无需使用块标识符。块语句分为串行块语句 begin-end 和并行块语句 fork-join。

4.2.1 串行块语句 begin-end

串行块内各条语句按它们在块内的位置顺序执行。比如：

```verilog
begin
    b = a;      //先执行
    c = b;      //后执行
end
```

上述串行块语句 begin-end 块内的语句顺序执行，即先将 a 的值赋给 b，再将 b 的值赋

给 c，最后 a、b、c 的值相同。

串行块语句 begin-end 也常用于仿真中的驱动波形的产生。

【例 4.4】 采用 begin-end 语句产生 3 输入与非门的驱动波形。

```
`timescale 1ns / 1ps
module test1_TF;
reg a, b, c;
wire f;
my_nand uut (.f(f), .a(a), .b(b), .c(c) );
initial
    begin
            {a, b, c} = 3'b000;
        #100 {a, b, c} = 3'b000;
        #100 {a, b, c} = 3'b001;
        #100 {a, b, c} = 3'b010;
        #100 {a, b, c} = 3'b011;
        #100 {a, b, c} = 3'b100;
        #100 {a, b, c} = 3'b101;
        #100 {a, b, c} = 3'b110;
        #100 {a, b, c} = 3'b111;
    end
endmodule
```

4.2.2 并行块语句 fork-join

并行块内各条语句各自独立地同时开始执行，即块内各条语句的起始执行时间都是进入块内的时间，属于并发执行。比如：假设执行下面语句前 a = 1，b = 2，c = 3。

```
fork
    b = a;
    c = b;
join
```

上述并行块语句 fork-join 执行完后，等式左边 b 和 c 同时得到等式右边的值，即 b = 1，c = 2。

在进行仿真时，fork-join 并行块中每条语句前面的延时都是相对于该并行块的起始执行时间的。

【例 4.5】 采用 fork-join 语句产生 3 输入与非门的驱动波形。

```
`timescale 1ns / 1ps
module test1_TF;
reg a, b, c;
wire f;
my_nand uut (.f(f), .a(a), .b(b), .c(c));
```

```
initial
    fork
                {a, b, c} = 3'b000;
        #100 {a, b, c} = 3'b000;
        #200 {a, b, c} = 3'b001;
        #300 {a, b, c} = 3'b010;
        #400 {a, b, c} = 3'b011;
        #500 {a, b, c} = 3'b100;
        #600 {a, b, c} = 3'b101;
        #700 {a, b, c} = 3'b110;
        #800 {a, b, c} = 3'b111;
    join
endmodule
```

4.3　条件语句

Verilog HDL 提供两种条件语句：if-else 语句和 case 语句，这两种语句都属于顺序执行语句，而且必须在过程块如 initial 或 always 等内使用。

4.3.1　if-else 语句

if-else 语句可用来判定所给条件是否满足，根据判定结果(真或假)决定执行哪种操作。与 C 语言中的 if 语句类似，Verilog HDL 提供了三种形式的 if 语句，C 语言中用 {} 将 if 语句括起来，Verilog HDL 中则用 begin-end 将 if 语句括起来，Verilog HDL 中的三种 if 语句如下：

(1) 单分支语句，格式如下：

if(表达式) 语句;

如果单分支语句中的表达式为真，则执行语句，否则不执行语句。例如：

if(a == b) out1 <= int1;

(2) 双分支语句，格式如下：

if(表达式) 语句 1；else 语句 2;

如果双分支语句中的表达式为真，则执行语句 1，否则执行语句 2。例如：

if(a == b) out1 <= int1; else out1 <= int2;

(3) 多分支语句，格式如下：

if(表达式 1) 语句 1;

else if(表达式 2) 语句 2;

else if(表达式 3) 语句 3;

$\vdots$

else if(表达式 n) 语句 n;

else 语句 n+1;

如果多分支语句中的表达式 1 为真，则执行语句 1，否则再判断表达式 2；如果表达式 2 为真，则执行语句 2，否则再判断表达式 3，以此类推，直到最后。例如：

```
if(a == b) out1 <= int1;
else if(a < b) out1 <= int2;
else out1 <= int3;
```

上述三种 if 语句中的"表达式"一般为逻辑表达式、关系表达式或 1 位变量。if 语句对表达式的值进行判断，若值为 0、x 或 z，则按"假"处理；若值为 1，则按"真"处理。尽量不要使用单分支语句，因为有 if 没有 else 会容易产生不必要的触发器用于保存 if 语句不成立时的值。

语句可是单句，也可是多句，多句时用 begin-end 块语句括起来。比如：

```
if(a > b)
    begin   a <= b; b <= c; end
else
    begin   c <= a; b <= c; end
```

注意：end 后面不需要加分号。

在 if 与 else 的配对关系上，else 总是与它前面最近的 if 配对，且 else 不能单独出现，有 else 的地方必须要有一个 if 与它配对。

下面为错误的示例：

```
if(a > b)
    out1 <= int1;
if(c == 0)
    begin
    out1 <= int2; end
    out2 <= int3;
else
    out2 <= int4;
```

上述示例中由于书写格式不清晰，出现了 else 配对错误和语法错误，可以将上述程序写成：

```
if(a > b)
    begin
        out1 <= int1;
        if(c == 0) begin out1 <= int2; end
        out2 <= int3;
    end
else
    begin   out2 <= int4; end
```

【例 4.6】 使用 if-else 语句设计八位数据选择器。

```
module MUX8(out, in0, in1, sel);
    parameter N = 8;
    output reg [N:1] out;
    input [N:1] in0, in1;
    input sel;
    always @ (*)
    begin
        if(sel) out <= in0;
        else    out <= in1;
    end
endmodule
```

【例 4.7】　设计一个带同步清零和加载端(低电平有效)的模 60 的 BCD 码计数器。

```
`timescale 1ns / 1ps
module counter                          //模块声明采用 Verilog-2001 格式
    (input load, clk, reset,
    input [7:0] data,
    output reg [7:0] BCDout,
    output cout);
always @(negedge clk)                   //时钟下降沿触发 always
    begin
        if(!reset)     BCDout <= 0;     //同步复位，reset=1 时复位
        else if(!load) BCDout <= data;  //同步加载，load=1 时加载
        else begin
        if(BCDout[3:0] >= 9)            //个位在 0～9 内加 1
            begin
            BCDout[3:0] <= 0;
            if(BCDout[7:4] == 5) BCDout[7:4] <= 0; //十位在 0～5 内加 1
            else BCDout[7:4] <= BCDout[7:4]+1;
            end
        else BCDout[3:0] <= BCDout[3:0]+1;
        end
    end
assign cout = (BCDout == 8'h59)?1:0;
endmodule
```

4.3.2　case 语句

case 语句是一种多分支选择语句，使用 case 语句代替 if-else 语句可使人们更容易读懂代码，且在逻辑利用率和性能上都有所提高。case 语句有 case、casez、casex 三种方式，casez

忽视 "z" 而 casex 忽视 "x"，使用方法有所不同。

1. case 语句

case 语句的格式如下：

```
case(条件表达式)
    值 1:语句 1;              //case 分支项
    值 2:语句 2;
    ⋮
    值 n:语句 n;
    default:语句 n+1;        //缺省项
endcase                      //结束 case 语句
```

case 语句的执行过程：首先计算出条件表达式的值，按顺序将它和各分支项值进行比较，然后执行相匹配的分支语句；如果都不满足匹配条件，则执行 default 后面的语句。

若前面已列出了条件表达式所有可能的取值，则 default 语句可以省略；若未列全所有取值，则最好不要省略 default 语句，否则会产生不必要的锁存器。

说明：

(1) case 分支表达式值 1～n 必须互不相同，否则会出现矛盾现象，即同一个值有多种执行语句。

(2) 执行完 case 分支语句后，则跳出 case 语句结构，终止 case 语句执行(无需像 C 语言要 break 才跳出分支)。

(3) case 语句条件表达式与分支每个位的值必须相等。

【例 4.8】 使用 case 语句描述一个有使能控制端 res(低电平复位)的四选一数据选择器。

```
module mux(EN, IN0, IN1, IN2, IN3, SEL, OUT);
input   EN;
input   [3:0] IN0, IN1, IN2, IN3;
input   [1:0] SEL;
output  reg  [3:0] OUT;
always @(SEL   or EN   or IN0   or IN1   or IN2   or IN3)
    begin
      if(EN == 0)
          OUT = {4{1'b0}};
      else   case(SEL)
          0:OUT = IN0;
          1:OUT = IN1;
          2:OUT = IN2;
          3:OUT = IN3;
          default:OUT = 4'bx;
      endcase
```

```
        end
    endmodule
```

【例 4.9】　使用 case 语句描述的 3 人表决电路。

```
module vote3
    (input a, b, c,
     output reg pass);
always @(a, b, c)
    begin
        case({a, b, c})              //用 case 语句进行译码
            3'b000:pass = 1'b0;      //表决不通过
            3'b001:pass = 1'b0;
            3'b010:pass = 1'b0;
            3'b011:pass = 1'b1;      //表决通过
            3'b100:pass = 1'b0;
            3'b101:pass = 1'b1;      //表决通过
            3'b110:pass = 1'b1;      //表决通过
            3'b111:pass = 1'b1;      //表决通过
            default:pass = 1'b0;
        endcase
    end
endmodule
```

2. casez 语句与 casex 语句

(1) 在 case 语句中，条件表达式与分支值 1~n 的比较是一种全等(===)的比较，条件表达式与分支每个位的值必须完全相等。

(2) 在 casez 语句中，条件表达式与分支值 1~n 的比较不是全等的比较，如果分支表达式某些位的值为高阻 z，则不比较忽略考虑(与任意值比较都为真)，只需关注其他位的比较结果。

(3) 在 casex 语句中，条件表达式与分支值 1~n 的比较不是全等的比较，如果分支表达式某些位的值为高阻 z 或者是未知状态 x，则不比较忽略考虑，只需关注其他位的比较结果。

例如：

```
case(in)
2'b1z:out = 1;            //只有 in = 2'b1z，才有 out = 1
casez(in)
2'b1x:out = 1;            //如果 in = 2'b1z 或 2'b1x，则 out = 1
casex(in)
2'b1z:out = 1;            //如果 in = 2'b1z 或 2'b1x 或 2'b11 或 2'b10，则 out = 1
```

此外，还有一种表示 x 或 z 的方式，即用表示无关值的符号"？"来表示。

例如:

casez(in)

2'b1?:out = 1;   //如果 in = 2'b10、2'b11、2'b1x 或 2'b1z，则 out = 1

case、casez 和 casex 语句的比较如表 4.1 所示。

表 4.1　case、casez 和 casex 语句的比较

case	0 1 x z	casez	0 1 x z	casex	0 1 x z
0	1 0 0 0	0	1 0 0 1	0	1 0 1 1
1	0 1 0 0	1	0 1 0 1	1	0 1 1 1
x	0 0 1 0	x	0 0 1 1	x	1 1 1 1
z	0 0 0 1	z	1 1 1 1	z	1 1 1 1

【例 4.10】　用 casez 语句描述 8-3 编码器。

```
module coder_83(input x, input[7:0]data, output reg[2:0]code);
always @(data)
begin
    casez(data)
            8'b1xxx_xxxx:code = 3'b111;
            8'b01xx_xxxx:code = 3'b110;
            8'b001x_xxxx:code = 3'b101;
            8'b0001_xxxx:code = 3'b100;
            8'b0000_1xxx:code = 3'b011;
            8'b0000_01xx:code = 3'b010;
            8'b0000_001x:code = 3'b001;
            8'b0000_0001:code = 3'b000;
            default:code = 3'bx;
        endcase
    end
endmodule
```

4.4 循 环 语 句

Verilog HDL 中的循环语句用于控制语句的执行次数。循环语句主要有以下 4 种:

(1) for: 有条件的循环语句。

(2) repeat(n): 连续执行循环语句 n 次。

(3) while: 执行一条语句直到某个条件不满足，如果条件不满足，则直接退出循环。

(4) forever: 永远连续执行语句，可以用作时钟等周期性波形的生成。

4.4.1 for 语句

for 语句的格式如下(同 C 语言)：

```
for(循环变量初始化; 循环结束条件; 循环变量增量)
    执行语句;
```

其中：循环变量初始化用于提供循环变量的初始值；循环结束条件一般为表达式，用于指定循环结束的条件；循环变量增量通常为增加或减少循环变量的计数值；执行语句即需要循环的语句，有多条语句时用 begin-end 括起来。

for 语句的执行过程如下：

(1) 执行循环变量赋初值一次。

(2) 判断循环结束条件是否成立，如果不成立，则退出 for 循环；如果成立，则执行循环语句，再执行循环变量增量语句。

(3) 重复过程(2)。

【例 4.11】 用 for 语句描述 10 人表决器。

```
module responder(input[9:0]vote, output reg result);
reg[2:0]sum;
integer i;
    always @(vote)
        begin
            sum = 0;
            for(i = 0; i <= 9; i = i+1)
            if(vote[i])sum = sum+1;
            if(sum>5)result = 1;    //若超过 5 人赞成，则 result = 1
            else    result = 0;
        end
endmodule
```

【例 4.12】 用 for 语句计算输入的九位数据中 1 的个数。

```
module get1(in, count);
input [8:0]in;
output reg[3:0]count;
integer i;
always @(in)
    begin
        for(i = 0; i <= 8; i = i+1)
        if(in[i] == 1'b1)count = count+1;
    end
endmodule
```

一般情况下，综合器都支持 for 循环语句，而不支持其他三种循环语句。

4.4.2　repeat 语句

repeat 语句的格式如下:

　　repeat(表达式) 语句

或

　　repeat(表达式) begin　多条语句　end

repeat 循环语句的执行过程为: 计算表达式的值, 根据其值决定循环次数; 如果表达式的值不确定(x 或 z), 则循环次数按 0 次处理。

【例 4.13】　用 repeat 循环语句实现求阶乘运算。

```
module factorial(input[3:0]opa, output reg[31:0]out);
reg[3:0]i;
always @(opa)
    begin
        if(opa == 0) out = 0;
        else    begin out = 1; i = 1; end
        repeat(opa)
        begin
            out = out*i;
            i = i+1;
        end
    end
endmodule
```

4.4.3　while 语句

while 语句的格式如下:

　　while(表达式) 语句

或

　　while(表达式) begin　多条语句　end

在执行 while 语句时, 先判断循环执行条件表达式是否为真, 若为真, 则执行后面的语句或语句块, 然后再判断循环执行条件表达式是否为真, 若又为真, 则再执行一遍后面的语句或语句块, 如此重复, 直到条件表达式不为真。因此, 在执行语句的过程中, 必须有一条改变循环执行条件表达式的值的语句。

比如在下面的程序段中, 利用 while 语句统计 rega 变量中 1 的个数。

```
begin:count1
    reg[7:0] tempreg;
    count = 0;
    tempreg = rega;
while(tempreg)
```

```
        begin
            if (tempreg[0])
                count = count+1;          //计数
                tempreg = tempreg >>1;    //tempreg 向右移 1 位
        end
    end
```

4.4.4　forever 语句

forever 语句的格式如下：

　　　　forever 语句

或

　　　　forever begin　语句　end

forever 循环语句是连续不断执行后面的语句或者语句块中的过程语句，常用来产生周期性波形。forever 语句一般用在 initial 过程语句中产生重复的时钟信号。

例如：用 forever 语句产生周期为 20 ns 的波形，常用作仿真测试信号。

　　　　forever #10 clk = ~clk;

4.4.5　循环退出说明

一般情况下，循环语句都有正常退出循环出口，但是在某些特殊情况下，需要强制退出循环，如 disable 语句，用于中断循环。使用 disable 语句退出循环时，需给循环部分命名，即在 begin 后面加上"：名字"，在强制退出语句 disable 后面加上该名字。例如：

```
    begin: getsum
        for(i = 1; i <= 100; i = i+1)
        begin
            sum = sum+i;
            if(i == 50) disable getsum;
        end
    end
```

习　　题

1. 试用 Verilog HDL 中的过程语句描述下列二进制运算单元电路。

(1) $F = A[3:0] + B[3:0]$　　　　　　　(2) $F = A + B - C$

(3) $F = A[3:0] * B[3:0]$　　　　　　　(4) $F = A[3:0]/B[3:0]$

2. 试用 Verilog HDL 中的 if-else 语句描述一个求最大数值的电路，其中 A、B、C 均是 4 位位宽的待比较数据。

3. 试用 Verilog HDL 中的 if-else 语句描述一个求最小数值的电路，其中 A、B、C 均是

4 位位宽的待比较数据。

4. 有一客户服务排队系统，能够识别 6 种优先级别不同的服务对象，其中 V[5]的客户优先级别最高，V[0]的客户优先级别最低。试用 Verilog HDL 中的 if-else 语句描述此排队系统。

5. 现在有一个五人表决电路，当表决结果为同意的人数大于三人时，表决通过，表决电路输出 1，否则输出 0。试分别用 case 语句和 for 语句描述此五人表决电路。

6. 现在有一个五人表决电路，其中 A、B 表示表决主裁判，C、D、E 表示表决副裁判。要求：当表决结果为同意的人数大于三人，且至少有一人为主裁判时，表决通过，表决电路输出 1，否则输出 0。试分别用 case 语句和 for 语句描述此五人表决电路。

7. 已知等差序列{1, 2, 3, ···, n}，其中 $n = 50$，试用 Verilog HDL 中的 repeat 语句描述此等差序列求和电路。

第 5 章　基本组合逻辑电路设计

本章首先介绍 Verilog HDL 模块电路内部功能常用的描述方法，如元件例化描述、数据流描述和 always 语句描述等，然后介绍复杂数字系统的层次化电路设计方法，最后介绍常用组合逻辑电路设计，并给出实例。主要内容如下：

(1) 以 1 位加法器为例，介绍元件例化、数据流和 always 语句等三种建模方法。

(2) 介绍数据选择器、编码器、译码器、数据比较器等常用组合逻辑电路的设计与实现。

(3) 以 1 位全加-减器为例，说明分模块、分层次的电路设计方法。

(4) 介绍七段显示译码系统分层次的组合逻辑电路设计与实现。

5.1　Verilog HDL 数字电路设计方法

用 Verilog HDL 设计模块电路内部具体逻辑行为的描述方式也称为建模方式。组合逻辑电路模块的功能描述，可以采用元件例化描述、数据流描述和 always 语句描述等三种描述方式。模块内部逻辑行为描述对外是不可见的，其内部描述的改变，不会影响模块之间的连接关系。

5.1.1　元件例化描述

在 Verilog HDL 设计中，用户常需要利用基本门电路和自定义模块或实体进行组合，设计数字系统。Verilog HDL 语言预先定义了常见的基本门级元件，如 and、or、nor 等基本门级电路，并允许用户自定义设计有特定功能的模块元件。元件例化的过程是将预先设计好的模块电路定义为一个元件，然后利用映射语句将此元件与另一个模块实体指定的端口相连，实现层次化数字系统设计。

采用元件例化法设计复杂数字电路时，首先需要完成描述数字系统总功能的电路原理图设计，参考数字电路相关知识；然后，根据电路原理图中各元件之间的关系，运用 Verilog HDL 语言例化所有元件，完成数字电路设计。元件例化的具体方式主要有两种，即位置映射法和信号名称映射法，其中信号名称映射法不能用于描述标准的基本门级元件。

1. 位置映射法

位置映射法严格要求模块实体的端口名称与元件定义的输入/输出端口顺序一一对应，但不需要注明元件定义时的端口名，其一般语句引用格式如下：

元件名　模块例化名 (输出端口 1 信号名，输出端口 2 信号名，…，输入端口 1 信号名，输入端口 2 信号名，…);

其中，"模块例化名"是用户命名的模块实体名称，可以省略。在输入/输出端口列表中，括号左边的第一个端口通常为输出，后续端口则为输入，举例如下：

   and U1(COUT, A, B, C, D);

  例化 4 输入与门，例化后与门输入为 A、B、C、D 信号，输出为 COUT 信号，名称 U1 可省略。

   or U2(COUT, A, B, C, D);

  例化 2 输入或门，例化后或门输入为 A、B、C、D 信号，输出为 COUT 信号，名称 U2 可省略。

  【例 5.1】用位置映射法设计一位半加器电路，其模块电路名称为 half_add1。此加法器端口图如图 5.1 所示。

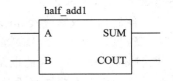

图 5.1 一位半加器端口图

  加法器是一种常见的算术运算电路，包括半加器、全加器、多位加法器等。半加器是相对较简单的加法器，仅考虑两个加数本身，无需考虑来自低位的进位。假设 A、B 分别表示半加器加数和被加数的输入信号，逢二即进位，SUM 表示当前位值输出信号，COUT 表示进位输出信号。一位半加器功能表如表 5.1 所示。

表 5.1 **一位半加器功能表**

输 入		输 出	
A	B	SUM	COUT
0	0	0	0
0	1	1	0
1	0	1	0
1	1	0	1

  由功能表，可得到一位半加器的逻辑表达式，其表达式如下：

$$SUM = A \oplus B$$

$$COUT = A \& B$$

  通过分析半加器的逻辑表达式，半加器可以使用异或门、与门等基本门级元件实现一位半加器电路。由逻辑表达式，可得电路原理图，如图 5.2 所示。

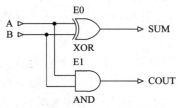

图 5.2 一位半加器的原理图

对应代码如下：

```
module half_add1(
    input A,
    input B,                    //两个加数输入端口声明
    output wire SUM,            //输出端口声明
    output wire COUT
    );
//参考电路原理图 5.2，用位置映射法描述全加器电路
    xor E0(SUM, A, B);
    and E1(COUT, A, B);
endmodule
```

一位半加器的功能仿真结果如图 5.3 所示。当 $A=0$、$B=0$ 时，SUM 端输出结果为“0”，无进位信号，COUT = 0；当 $A=1$、$B=0$ 时，SUM 端输出结果为“1”，无进位信号，COUT = 0；当 $A=0$、$B=1$ 时，SUM 输出结果为 1，无进位信号，COIUT = 0；当 $A=1$、$B=1$ 时，SUM 输出结果为“1”，有进位信号，COUT = 1。

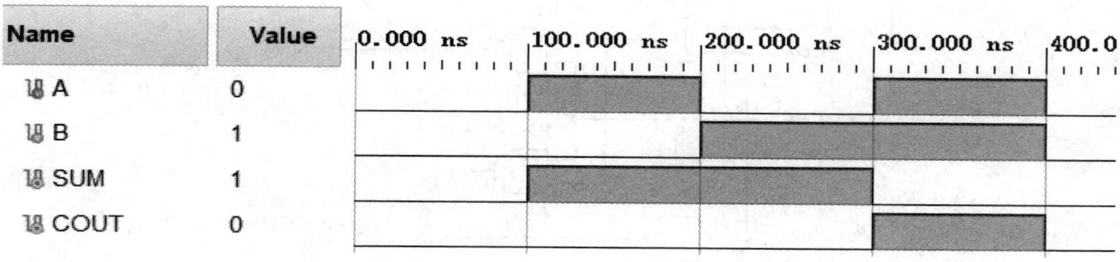

Name
Value
0.000 ns
100.000 ns
200.000 ns
300.000 ns
400.0
A
0
B
1
SUM
1
COUT
0

图 5.3　一位半加器的功能仿真结果

【例 5.2】 用位置映射法设计一位全加器电路，其模块电路名称为 full_add1。

全加器不仅考虑两个加数本身，还需考虑来自低位的进位信号。A、B 分别表示全加器加数和被加数输入端；CIN 表示来自低位进位端，逢二即进位；SUM 表示当前位值输出端；COUT 表示进位输出端。此加法器端口图如图 5.4 所示。

full_add1
A
SUM
B
CIN
COUT

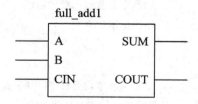

图 5.4　一位全加器端口图

根据全加器原理，一位全加器功能表见表 5.2。由功能表，可得到一位全加器的逻辑表达式，其表达式如下：

$$\text{SUM} = A \oplus B \oplus \text{CIN}$$

$$\text{COUT} = (A \,\&\, B) \mid (A \oplus B)\,\text{CIN}$$

表 5.2　一位全加器功能表

输　入			输　出	
CIN	*A*	*B*	SUM	COUT
0	0	0	0	0
0	0	1	1	0
0	1	0	1	0
0	1	1	0	1
1	0	0	1	0
1	0	1	0	1
1	1	0	0	1
1	1	1	1	1

通过分析全加器逻辑表达式，全加器可以使用异或门、与门、或门等基本门级元件设计实现。由逻辑表达式，可得电路原理图，如图 5.5 所示。定义 w1、w2、w3 为异或门"E1"，与门"E2"和"E3"的输出信号。

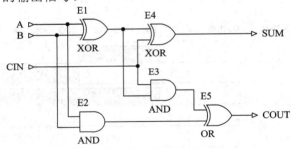

图 5.5　一位全加器的原理图

参考功能表 5.2，对应代码如下：

```verilog
module full_add1(
    input CIN,
    input A,
    input B,              //两个加数输入端口声明
    output wire SUM,      //输出端口声明
    output wire COUT
    );
    wire w1, w2, w3;      //定义基本门元件 E1～E3 的输出信号为 w1, w2, w3
    //参考电路原理图 5.5，用位置映射法描述全加器电路
    xor E1(w1, A, B);
    and E2(w2, A, B);
    and E3(w3, w1, CIN);
    xor E4(SUM, w1, CIN);
    or  E5(COUT, w2, w3);
endmodule
```

一位全加器的功能仿真结果如图 5.6 所示。当 $A = 0$、$B = 0$、$CIN = 0$ 时，SUM 端输出结果为 0，无进位信号，$COUT = 0$；当 $A = 0$、$B = 0$、$CIN = 1$ 时，SUM 端输出结果为 1，无进位信号，$COUT = 0$；当 $A = 0$、$B = 1$、$CIN = 1$ 时，SUM 端输出结果为 0，有进位信号，$COUT = 1$；当 $A = 1$、$B = 1$、$CIN = 1$ 时，SUM 端输出结果为 1，有进位信号，$COUT = 1$。以此类推，其功能仿真结果验证了设计的正确性。

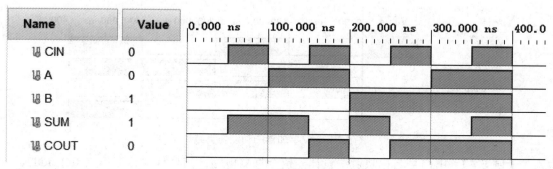

图 5.6　一位全加器功能仿真

2. 信号名称映射法

信号名称映射法利用 "." 符号表示元件定义时的端口名称，不要求严格遵守端口顺序，但只能用于描述用户自定义的模块元件，其一般语句引用格式如下：

　　　　元件名　模块例化名(.元件定义端口 1 信号名(端口 1 信号名), .元件定义端口 2 信号名(端口 2 信号名), .元件定义端口 3 信号名(端口 1 信号名), …);

其中，"模块例化名" 是用户命名的模块实体名称，可以省略。举例如下：

假设 and 与 or 是用户定义的 2 输入与门和 2 输入或门，其输出端口名称为 IN1, IN2，输出端口名称为 OUT。

　　　　and　　U1(.IN1(A), .IN2(B), .OUT(COUT));

例化 2 输入与门，例化后与门输入为 A、B 信号，输出为 COUT 信号，名称可省略。

　　　　or　　U2(.IN1(A), .IN2(B), .OUT(COUT));

例化 2 输入或门，例化后或门输入为 A、B 信号，输出为 COUT 信号，名称可省略。

【例 5.3】　用信号名称映射法完成一位半加器电路，其模块电路名称为 half_add_2。

参考例 5.1 完成本次设计。半加器实例的输入端为 A2、B2，输出端为 SUM2、COUT2，此半加器设计代码如下：

```
module half_add2(
    input A2,
    input B2,
    output wire SUM2,
    output wire COUT2
    );
//例 5.1 自定义的一位半加器：half_add1，信号名称映射
half_add1   u_half_add(
    .A(A2),
```

```
        .B(B2),
        .SUM(SUM2),
        .COUT(COUT2));
    endmodule
```
一位半加器的功能仿真结果如图 5.7 所示。

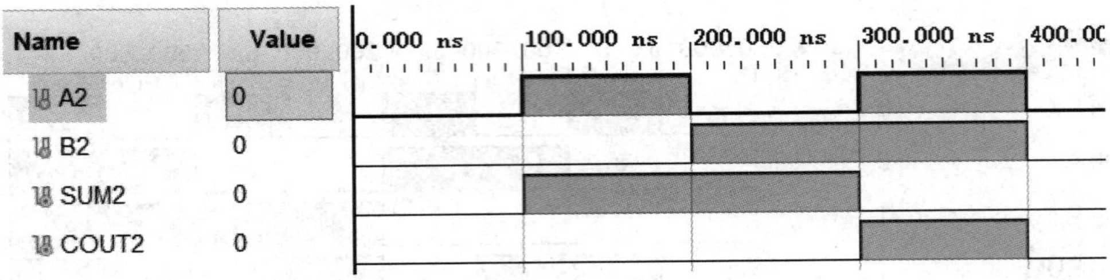

图 5.7 一位半加器的功能仿真结果

【例 5.4】 用信号名称映射法设计一位全加器电路，其模块电路名称为 full_add2。

参考例 5.2 所设计的一位全加器完成本次设计。全加器的输入端为 A2、B2、CIN2，输出端为 SUM 2、COUT2，其描述代码如下：

```
    module full_add2(
        input CIN2,
        input A2,
        input B2,
        output wire SUM2,
        output wire COUT2
        );
    //例 5.2 用户定义的一位全加器：full_add1，信号名称映射
    full_add1    u_full_add1(.A(A2), .B(B2), .CIN(CIN2), .SUM(SUM2), .COUT(COUT2));
    endmodule
```

功能仿真结果如图 5.8 所示。

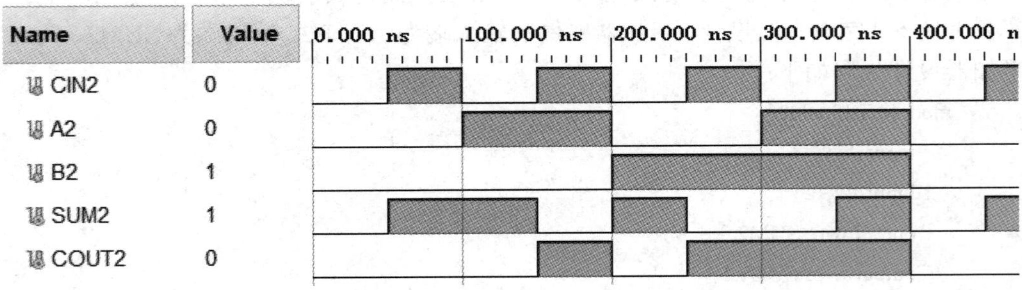

图 5.8 一位全加器的功能仿真结果

两种映射方法各有特点：位置映射法相对比较直观，适用于端口较少的元件模块例化；信号名称映射法则相对简单，不仅代码易错性较低，而且程序可读性和可移植性更优。因

此，在 FPGA 实际开发流程中，信号名称映射法是人们广泛采用的方式。

5.1.2 数据流描述

数据流描述是使用连续赋值 assign 语句对电路的逻辑功能建模方式。相对于元件例化描述，数据流描述能从更高的抽象层次设计电路，将设计重点放在电路功能描述，而无需考虑电路原理图的设计。该方式只能用于设计组合逻辑电路，并且其赋值运算为"="。

assign 语句只能对 wire 型变量进行赋值，其等号左边变量的数据类型也必须是 wire 型，其语句一般引用格式如下：

    assign   变量名 = 表达式;

举例如下：

    assign Y = a-b;   //描述两个信号做减法
    assign Y = a*b;   //描述两个信号做乘法

【例 5.5】 用数据流描述法设计一位半加器电路，其模块电路名称为 half_add_3。

参考例 5.1 完成本次设计。半加器输入端为 A3、B3，输出端为 SUM3、COUT3，其描述代码如下。

参考代码一：

```
module half_add1_3(
    input A3, input B3,
    output wire SUM3,
    output wire COUT3
    );
//assign 语句描述半加器逻辑
assign SUM3 = A3^B3;
assign COUT3 = A3&B3;
endmodule
```

参考代码二：

```
//**********一位半加器，数据流法参考*********
module half_add1_3(
    input A3, input B3,
    output wire SUM3,
    output wire COUT3
    );
//assign 语句描述半加器逻辑
assign {COUT3, SUM3} = A3+B3;
endmodule
```

功能仿真结果可参考图 5.3。

【例 5.6】 用数据流描述法设计一位全加器电路，其模块电路名称为 full_add_3。

参考例 5.2 完成本次设计。全加器输入端为 A3、B3、CIN3，输出端为 SUM3、COUT3，其描述代码如下。

参考代码一：

```
//**********一位全加器，数据流法参考*********
module full_add1_3(
    input CIN3,
    input A3, input B3,              //两个加数输入端口声明
    output wire SUM3,                //输出端口声明
    output wire COUT3
    );
//描述全加器逻辑
assign SUM3 = A3^B3^CIN3;
assign COUT3 = (A3&B3) | (A3^B3)&CIN3;
endmodule
```

参考代码二：

```
//**********一位全加器，数据流法参考*********
module full_add1_3(
    input CIN3,
    input A3, input B3,
    output wire SUM3,
    output wire COUT3
    );
assign {COUT3, SUM3} = A3 + B3 + CIN3;
endmodule
```

功能仿真结果可参考图 5.6。

5.1.3 always 语句描述

在 Verilog HDL 中，always 语句可以用于描述组合逻辑电路，也可以用于描述时序逻辑电路，是行为级描述中最重要的一种形式，其格式为：

```
always @(敏感事件列表)
begin
    块内局部变量说明，可选；
    过程赋值语句；
end
```

always 语句属于无限循环语句，只要触发语句敏感事件，就一直重复执行其内部的过

程赋值语句。语句使用时，需注意以下事项：

(1) 敏感事件列表。若敏感参数发生变化，则触发 always 块中语句执行，是可选项；若无敏感信号，缺省表示对所有输入信号都敏感。

(2) 赋值语句既可以使用阻塞操作符" = "，也可以使用非阻塞操作符" < = "。描述时序逻辑电路时推荐使用非阻塞赋值语句。

(3) begin_end 块语句与 C 语言中的大括号{}类似，用来界定一组行为描述，通常用于标识顺序执行语句块。

(4) 在 always 块语句中赋值时，等式左边变量类型必须定义为 variable 类型。

(5) 在一个程序设计中，可以有 1 个或多个 always 块语句，always 块语句不能嵌套使用，多个 always 块语句之间是并行执行关系。

例如：

```
always @(a or b)        //对输入信号 a、b 敏感
begin
    Y = a-b;            //描述两个信号做减法
    F = a*b;            //描述两个信号做乘法
end
```

【例 5.7】　用 always 语句设计一位半加器电路，其模块电路名称为 half_add_4。半加器输入端为 A4、B4，输出端为 SUM4、COUT4，其描述代码如下：

```
module half_add_4(
    input A4,
    input B4,
    output wire SUM4,
    output wire COUT4
    );
always @(*)              // "*"表示对所有输出信号敏感
    begin
    {COUT4, SUM4} = A4 + B4; end
endmodule
```

功能仿真结果可参考图 5.3。

【例 5.8】　用 always 语句设计一位全加器电路，其模块电路名称为 full_add_4。全加器输入端为 A4、B4、CIN4，输出端为 SUM4、COUT4，其描述代码如下：

```
module full_add_4(
    input CIN4,
    input A4,
    input B4,
    output wire SUM4,
    output wire COUT4
```

```
);
//使用并接操作符，描述全加器功能
always @(*)
    begin
    {COUT4, SUM4} = A4 + B4 + CIN4; end
endmodule
```

功能仿真结果可参考图 5.6。

5.1.4 Verilog HDL 层次化设计

模块是 Verilog HDL 数字电路设计的基本单位，其描述包含了具体硬件电路的功能或结构，以及与其他模块通信的外部端口，是层次化设计的基础。层次化设计的基本思想就是将一个比较复杂的数字电路划分多模块、多层次，再分别对每个模块建模，然后将同一层次的功能模块层层组合成子模块和总模块，完成所需的设计。在层次化设计中所使用的模块通常有两种，一种是开发环境提供的标准模块，如 and、or、nor 等基本门电路，另一种是由用户设计的具有特定功能的模块。

数字电路层次化设计有自顶向下(top-down)和自底向上(bottom-up)两种设计方法。其中，自底向上是传统数字系统设计多采用的方法，设计者选用集成电路芯片和其他元器件，由底层逐级向上构成子系统和系统。自顶向下则是先将最终设计数字系统抽象为顶层模块，再按特定方式将顶层模块划分为各个子模块，然后对子模块进行逻辑设计。图 5.9 是自顶向下设计的层次结构图，其设计过程可以理解为从电路顶层抽象描述向最底层描述的一系列转换过程，直到得到易实现的硬件单元描述。

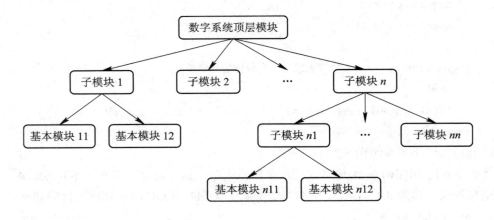

图 5.9　自顶向下设计结构

【例 5.9】　根据图 5.10 所示的一位全加-减器的层次结构框图，使用自顶向下方法实现设计一位全加-减电路系统(SEL 端为全加-减器的控制端，SEL 为 1 时，数字系统执行全加功能，反之数字系统执行全减功能)。

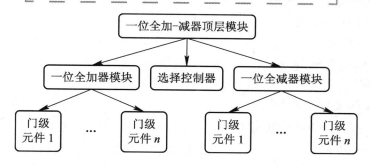

图 5.10　一位全加-减器层次结构图

由图 5.10 可知，一位全加-减器划分为 3 个次层，由 3 个用户设计的模块，以及基本逻辑门元件构成。首先，通过 Verilog HDL 描述方式，分别构建一位全加器、全减器模块，以及选择控制模块，接着调用此 3 个元件模块完成顶层模块设计。当控制端 SEL 为 1 时，选择控制器输出全加器的运算结果，反之选择全减器运算结果作为当前输出结果。参考设计方案如图 5.11 所示。

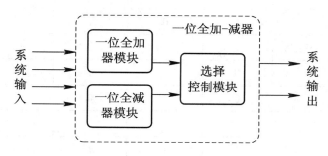

图 5.11　一位全加-减器设计方案

为加深数字电路设计基础理论理解，本例设计分别采用元件例化、数据流和 always 语句描述方式。读者可以尝试运用以上任意一种方式重新描述这些子模块，并在 Vivado 或 Quartus 等开发工具中进行仿真验证。

1. 一位全加器 Verilog HDL 设计

参考代码如下：

```
module full_add1(
    input CIN,                    //来自低位的进位信号
    input A,
    input B,
    output wire SUM,
    output wire COUT
    );
//定义基本门元件 E1～E3 的输出信号为 w1, w2, w3
    wire w1, w2, w3;
    xor E1(w1, A, B);
    and E2(w2, A, B);
```

```
    and E3(w3, w1, CIN);
    xor E4(SUM, w1, CIN);
    or E5(COUT, w2, w3);
endmodule
```

功能仿真结果可参考图 5.6。

2. 一位全减器 Verilog HDL 设计

在典型的一位全减器设计中：AS、BS 分别表示减数和被减数输入信号，CIN 表示借位输入信号，S 表示当前位值输出信号，CSUB 表示借位输出信号，其功能如表 5.3 所示。

表 5.3 一位全减器功能表

输　　入			输　　出	
CIN	AS	BS	S	CSUB
0	0	0	0	0
0	0	1	1	1
0	1	0	1	0
0	1	1	0	0
1	0	0	1	1
1	0	1	0	1
1	1	0	0	0
1	1	1	1	1

由功能表，可得到一位全减器的逻辑表达式，其表达式如下：

$$S = A \oplus B \oplus \text{CIN}$$

$$\text{CSUB} = (\overline{A}B) \,|\, \left(\overline{((A \oplus B))}\right)\text{CIN}$$

观察逻辑表达式可知，可以使用异或门、与门、或门等基本门级元件实现一位全减器电路。此电路原理图如图 5.12 所示。

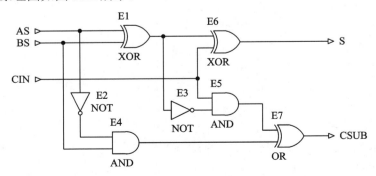

图 5.12　一位全减器电路原理图

其描述代码如下：

```
module full_sub1(
    input AS,
    input BS,
    input CIN,                      //来自低位的借位信号
    output wire S,
    output wire CSUB
    );
//定义基本门元件 E1～E5 的输出信号为 w1, w2, w3, w4, w5
    wire w1, w2, w3, w4, w5;
//全减器功能描述
    xor E1(w1, AS, BS);
    nor E2(w2, AS);
    nor E3(w3, w1);
    and E4(w4, BS, w2);
    and E5(w5, CIN, w3);
    xor E6(S, CIN, w1);
    or E7(CSUB, w4, w5);
endmodule
```

一位全减器端口图如图 5.13 所示。

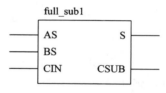

图 5.13　一位全减器端口图

一位全减器的功能仿真结果如图 5.14 所示。当 AS = 0、BS = 0、CIN = 0 时，S 输出结果为 0，无借位信号，CSUB = 0；当 AS = 0、BS = 0、CIN = 1 时，S 输出结果为 0，需要向高位借位，CSUB = 1；当 AS = 1、BS = 0、CIN = 1 时，S 输出结果为 0，无借位信号，CSUB = 0；当 AS = 1、BS = 1、CIN = 1 时，S 输出结果为 1，需要借位，CSUB = 1，以此类推。

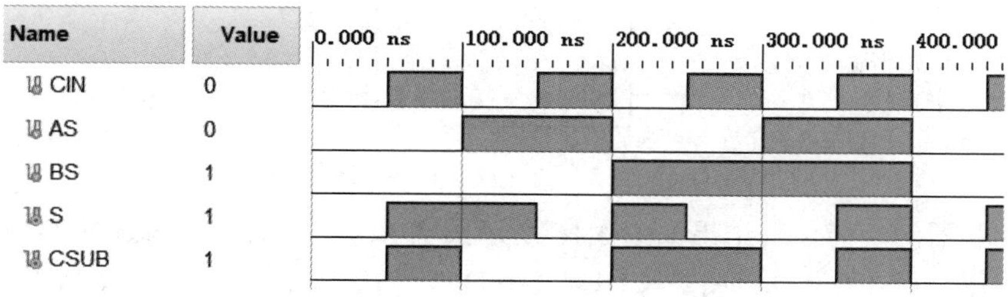

Name	Value	0.000 ns	100.000 ns	200.000 ns	300.000 ns	400.000
CIN	0					
AS	0					
BS	1					
S	1					
CSUB	1					

图 5.14　一位全减器的功能仿真结果

3. 选择控制器 Verilog HDL 设计

设计原理：SEL 表示选择控制输入端，SEL 为 1 时，选择加法运算，SEL 为 0 时，选择减法运算；DATA[1:0] = {COUT, SUM}表示来自加法器的输出信号，DATA[3:2] = {S, CSUB}表示来自减法器的输出信号；SUM_S 表示当前选择输出端，COUT_S 表示当前加/减器对应的进位/借位输出端，其功能如表 5.4 所示。

表 5.4　选择控制器功能表

输　入		输　出	
SEL	DATA[3:0]	SUM_S	COUT_S
0	DATA[1:0]	DATA[0]	DATA[1]
1	DATA[3:2]	DATA[2]	DATA[3]

分析功能表 5.4，运用 always 语句实现选择控制器电路，其行为级描述代码如下：

```
module full_sel(
    input SEL,                          //控制输入端口声明
    input [3:0] DATA,                   //数据输入端口声明
    output reg SUM_S = 1'b0,            //SUM_S 表示加/减运算后的当前位值
                                        //COUT_S 表示加/减运算后，进位或借位输出端口声明
    output reg COUT_S = 1'b0
    );
//选择控制器模块功能描述
always @(*)
    begin
        if(SEL) begin                   //SEL = 1，选择加法运算
          SUM_S <= DATA[0]; COUT_S <= DATA[1]; end
        else begin                      //SEL=0，选择减法运算
          SUM_S <= DATA[2]; COUT_S <= DATA[3]; end
end
endmodule
```

选择控制器的端口图如图 5.15 所示。

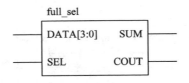

图 5.15　选择控制器端口图

选择控制器的功能仿真结果如图 5.16 所示，当 SEL = 0 时，此时选择 DATA[3:2]作为系统当前输出，SUM_S = DATA[2]，COUT_S = DATA[3]；当 SEL = 1 时，SUM_S = DATA[0]，COUT_S = DATA[1]。

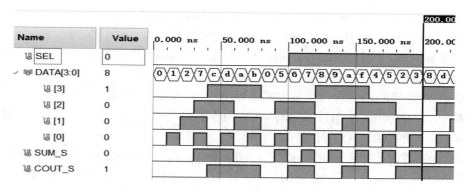

图 5.16 选择控制器功能仿真

4. 一位全加-减器 Verilog HDL 设计

调用全加器、全减器和选择控制器模块，完成一位全加/减器顶层模块设计，其原理图如图 5.17 所示。

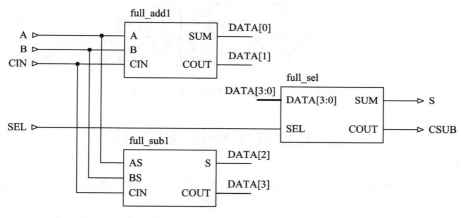

图 5.17 一位全加-减器电路原理图

元件例化描述代码如下：

```
module full_add_sub1(
    input A,
    input B,
    input CIN,
    input SEL,              //选择控制输入端声明
    output wire SUM,        //SUM 表示加、减运算后的当前位值
//COUT 表示加-减运算后，进位或借位输出端声明
    output wire COUT
    );
//w[3:0]，加法器、减法器与选择控制器模块之间连线信号
    wire [3:0] w;
//参考电路原理图，用名称关联法描述全减器功能
```

```
full_add1    U1(.SUM(w[0]), .COUT(w[1]), .A(A), .B(B), .CIN(CIN));
full_sub1    U2(.S(w[2]), .CSUB(w[3]), .AS(A), .BS(B), .CIN(CIN));
full_sel     U3(.SUM_S(SUM), .COUT_S(COUT), .DATA(w), .SEL(SEL));
endmodule
```

一位全加-减器的功能仿真结果如图 5.18 所示。当 SEL = 0 时，此时进行减法运算，$A = 0$、$B = 0$、CIN = 0，{COUT, SUM} = 00；$A = 0$、$B = 0$、CIN = 1，{COUT, SUM} = 10；$A = 0$、$B = 1$、CIN = 0，{COUT, SUM} = 10。

当 SEL = 1 时，此时进行加法运算，$A = 0$、$B = 0$、CIN = 0，{COUT, SUM} = 00；$A = 0$、$B = 0$、CIN = 1，{COUT，SUM} = 01；$A = 0$、$B = 1$、CIN = 0，{COUT，SUM} = 01。

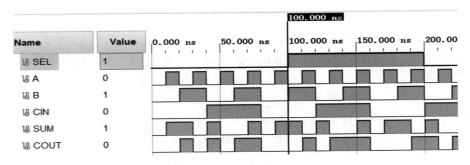

图 5.18   一位全加/减器的功能仿真结果

5.2 数据选择器(mux)的设计

数据选择器(mux)是从一组指定数据中选出要求的 1 个数据，作为当前输出，实现信号选择的组合逻辑电路。它的作用相当于多输入端的单刀多掷开关。2^n 路输入信号和 1 路输出信号的多路数据选择器需要 n 个选择控制变量(也称为地址信号)，控制变量的每种取值组合对应选中 1 路输入，将其作为当前状态下的输出。

5.2.1 基于元件例化的 mux 设计

常用的数据选择器有 4 选 1、8 选 1 和 16 选 1 等类型，比如 74LS153、74LS151 是典型的 4 选 1、8 选 1 集成电路。本小节以 4 选 1、8 选 1 数据选择器为例，介绍如何用 Verilog HDL 设计数据选择器电路。

1. 4 选 1 数据选择器

设计原理：数据选择器端口图如图 5.19 所示，EN 是使能端，当 EN = 1 时，控制译码器正常工作；当 EN = 0 时，译码器不工作。A[1:0]是二进制地址信号输入端，表示某一待选数据的地址信息，D[3:0]是等待被选择的数据端。

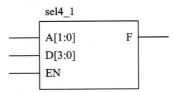

图 5.19   4 选 1 数据选择器端口图

当 EN = 1 时，若 $A[1:0]$ = 'b00，数据选择器输出 $F = D[0]$；若 $A[1:0]$ = 'b01，数据选择器输出 $F = D[1]$；若 $A[1:0]$ = 'b10，数据选择器输出 $F = D[2]$；若 $A[1:0]$ = 'b11，数据选择器输出 $F = D[3]$。而当 EN = 0 时，数据选择器不工作，输出信号默认 F = 'b0。

4 选 1 数据选择器功能表如表 5.5 所示。其中，$A0 \sim A1$ 为地址信号输入端，$D0 \sim D3$ 为数据信号输入，EN 是使用控制端，EN 高电平有效，F 是数据信号输出，X 表示任意值。

表 5.5　4 选 1 数据选择器功能表

输　　　入			输　　出
使能	地址	数据	输出端
EN	$A(A[0] \sim A[1])$	$D(D0 \sim D3)$	F
0	XX	$D[3, 2, 1, 0]$	0
1	00	$D[3, 2, 1, 0]$	$D0$
1	01	$D[3, 2, 1, 0]$	$D1$
1	10	$D[3, 2, 1, 0]$	$D2$
1	11	$D[3, 2, 1, 0]$	$D3$

由功能表可以得到 4 选 1 数据选择器输出表达式为

$$F = \overline{A1}\,\overline{A0}D0 + \overline{A1}A0D1 + A1\overline{A0}D2 + A1A0D3$$

由式 4 选 1 数据选择器的表达式可得到电路原理图，如图 5.20 所示。

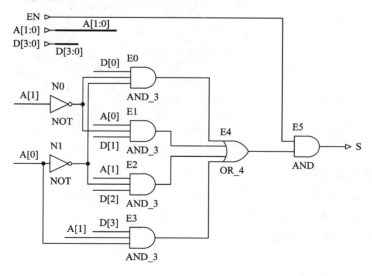

图 5.20　4 选 1 数据选择器的原理图

代码如下：

```
module sel4_1_1(
    input EN,              //使能控制端口声明
    input [1:0] A,         //地址端口声明
```

```
    input [3:0] D,              //待选数据端口声明
    output wire F               //输出端口声明
  );
//定义非门元件 N0～N1 的输出信号为：n[0]～n[1]
    wire [1:0] n;
//定义与门元件 E0～E3 的输出信号为 w[0]～w[3]；或门元件 E4 输出信号为 w[4]
    wire [4:0] w;
//参考逻辑图，使用基本逻辑门元件，例化描述电路功能
    not N0(n[0], A[0]);         //非门输出 n[0] = !A[0]
    not N1(n[1], A[1]);         //非门输出 n[1] = !A[1]
    and E0(w[0], n, EN, D[0]);  //4 输入与门
    and E1(w[1], n[1], A[0], D[1]);
    and E2(w[2], A[1], n[0], D[2]);
    and E3(w[3], A[1], A[0], D[3]);
    or  E4(w[4], w[3], w[2], w[1], w[0]);
    and E5(F, w[4]);
endmodule
```

4 选 1 数据选择器的功能仿真结果如图 5.21 所示。D0～D3 用不同频率的数据信号驱动，当 EN = 1，且地址信号取值变化时，选择器选择 D0～D3 端相应信号作为 F 端输出；当 EN = 0 时，选择器不工作，F 端保持缺省输出值 0。

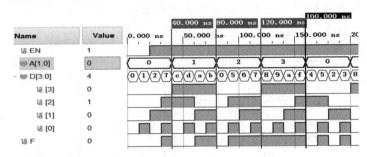

图 5.21　4 选 1 数据选择器的功能仿真结果

2. 8 选 1 数据选择器

设计原理：数据选择器端口图如图 5.22 所示，EN 是使能端，当 EN = 1 时，控制译码器正常工作；当 EN = 0 时，译码器不工作。A[2:0]是二进制地址信号输入端，表示某一数据的地址信息，D[7:0]是等待被选择的数据。

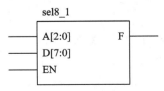

图 5.22　8 选 1 数据选择器端口图

当 EN = 1 时，若 $A = $ 'b000，数据选择器输出 $F = D[0]$；若 $A = $ 'b001，数据选择器输出

$F = D[1]$；若 $A = $ 'b010，数据选择器输出 $F = D[2]$，以此类推；当 EN $= 0$ 时，数据选择器不工作，输出信号默认为 $F = $ 'b0。

8 选 1 数据选择器功能表如表 5.6 所示。其中，$A0 \sim A2$ 为地址信号输入，$D0 \sim D7$ 为数据信号输入，EN 是使用控制端，EN 高电平有效，F 是被选信号输出，X 表示任意值。

表 5.6　8 选 1 数据选择器功能表

输　入			输　出
使　能	地　址	数　据	输出端
EN	$A(A0 \sim A2)$	$D(D0 \sim D7)$	F
0	XXX	$D[7, 6, 5, 4, 3, 2, 1, 0]$	0
1	000	$D[7, 6, 5, 4, 3, 2, 1, 0]$	$D0$
1	001	$D[7, 6, 5, 4, 3, 2, 1, 0]$	$D1$
1	010	$D[7, 6, 5, 4, 3, 2, 1, 0]$	$D2$
1	011	$D[7, 6, 5, 4, 3, 2, 1, 0]$	$D3$
1	100	$D[7, 6, 5, 4, 3, 2, 1, 0]$	$D4$
1	101	$D[7, 6, 5, 4, 3, 2, 1, 0]$	$D5$
1	110	$D[7, 6, 5, 4, 3, 2, 1, 0]$	$D6$
1	111	$D[7, 6, 5, 4, 3, 2, 1, 0]$	$D7$

由功能表可以得到 8 选 1 数据选择器的输出表达式为

$$F = \overline{A2}\,\overline{A1}\,\overline{A0}D0 + \overline{A2}\,\overline{A1}A0D1 + \overline{A2}A1\overline{A0}D2 + \overline{A2}A1A0D3 + A2\overline{A1}\,\overline{A0}D4 +$$
$$A2\overline{A1}A0D5 + A2A1\overline{A0}D6 + A2A1A0D7$$

由 8 选 1 数据选择器的输出逻辑表达式，可得到电路原理图，如图 5.23 所示。

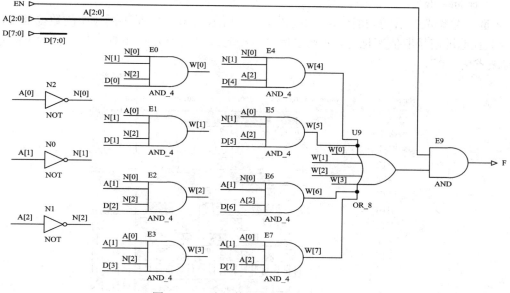

图 5.23　8 选 1 数据选择器电路原理图

代码如下：

```
module sel8_1_1(
    input EN,
    input [2:0] A,
    input [7:0] D,
    output wire F
    );
    wire [2:0] n;              //定义非门元件 N0～N2 的输出信号为 n[0]～n[2]
    wire [7:0] w;              //定义与门元件 E0～E7 的输出信号为 w[0]～w[7]
//参考逻辑图，使用基本门元件，例化描述电路功能
    not N0(n[0], A[0]);        //非门输出 n[0]=!A[0]
    not N1(n[1], A[1]);        //非门输出 n[1]=!A[1]
    not N2(n[2], A[2]);        //非门输出 n[2]=!A[2]
    and E0(w[0], n, D[0]);     //5 输入与门
    and E1(w[1], n[2], n[1], A[0], D[1]);
    and E2(w[2], n[2], A[1], n[0], D[2]);
    and E3(w[3], n[2], A[1], A[0], D[3]);
    and E4(w[4], A[2], n[1], n[0], D[4]);
    and E5(w[5], A[2], n[1], A[0], D[5]);
    and E6(w[6], A[2], A[1], n[0], D[6]);
    and E7(w[7], A, D[7]);
    or  E8(w[8], w[7], w[6], w[5], w[4], w[3], w[2], w[1], w[0]);
    and E9(F, w[8], EN);
endmodule
```

8 选 1 数据选择器的功能仿真结果如图 5.24 所示。$D0～D7$ 是不同频率的数据信号，当 EN = 1 且地址信号取值变化时，F 输出信号也相应改变；当 EN = 0 时，F 没有输出信号，保持缺省值 "0"。

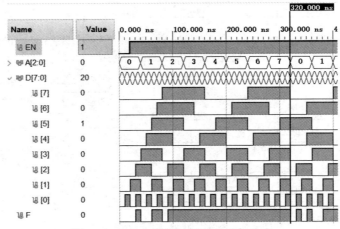

图 5.24　8 选 1 数据选择器的功能仿真

5.2.2　基于数据流描述的 mux 设计

1. 4 选 1 数据选择器

4 选 1 数据选择器的数据流描述代码如下：

```
module sel4_1_2(
    input EN,
    input [1:0] A,
    input [3:0] D,
    output wire F
    );
//参考逻辑表达式，描述电路功能
assign F = ((((~A[1])&(~A[0])&D[0]) | ((~A[1])&A[0]&D[1]) | (A[1]&(~A[0])&D[2])
        | (A[1]&A[0]&D[3]))&EN;

endmodule
```

数据流描述方式的 4 选 1 数据选择器的功能仿真结果可参考图 5.21。

2. 8 选 1 数据选择器

8 选 1 数据选择器的数据流描述代码如下：

```
module sel8_1_2(
    input EN,
    input [2:0] A,
    input [7:0] D,
    output reg F
    );
    wire [1:0] w;      //定义 2 个线性变量 w[0]、w[1]，避免代码过长
    //参考逻辑表达式，描述电路功能
    assign w[0] = ((~A[2])&(~A[1])&(~A[0])&D[0]) | ((~A[2])&(~A[1])& A[0]&D[1])
    | ((~A[2])&A[1]&(~A[0])&D[2]) | ((~A[2])&A[1]&A[0]&D[3]);
    assign w[1] = (A[2]&(~A[1])&(~A[0])&D[4]) | (A[2]&(~A[1])&A[0]&D[5]) |
     (A[2]&A[1]&(~A[0])&D[6]) | (A[2]& A[1]& A[0]&D[7]);
    assign F = (w[1] | w[0])&EN;
endmodule
```

数据流描述方式的 8 选 1 数据选择器的功能仿真结果可参考图 5.24。

5.2.3　基于 always 语句描述的 mux 设计

1. 4 选 1 数据选择器

4 选 1 数据选择器的 always 语言描述代码如下：

```
module sel4_1_3(
    input EN,
```

```
        input [1:0] A,
        input [3:0] D,
        output reg F
    );
    //采用 case 语句实现
    always @(*)
        begin
            if(!EN) F = 0;
    else
        case(A)
            2'b00:F = D[0];
            2'b01:F = D[1];
            2'b10:F = D[2];
            2'b11:F = D[3];
            default:F = 0;
            endcase
        end
    endmodule
```

4 选 1 数据选择器的功能仿真结果可参考图 5.21。

2．8 选 1 数据选择器

8 选 1 数据选择器的 always 语言描述代码如下：

```
    module sel8_1_3(
        input EN,
        input [2:0] A,
        input [7:0] D,
        output reg F
        );
    always @(*)
        begin
        if(!EN) F = 0;
            else
                case(A)
                    3'b000:F = D[0];
                    3'b001:F = D[1];
                    3'b010:F = D[2];
                    3'b011:F = D[3];
                    3'b100:F = D[4];
                    3'b101:F = D[5];
```

```
        3'b110:F = D[6];
        3'b111:F = D[7];
        default:F = 0;
    endcase
end
endmodule
```

8 选 1 数据选择器的功能仿真结果可参考图 5.24。

5.3 编/译码器的设计

5.3.1 4-2 编码器设计

在数字系统中，将有特定含义的信息变换为二进制码的过程称为编码，具有编码功能的逻辑电路称为编码器。将 2^n 个离散信息代码用 n 位二进制码组表示，也称为二进制编码器，可分为普通编码器和优先编码器两类。

1．普通编码器

在任何时刻，普通编码器只允许一个输入信号有效，当存在多个有效信号时，电路逻辑功能将会混乱。下面以 4-2 线编码器为例，介绍普通编码器的设计。

4-2 编码器端口图如图 5.25 所示。EN 是使用端，高电平 1 有效，A、B、C、D 表示 4 路有特定意义信号输入端，高电平 1 有效，F 表示信号编码后的二进制码组(2 位位宽)，4-2 编码器功能表如表 5.7，其中 X 表示任意值。

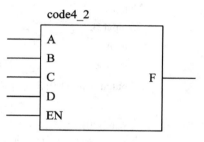

图 5.25　4-2 编码器端口图

表 5.7　4-2 编码器功能表

输　　入					输　　出	
EN	A	B	C	D	$F[1]$	$F[0]$
0	X	X	X	X	0	0
1	1	0	0	0	0	0
1	0	1	0	0	0	1
1	0	0	1	0	1	0
1	0	0	0	1	1	1

分析编码器功能表，得到逻辑表达式如下：

$$F[0] = \overline{A}\,\overline{C}(B \oplus D)$$

$$F[1] = \overline{A}\,\overline{B}(C \oplus D)$$

参考编码器逻辑表达式，编码器原理图如图 5.26 所示。

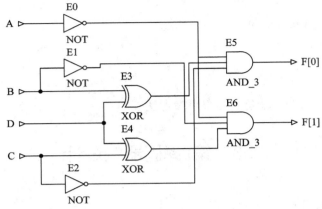

图 5.26　4-2 编码器的原理图

(1) 参考编码器原理图 5.26，Verilog HDL 元件例化代码描述如下：

```
module code4_2(
    input EN,                //使能控制端口声明
    input A,
    input B,
    input C,
    input D,                 //输入信号声明
    output wire [1:0] F      //输出端口声明
    );
    wire[4:0] w;
    //参考逻辑电路图，描述电路功能
    not E0(w[0], A);
    not E1(w[1], B);
    not E2(w[2], C);
    xor E3(w[3], B, D);
    xor E4(w[4], C, D);
    and E5(F[1], w[0], w[1], w[4], EN);
    and E6(F[0], w[0], w[2], w[3], EN);
endmodule
```

(2) 参考编码器逻辑表达式，Verilog HDL 数据流描述代码如下：

```
module code4_2(
    input EN,            //使能控制端口声明
    input A,
    input B,
    input C,
    input D,                 //输入信号声明
    output wire [1:0] F    //输出端口声明
```

```
    );
//数据流方式描述电路功能
    assign F[0] = (~A)&(~C)&(B^D);
    assign F[1] = (~A)&(~B)&(C^D);
endmodule
```

(3) 参考表 5.7，Verilog HDL always 语句描述代码如下：

```
module code4_2(
    input EN,              //使能控制端口声明
    input A,
    input B,
    input C,
    input D,               //输入信号声明
    output wire [1:0] F    //输出端口声明
    );
//参考表 5.7，用 CASE 语句描述电路功能
    always @(*)
    begin
    if(~EN) F = 0;
    else
    case({A, B, C, D})
        'b1000:F = 'b00;
        'b0100:F = 'b01;
        'b0010:F = 'b10;
        'b0001:F = 'b11;
        default:F = 'b00;
        endcase
    end
endmodule
```

4-2 编码器的功能仿真结果如图 5.27 所示。若 EN = 1，当输入信号为有效电平 1 时(不能同时为 1)，F 端输出对应的二进制码组；当 EN = 0 时，F 端没有输出信号，保持缺省值 0。

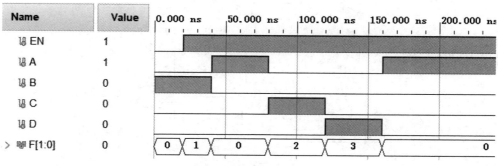

图 5.27　4-2 编码器的功能仿真

87

2. 优先编码器

优先编码器允许多个输入端信号有效。当存在多个有效信号时，输入端优先级高的信号将被编码，下面以 4-2 线优先编码器为例，介绍优先编码器的设计。

4-2 优先编码器端口图如图 5.28 所示。其中 EN 是使用端，高电平"1"有效，A、B、C、D 表示 4 路有特定意义信号输入端，高电平"1"有效，A 优先级最高，D 优先级最低，F 表示信号编码后的二进制码组(2 位位宽)，4-2 优先编码器功能表如表 5.8，其中 X 表示任意值。

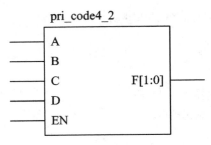

图 5.28　4-2 优先编码器端口图

表 5.8　4-2 优先编码器功能表

输　　入					输　　出	
EN	A	B	C	D	$F[1]$	$F[0]$
0	X	X	X	X	0	0
1	1	X	X	X	0	0
1	0	1	X	X	0	1
1	0	0	1	X	1	0
1	0	0	0	1	1	1

参考功能表，编码器的逻辑表达式如下：

$$F[0] = \overline{A}B + \overline{A}\,\overline{B}CD = \overline{A}(B + \overline{C}D)$$

$$F[1] = \overline{A}\,\overline{B}C + \overline{A}\,\overline{B}\,\overline{C}D = \overline{A}\,\overline{B}(C + D)$$

参考优先编码器逻辑表达式，编码器电路原理图如图 5.29 所示。

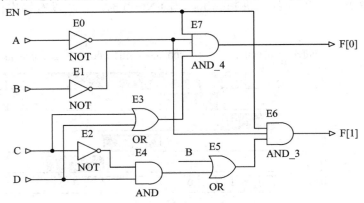

图 5.29　4-2 优先编码器的原理图

参考优先编码器原理图 5.29，Verilog HDL 元件例化代码描述如下：

```verilog
module pri_code4_2(
    input EN,                    //使能控制端口声明
    input A,
    input B,
    input C,
    input D,                     //输入信号声明
    output wire [1:0] F          //输出端口声明
    );
    wire[5:0] w;
    //参考逻辑电路图，描述电路功能
    not E0(w[0], A);
    not E1(w[1], B);
    not E2(w[2], C);
    or   E3(w[3], C, D);
    and E4(w[4], w[2], D);
    or   E5(w[5], w[4], B);
    and E6(F[0], w[0], w[5], EN);
    and E7(F[1], w[0], w[1], w[3], EN);
endmodule
```

Verilog HDL 数据流描述如下：

```verilog
module pri_code4_2(
    input EN,                    //使能控制端口声明
    input A,
    input B,
    input C,
    input D,                     //输入信号声明
    output wire [1:0] F          //输出端口声明
    );
    //参考逻辑表达式，描述电路功能
    assign F[0] = (~A)&(B | ((~C)&D))&EN;
    assign F[1] = (~A)&(~B)&(C | D)&EN;
endmodule
```

参考功能表 5.8，Verilog HDL always 语句描述如下：

```verilog
module pri_code4_2(
    input EN,                    //使能控制端口声明
    input A,
    input B,
    input C,
```

```
    input D,                    //输入信号声明
    output reg [1:0] F          //输出端口声明
    );
    //if:else 语句嵌套，描述电路优先级别
always @(*)
    begin
    if(~EN) F = 0;
    else begin
        if(A) F = 'b00;
        else if(B) F = 'b01;
        else if(C) F = 'b10;
        else F = 'b11; end
    end
    endmodule
```

4-2 优先编码器的功能仿真结果如图 5.30 所示。若 EN = 1，当某个输入信号为有效电平 1 时，F 端输出对应信号二进制码组，当多个输入信号为有效电平 1 时，F 端输出优先级最高信号的二进制码组；当 EN = 0 时，F 端不进行编码，保持缺省值 0。

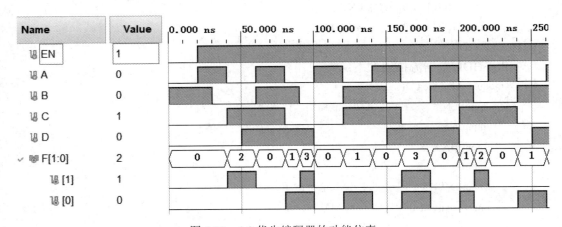

图 5.30   4-2 优先编码器的功能仿真

3. 二—十进制编码器

在数字系统中，常用 4 位二进制代码来表示 1 位十进制数字"0、1、2、…、9"，这种代码称为二—十进制代码，即 BCD 码。二—十进制(BCD)编码器就是将 0~9 十个十进制数转换为二进制代码的电路。BCD 编码的方案很多，可分为有权码和无权码两类，比如典型有权码有 8421 码、2424 码等，无权码有余 3 码、格雷码等。其中，8421 码是基本和最常用的 BCD 码，本小节介绍 8421 优先编码器的设计。

BCD-8421 编码器端口图如图 5.31 所示。其中 EN 是使能端，高电平 1 有效，D[9:0] 表示十进制数字输入端，高电平有效，BCD[3:0]表示 1 位十进制的二进制编码输出端。当 EN = 1 时，控制译码器正常工作，当 EN = 0 时，译码器不工作。D[9:0]是 1 位十进制数字

"0、1、2、…、9"输入信号，BCD[3:0]表示 1 位十进制的二进制编码输出。当 $D[9]$ 优先级为最高时，$D[0]$ 优先级最低，以此类推。

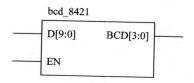

图 5.31　BCD-8421 编码器端口图

BCD-8421 优先编码器功能表如表 5.9 所示，X 表示任意值。

表 5.9　BCD-8421 优先编码器功能表

输　入		输　出			
EN	$D[9]\sim D[0]$	BCD[3]	BCD[2]	BCD[1]	BCD[0]
0	XXXXXXXXXX	0	0	0	0
1	0000000001	0	0	0	0
1	000000001X	0	0	0	1
1	00000001XX	0	0	1	0
1	0000001XXX	0	0	1	1
1	000001XXXX	0	1	0	0
1	00001XXXXX	0	1	0	1
1	0001XXXXXX	0	1	1	0
1	001XXXXXXX	0	1	1	1
1	01XXXXXXX	1	0	0	0
1	1XXXXXXXXX	1	0	0	1

参考功能表 5.6，BCD-8421 优先编码器的逻辑表达式如下（$\overline{D[9]}\cdots\overline{D[2]}$ 表示 $D2\sim D9$ 共 8 个反变量信号输入，其他以此类推）。

$$\text{BCD}[0] = \overline{D[9]}\cdots\overline{D[2]}D[1] + \overline{D[9]}\cdots\overline{D[4]}D[3] + \overline{D[9]}\cdots\overline{D[6]}D[5] +$$
$$\overline{D[9]}\,\overline{D[8]}D[7] + D[9]$$

$$\text{BCD}[1] = \overline{D[9]}\cdots\overline{D[3]}D[2] + \overline{D[9]}\cdots\overline{D[4]}D[3] + \overline{D[9]}\,\overline{D[8]}\,\overline{D[7]}D[6] +$$
$$\overline{D[9]}\,\overline{D[8]}D[7]$$

$$\text{BCD}[2] = \overline{D[9]}\cdots\overline{D[5]}D[4] + \overline{D[9]}\cdots\overline{D[6]}D[5] + \overline{D[9]}\,\overline{D[8]}\,\overline{D[7]}D[6] +$$
$$\overline{D[9]}\,\overline{D[8]}D[7]$$

$$\text{BCD}[3] = \overline{D[9]}D[8] + D[9] = D[8] + D[9]$$

参考 BCD-8421 优先编码器的逻辑表达式，编码器电路原理图如图 5.32 所示。

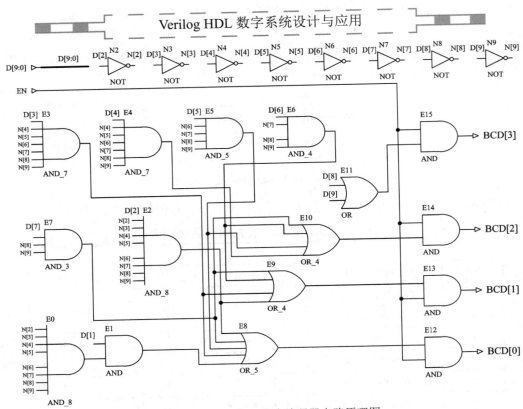

图 5.32　BCD-8421 优先编码器电路原理图

参考图 5.32，Verilog HDL 元件例化代码描述如下：

```
module bcd_8421(
    input EN,
    input [9:0] D,
    output wire [3:0] BCD
);
    N[9:2] w;              //N2～N9 等非门输出 D[2]～D[9]的反信号
    wire[10:0] w;          //表示 E0～E11 等逻辑门的输出信号
//参考逻辑电路图，描述电路功能
    not   N2(N[2], D[2]);
    not   N3(N[3], D[3]);
    not   N3(N[4], D[4]);
    not   N4(N[4], D[4]);
    not   N5(N[5], D[5]);
    not   N6(N[6], D[6]);
    not   N7(N[7], D[7]);
    not   N8(N[8], D[8]);
    not   N9(N[9], D[9]);
//BCD[0]输出电路描述
    and E0(w[0], N[2], N[3], N[4], N[5], N[6], N[7], N[8], N[9]);
```

```
    and E1(w[1], w[0], D[1]);
    and E3(w[3], D[3], N[4], N[5], N[6], N[7], N[8], N[9]);
    and E5(w[5], D[5], N[6], N[7], N[8], N[9]);
    and E7(w[7], D[7], N[8], N[9]);
    or   E8(w[8], D[9], w[1], w[3], w[5], w[7]);
    and E12(BCD[0], w[8], EN);
    //BCD[1]输出电路描述
    and E2(w[2], D[2], N[3], N[4], N[5], N[6], N[7], N[8], N[9]);
    and E6(w[6], D[6], N[7], N[8], N[9]);
    and E9(w[9], w[2], w[3], w[6], w[7]);
    and E13(BCD[1], w[9], EN);
    //BCD[2]输出电路描述
    and E4(w[4], D[4], N[5], N[6], N[7], N[8], N[9]);
    and E10(w[10], w[4], w[5], w[6], w[7]);
    and E14(BCD[2], w[10], EN);
    //BCD[3]输出电路描述
    or   E11(w[11], D[8], D[9]);
    and E15(BCD[3], w[11], EN);
endmodule
```

通过 5.2 小节和 5.3 小节的设计示例，如"8 选 1 数据选择器""二—十进制编码器"等系统设计可以看出：随着数字系统趋向复杂，元件例化和数据流方式越来越烦琐的描述方式已逐渐不适用。本小节暂省略数据流方式描述，建议使用 always 语句描述。Verilog HDL always 语句描述代码如下：

```
//**********8421 编码器，元件例化描述参考**********
module bcd_8421(
    input EN,
    input [9:0] D,
    output reg [3:0] BCD
    );
    //参考功能表 5.9，用 case 语句描述电路功能
    always @(*)
    begin
    if(~EN) BCD = 'b0000;
    else
    casex(D)
        'b0000000001:BCD = 'b0000;
        'b000000001X:BCD = 'b0001;
        'b00000001XX:BCD = 'b0010;
        'b0000001XXX:BCD = 'b0011;
```

```
'b000001XXXX:BCD = 'b0100;
'b00001XXXXX:BCD = 'b0101;
'b0001xxxxxx:BCD = 'b0110;
'b001xxxxxxx:BCD = 'b0111;
'b01xxxxxxxx:BCD = 'b1000;
'b1xxxxxxxxx:BCD = 'b1001;
default:BCD = 'b0000;
endcase
end
endmodule
```

BCD-8421 优先编码器的功能仿真结果如图 5.33 所示。当 EN = 1 时，输入二进制码组信号变化，F 端输出对应的译码信号；当 EN = 0 时，F 端没有输出信号，保持缺省值 0。

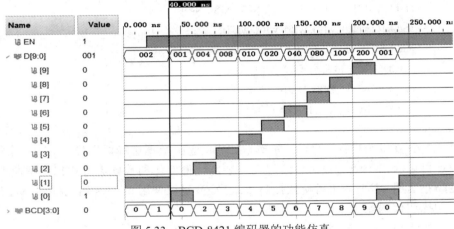

图 5.33　BCD-8421 编码器的功能仿真

5.3.2　译码器设计

将二进制码组翻译成有特定含义信息的过程称为译码，译码是编码的逆过程。译码器的 n 位二进制输入码组可以翻译为小于等于 2^n 个离散输出信号，如常用的 2-4 译码器、3-8 译码器、显示译码器等。本小节以 2-4 线编码器为例，介绍译码器的设计。

2-4 译码器端口图如图 5.34，其中 EN 是使能端，高电平 1 有效，F[1:0]表示 2 位二进制码组输入端，A、B、C、D 表示 4 路有特定意义信号输出端，高电平 1 有效。

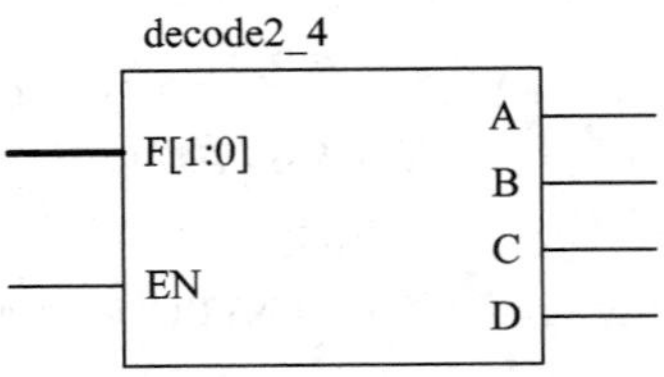

设计原理：EN 是使能端，EN = 1 时，控制译码器正常工作；当 EN = 0 时，译码器不工作。F[1:0]是二进制码组输入端，表示某特定信息的编码。当 F = 'b00 时，译码器输出端 $\{A, B, C, D\}$ = 'b1000，有效输出的译码信号是 $A = 1$；当 F = 'b01 时，译码器输出端 $\{A, B, C, D\}$ = 'b0100，有效输出的译码信号是 $B = 1$，以此类推，不再复述。

图 5.34　2-4 译码器端口图

2-4 译码器功能表如表 5.10 所示。

表 5.10　2-4 译码器功能表

输　入			输　出			
EN	$F[1]$	$F[0]$	A	B	C	D
0	X	X	0	0	0	0
1	0	0	1	0	0	0
1	0	1	0	1	0	0
1	1	0	1	0	1	0
1	1	1	0	0	0	1

参考功能表，2-4 译码器的逻辑表达式如下：

$$A = \overline{F[1]}\ \overline{F[0]}, \quad B = \overline{F[1]}\ F[0], \quad C = F[1]\ \overline{F[0]}, \quad D = F[1]\ F[0]$$

参考 2-4 译码器逻辑表达式，其电路原理图如图 5.35 所示。

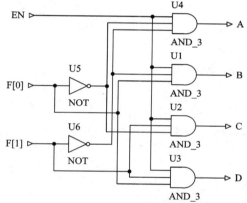

图 5.35　2-4 译码器的原理图

参考 2-4 译码器电路原理图，Verilog HDL 元件例化代码描述如下：

```
module decode2_4 (
    input EN,
    input [1:0] F,
    output wire A, B, C, D
    );
    wire[1:0] w;
    not E0(w[0], F[0]);
    not E1(w[1], F[1]);
    and E2(A, w[1], w[0], EN);
    and E3(B, w[1], F[0], EN);
    and E4(C, F[1], w[0], EN);
    and E5(D, F[1], F[0], EN);
endmodule
```

参考 2-4 译码器逻辑表达式，Verilog HDL 数据流描述代码如下：

```verilog
module decode2_4 (
    input EN,
    input [1:0] F,
    output wire A, B, C, D
);
    assign A = (~F[1])&(~F[0]);
    assign B = (~F[1])& F[0];
    assign C = F[1]&(~F[0]);
    assign D = F[1]& F[0];
endmodule
```

参考功能表 5.10，Verilog HDL always 语句描述代码如下：

```verilog
module decode2_4 (
    input EN,
    input [1:0] F,
    output wire A, B, C, D
);
    //CASE 语句描述电路功能
    always @(*)
    begin
    if(~EN) {A, B, C, D} = 'b0000;
    else
    case(F)
     'b00:{A, B, C, D} = 'b1000;
     'b01:{A, B, C, D} = 'b0100;
     'b10:{A, B, C, D} = 'b0010;
     'b11:{A, B, C, D} = 'b0001;
     default:{A, B, C, D} = 'b0000;
    endcase
    end
endmodule
```

2-4 译码器的功能仿真结果如图 5.36 所示。当 EN = 1 时，输入二进制码组信号变化，F 端输出对应的译码信号；当 EN = 0 时，F 端没有输出信号，保持缺省值 0。

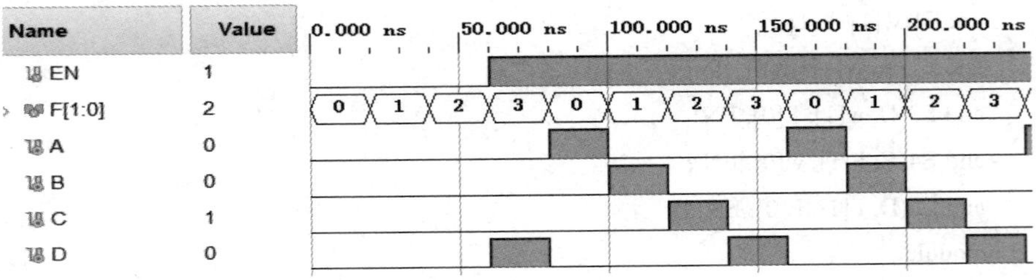

图 5.36　4-2 译码器的功能仿真结果

5.4　比较器的设计

比较器是常用的组合逻辑电路，特别是在计算机中常常需要对两个数 A、B 的大小进行比较，其比较结果有 $A > B$，$A = B$，$A < B$ 三种情况。

两个多位宽数 $A[n:0]$、$B[n:0]$ 比较基本原则如下：

(1) 从高位向低位逐位比较。

(2) 高位不相等时，高位比较的结果就是两个数的比较结果。

(3) 高位相等时，两数的比较结果由低位比较决定。

本小节以 4 位数据比较器为例，介绍数据比较器的设计。

4 位比较器端口图如图 5.37 所示，其中 EN 是使能端，高电平 1 有效，A[3:0]和 B[3:0]表示 2 个 4 位待比较数据的输入端，F[2:0]表示比较结果输出端。$F[2]$ 表示 "$A > B$" 输出结果，$F[1]$ 表示 "$A < B$" 输出结果，$F[0]$ 表示 "$A = B$" 输出结果，高电平 1 有效，X 表示任意值。

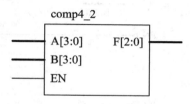

图 5.37　4 位比较器端口图

设计原理：EN 是使能端，当 EN = 1 时，数据比较器正常工作；当 EN = 0 时，数据比较器不工作。首先比较 $A[3]$ 和 $B[3]$，若 $A[3] > B[3]$，则比较器输出 $F = \text{'b100}$；若 $A[3] < B[3]$，则比较器输出 $F = \text{'b010}$；如果 $A[3] = B[3]$，则需要比较次高位 $A[2]$ 和 $B[2]$。如果 $A[2] > B[2]$，则比较器输出 $F = \text{'b100}$；若 $A[2] < B[2]$，则比较器输出 $F = \text{'b010}$；若 $A[3] = B[3]$，则需要比较 $A[1]$ 和 $B[1]$，以此类推。

根据设计原理，4 位比较器功能表见表 5.11。

表 5.11　4 位比较器功能表

输　入					输　出		
EN	$A[3]\,B[3]$	$A[2]\,B[2]$	$A[1]\,B[1]$	$A[0]\,B[0]$	$F[2]$	$F[1]$	$F[0]$
0	$A[3] > B[3]$	X X	X X	X X	1	0	0
1	$A[3] < B[3]$	X X	X X	X X	0	1	0
1	$A[3] = B[3]$	$A[2] > B[2]$	X X	X X	1	0	0
1	$A[3] = B[3]$	$A[2] < B[2]$	X X	X X	0	1	0
1	$A[3] = B[3]$	$A[2] = B[2]$	$A[1] > B[1]$	X X	1	0	0
1	$A[3] = B[3]$	$A[2] = B[2]$	$A[1] < B[1]$	X X	0	1	0
1	$A[3] = B[3]$	$A[2] = B[2]$	$A[1] = B[1]$	$A[0] > B[0]$	1	0	0
1	$A[3] = B[3]$	$A[2] = B[2]$	$A[1] = B[1]$	$A[0] < B[0]$	0	1	0
1	$A[3] = B[3]$	$A[2] = B[2]$	$A[1] = B[1]$	$A[0] = B[0]$	0	0	1

参考功能表 5.11，4 位比较器的逻辑表达式如下：

$$F[0] = \overline{F[2]} + \overline{F[1]}$$

$$F[1] = \overline{A[3]}\,B[3] + (A[3] \odot B[3])\overline{A[2]}\,B[2] + (A[3] \odot B[3])(A[2] \odot B[2])\overline{A[1]}\,B[1] +$$
$$(A[3] \odot B[3])(A[2] \odot B[2])(A[1] \odot B[1])\overline{A[0]}\,B[0]$$

$$F[2] = \overline{B[3]}\,A[3] + (A[3] \odot B[3])\overline{B[2]}\,A[2] + (A[3] \odot B[3])(A[2] \odot B[2])\overline{B[1]}\,A[1] +$$
$$(A[3] \odot B[3])(A[2] \odot B[2])(A[1] \odot B[1])\overline{B[0]}\,A[0]$$

根据 4 位比较器的逻辑表达式，可得电路原理图如图 5.38 所示。

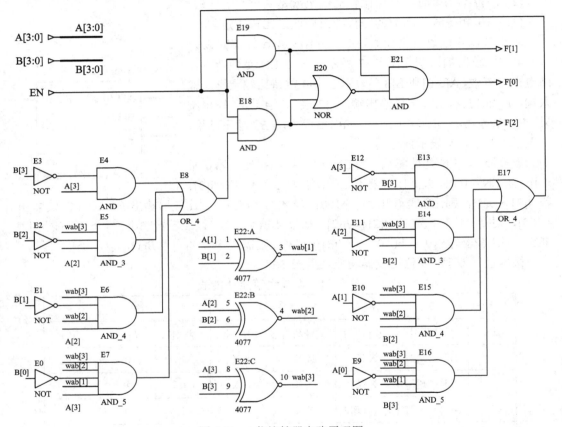

图 5.38　4 位比较器电路原理图

参考 4 位比较器电路原理图，Verilog HDL 元件例化代码描述如下：

```
module comp4_2(
    input EN,              //使能控制端口声明
    input [3:0] A, B,      //两个 4 位待比较输入信号声明
    output wire [2:0] F    //比较结果输出端口声明
);
//A > B 时，相关基本门元件 E0～E8 输出信号为 wa[0]～wa[8]
wire[8:0] wa;
//A < B 时，相关基本门元件 E9～E17 输出信号为 wb[0]～wb[8]
```

```
    wire[8:0] wb;
    //A＝B 时，E20 输出信号为 wab[0]，wab[3:1]则为同或运算输出
    wire [3:0] wab;
    //参考逻辑电路图，同或运算元件例化描述
    xnor E22_A(wab[1], A[1], B[1]);
    xnor E22_B(wab[2], A[2], B[2]);
    xnor E22_C(wab[3], A[3], B[3]);
    //首先描述 A＞B 情况下的电路功能，F[2]表示"A＞B"比较结果
    not E0(wa[0], B[0]);
    not E1(wa[1], B[1]);
    not E2(wa[2], B[2]);
    not E3(wa[3], B[3]);
    and E4(wa[4], wa[3], A[3]);
    and E5(wa[5], wab[3], wa[2], A[2]);
    and E6(wa[6], wab[3], wab[2], wa[1], A[1]);
    and E7(wa[7], wab[3], wab[2], wab[1], wa[0], A[0]);
    or   E8(wa[8], wa[7], wa[6], wa[5], wa[4]);
    and E18(F[2], wa[8], EN);
    //描述 A＜B 情况下的电路功能，F[1]表示"A＜B"比较结果
    not E9(wb[0], A[0]);
    not E10(wb[1], A[1]);
    not E11(wb[2], A[2]);
    not E12(wb[3], A[3]);
    and E13(wb[4], wb[3], B[3]);
    and E14(wb[5], wab[3], wb[2], B[2]);
    and E15(wb[6], wab[3], wab[2], wb[1], B[1]);
    and E16(wb[7], wab[3], wab[2], wab[1], wb[0], B[0]);
    or   E17(wb[8], wb[7], wb[6], wb[5], wb[4]);
    and E19(F[1], wb[8], EN);
    //描述 A＝B 情况下的电路功能，F[0]表示"A＝B"比较结果
    nor E20(wab[0], F[2], F[1]);
    and E21(F[0], wab[0], EN);
endmodule
```

参考 4 位比较器逻辑表达式，Verilog HDL 数据流描述代码如下：

```
module comp4_2(
    input EN,                 //使能控制端口声明
    input [3:0] A, B,         //两个 4 位待比较输入信号声明
    output wire [2:0] F       //比较结果输出端口声明
    );
//参考 4 位比较器逻辑表达式，描述电路功能
    assign F[0] = (~(F[1] | F[0]))&EN;
    assign F[1] = (((~A[3])&B[3]) | ((~(A[3]^B[3]))&((~A[2])&B[2] | (~(A[2]^B[2]))
```

&((~A[1])&B[1] | ((~(A[2]^B[2])&(~A[0])&B[0]))))))&EN;

assign F[2] = (((~B[3])&A[3]) | ((~(A[3]^B[3]))&((~B[2])&A[2] | (~(A[2]^B[2]))&

((~B[1])&A[1] | ((~(A[2]^B[2])&(~B[0])&A[0]))))))&EN;

endmodule

参考功能表 5.11，Verilog HDL always 语句描述代码如下：

```verilog
module comp4_2(
    input EN,                  //使能控制端口声明
    input [3:0] A, B,          //两个 4 位待比较输入信号声明
    output wire [2:0] F        //比较结果输出端口声明
);
    //参考功能表 5.11，if 条件语句描述电路功能
    always @(*)
    begin
        if(~EN) F = 0;
        else if(A>B) F = 'b100;
        else if(A<B) F = 'b010;
        else F = 'b001; end
endmodule
```

4 位数据比较器的功能仿真结果如图 5.39 所示。当 EN = 1 时，A 和 B 信号从高到低，逐位比较，F 输出比较结果；当 EN = 0 时，F 没有输出信号，保持缺省值 0。

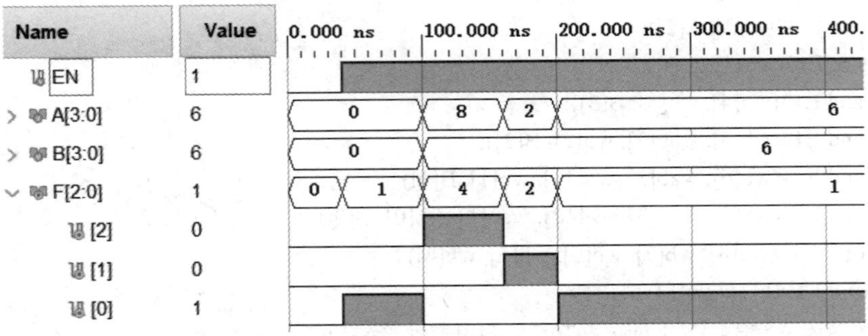

图 5.39　4 位数据比较器的功能仿真结果

从上述三种 Verilog HDL 设计中可以看出，描述的数字系统越复杂，元件例化和数据流设计方式复杂度相对更高，容易出错。这两种方式比较适用于描述简单的电路模块功能，比如模块数量较简单的顶层设计。对于较复杂的数字电路设计，本书推荐使用 always 语句描述。

5.5　七段共阳数码管译码器的设计

5.5.1　共阳数码管的硬件介绍

七段数码管是电子产品数字显示中最常使用的器件，如数字钟、微波炉、洗衣机等，分为共阳极及共阴极两类。共阳极七段数码管的正极(阳极)为 7 个或 8 个发光二极管(a—b

—c—d—e—f—g 或 dp)的共有正极,其中"a—b—c—d—e—f—g"发光二极管形成一个"8"字,"dp"则表示小数点,如图 5.40 所示。

在共阳极七段数码管某段二极管上,当施加一定的负向电压时,该段将会点亮,其电路逻辑图如图 5.41 所示。

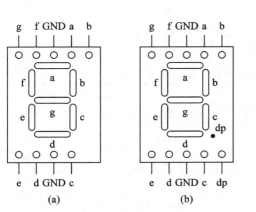

图 5.40　7 段数码管结构图　　　　图 5.41　七段数码管逻辑图

七段数码管可以用来显示十进制数或十六进制数字。如果需要显示符号,可以通过控制发光二极管亮灭组合,七段数码管能够形成数字"0～9"、字母"A～F",以及"."等字符信息的显示。比如,共阳极七段数据管,要显示数字"0",需要控制 a、b、c、d、e、f 等引脚呈现"低电位";若显示字母"A",可以控制 a、b、c、e、f、g 引脚呈现"低电位";若显示数值"1.2",需要 2 个数码管,其中 1 个带小数点,控制数码管 1 的 b、c、dp 引脚,以及数码管 2 的 a、b、d、e、g 引脚呈现"低电位"。此时,二极管电路形成通路状态,呈现点亮发光状态,如图 5.42、图 5.43 所示。

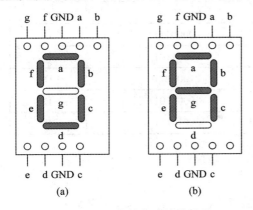

图 5.42　1 位数值或符号显示

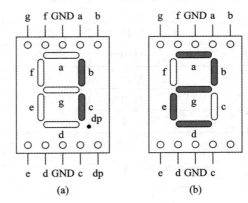

图 5.43　2 位数值或符号显示

5.5.2　共阳数码管的程序设计

数字显示电路是许多数字系统不可缺少的一部分,用于数字、字母等字符的显示。本小节介绍的七段显示译码器,其功能如表 5.12 所示。EN 为使用输入端,A[3:0]为 4 位二进制输入端(二进制或 BCD 码)，F[7:0]为译码器输出端(即七段数据管输入)，低电平有效，用于驱动共阳极显示。七段显示译码器端口图如图 5.44 所示。

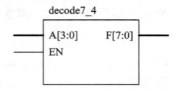

decode7_4

图 5.44　七段显示译码器端口图

表 5.12　七段显示译码器功能表

输　入			输　出	
EN	A[3:0]	十进制数值	F[7:0] (g-f-e-d-c-b-a-dp)	字形
0	XXXX	X	11111111	无
1	0000	0	10000001	0
1	0001	1	11110011	1
1	0010	2	01001001	2
1	0011	3	01100001	3
1	0100	4	00110011	4
1	0101	5	00100101	5
1	0110	6	00000101	6
1	0111	7	11110001	7
1	1000	8	00000001	8
1	1001	9	00100001	9
1	1010	10	00010001	A
1	1011	11	00000111	B
1	1100	12	10001101	C
1	1101	13	01000011	D
1	1110	14	00001101	E
1	1111	15	00011101	F

根据功能表，其参考代码如下：

```verilog
module decode7_4(
    input EN,
    input [3:0] A,              //1 位十六进制码输入端口声明
    output reg [7:0] F          //输出信号声明 gfedcba-dp
    );
//参考功能表，采用 case 语句描述电路功能
always @(*)
    begin
```

```
if(~EN) F = 'b11111111;
else
case(A)                          //暂不点亮小数点"dp"
    'h0:F = 'b10000001;          //点亮"g"段数码管，其他灭，显示数字"0"
    'h1:F = 'b11110011;
    'h2:F = 'b01001001;
    'h3:F = 'b01100001;
    'h4:F = 'b00110011;
    'h5:F = 'b00100101;
    'h6:F = 'b00000101;
    'h7:F = 'b11110001;
    'h8:F = 'b00000001;
    'h9:F = 'b00100001;
    'hA:F = 'b00010001;
    'hB:F = 'b00000111;
    'hC:F = 'b10001101;
    'hD:F = 'b01000011;
    'hE:F = 'b00001101;
    'hF:F = 'b00011101;          //点亮"a, e, f, g"段数码管，其他灭，显示字母"F"
    default:F = 'b11111111;      //缺省全灭
    endcase
end
endmodule
```

七段显示译码器的功能仿真结果如图 5.45 所示。当 EN = 1，A = h'0 时，F 端输出字型 "0" 信号，即 F = 10000001；当 A = h'1，F 端输出字型 "1" 信号，即 F = 11111001，以此类推，不再复述；当 EN = 0 时，F 端没有有效输出信号，保持缺省值 11111111。

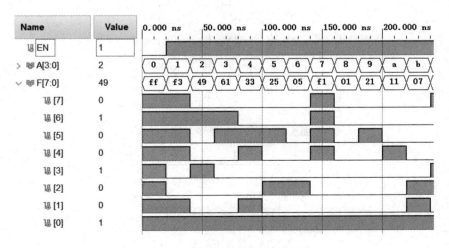

图 5.45　七段显示译码器功能仿真

【例 5.10】 用层次设计法设计 4 位数值比较电路系统。要求：

(1) 该系统包括键盘输入、数值比较、数据选择、七段显示译码等功能模块；

(2) 键盘模块完成 4 位二进制数值输入；

(3) 七段数码管显示比较结果中相等或较大的数值；

(4) 其中 EN 是使能端，高电平 "1" 有效。

参考设计方案如图 5.46 所示，4 位数值比较系统划分为 2 个层，由 5 个用户设计的模块构成。首先，用户 A 和 B 通过键盘分别输入 4 位二进制数值，同时送入数值比较和数据选择模块。然后，根据数值比较后的结果，数据选择模块选择 A、B 中较大或相等的二进制编码作为输出。最后，七段显示译码模块接收比较后的 A、B 二进制数值，并将其显示。

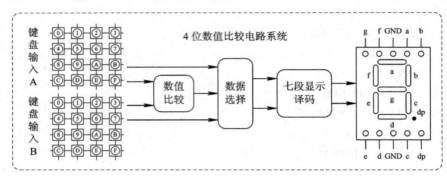

图 5.46 4 位数值比较电路系统设计方案

(1) 键盘编码设计。

如图 5.47 所示，键盘按键编码常采用矩阵结构。x3～x0 和 y3～y0 等行、列信号线接收 4 位二进制数值按键信息，有键按下时，输出相应按键的二进制编码，端口图如图 5.48 所示。例如，当 "8" 号键按下时，x3～x0 = 'b1011，y3～y0 = 'b1110，输出 code4 = 'b1000；当 "A" 号键按下时，x3～x0 = 'b1011，y3～y0 = 'b1011，输出 code4 = 'b1010，以此类推。其功能如表 5.13 所示。

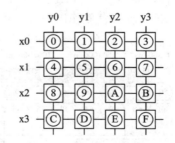

图 5.47 4 位二进制矩阵按键结构

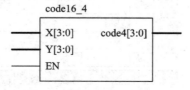

图 5.48 键盘编码器端口图

表 5.13　键盘编码器功能表

输　入				输　出
EN	$X[3:0]$	$Y[3:0]$	字符	code4[3:0]
0	XXXX	XXXX	无	0000
1	0001	0001	0	0000
1	0001	0010	1	0001
1	0001	0100	2	0010
1	0001	1000	3	0011
1	0010	0001	4	0100
1	0010	0010	5	0101
1	0010	0100	6	0110
1	0010	1000	7	0111
1	0100	0001	8	1000
1	0100	0010	9	1001
1	0100	0100	A	1010
1	0100	1000	B	1011
1	1000	0001	C	1100
1	1000	0010	D	1101
1	1000	0100	E	1110
1	1000	1000	F	1111

根据功能表，编码器的参考代码设计如下：

```
module code16_4(X, Y, code4, EN);
    input EN;                      //使能控制端口声明
    input [3:0] X, Y;              //键盘矩阵结构，行、列输入端口声明
    output reg [4:0] code4;        //4 位二进制编码输出信号声明
    //参考功能表，采用 case 语句描述电路功能
    always @(*)
    begin
    if(~EN) code4 = 'b1111;
    else
    case({X, Y})                   //字符按键转换成对应的 4 位二进制值
        'hED:code4 = 'b0001;
        'hEB:code4 = 'b0010;
        'hE7:code4 = 'b0011;
        'hDE:code4 = 'b0100;
        'hDD:code4 = 'b0101;
        'hDB:code4 = 'b0110;
```

```
        'hD7:code4 = 'b0111;
        'hBE:code4 = 'b1000;
        'hBD:code4 = 'b1001;
        'hBB:code4 = 'b1010;
        'hB7:code4 = 'b1011;
        'h7E:code4 = 'b1100;
        'h7D:code4 = 'b1101;
        'h7B:code4 = 'b1110;
        'h77:code4 = 'b1111;
        default:code4 = 'b1111;
    endcase
end
endmodule
```

键盘编码器的功能仿真结果如图 5.49 所示，当 EN = 'b1、X = 'hE、Y = 'hE 时，code4 输出字型 "0" 的信号，即 code4 = 4'b0000；当 EN = 'b1、X = 'hE、Y = 'hD 时，code4 输出字型 "1" 的信号，即 code4 = 4'b0001，以此类推，不再复述；当 EN = 0 时，code4 保持缺省值 1111。

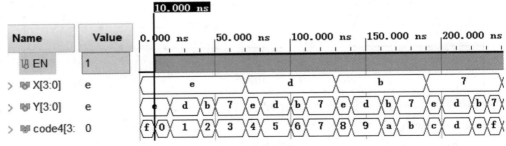

图 5.49　键盘编码器功能仿真

(2) 4 位数值比较器设计。

本模块参考 5.4 小节比较器的设计，当 $A > B$ 时，$F[2:0] = 3'b100$；当 $A < B$ 时，$F[2:0] = 3'b010$；当 $A = B$ 时，$F[2:0] = 3'b001$。

(3) 数据选择器设计。

数据选择器根据比较器结果确定待选数据，其实质是 2 选 1 数据选择器的设计，可参考 5.2 小节的设计。待选数据 DA、DB 位宽 4 位，地址选择端 SEL 位宽 3 位。数据选择器的端口图如图 5.50 所示，其功能表如表 5.14 所示。

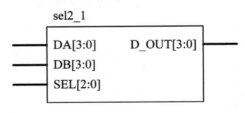

图 5.50　数据选择器端口图

106

表 5.14　数据选择器功能表

输　入			输　出
DA[3:0]	DB[3:0]	SEL[2:0]	D_OUT[3:0]
DA[3:0]	DB[3:0]	100	DA[3:0]
DA[3:0]	DB[3:0]	010	DB[3:0]
DA[3:0]	DB[3:0]	001	DA[3:0]
DA[3:0]	DB[3:0]	其他	0000

根据功能表，其参考代码如下：

```
module sel2_1(
    input [2:0] SEL,              //选择输入端口声明
    input [3:0] DA, DB,          //数据输入端口声明
    output reg [3:0] D_OUT       //选择相等或较大数输出
    );
//参考功能表 5.14，采用 case 描述选择控制模块功能
always @(*)
    begin
    case(SEL)//只有三种取值：'b100, 'b010, 'b001
        'b100:D_OUT = DA; //a > b
        'b010:D_OUT = DB; //a < b
        'b001:D_OUT = DA; //a = b
        default:D_OUT = 'b000;
    endcase
    end
endmodule
```

数据选择器的功能仿真结果如图 5.51 所示。当 SEL = 'b100 时，D_OUT = DA；当 SEL = 'b010 时，D_OUT = DB；当 SEL = 'b001 时，D_OUT = DA = DB。

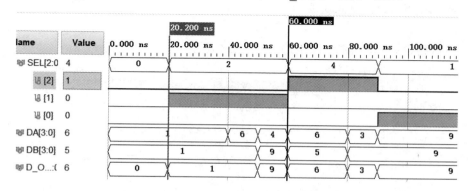

图 5.51　数据选择器的功能仿真结果

(4) 4 位数值比较电路系统。

4 位数值比较电路系统原理图如图 5.52 所示。AX、AY 为用户 A 矩阵的按键输入，BX、

BY 为用户 B 矩阵的按键输入，LED7 为七段显示译码的驱动信号。

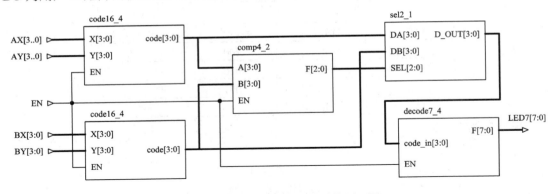

图 5.52　4 位数值比较电路系统原理图

根据表 5.14，其参考代码如下：

```
module comp_decode7_sys(
    input EN,
    input [3:0] AX, AY, BX, BY,          //两个待比较数据键盘输入，行、列输入端口声明
    output wire [7:0] led7               //七段数码显示管，暂不点亮"dp"
);
    wire [3:0] w_code_a, w_code_b;       //键盘模块十六进制字符输出
    wire [2:0] w_comp;                   //比较模块数值输出
    wire [3:0] w_d_out;                  //比较结果数值输出
//参考 4 位数值比较系统电路，元件例化描述系统功能
code16_4   E0(.X(AX), .Y(AY), .EN(EN), .code4(w_code_a));              //A 键盘模块
code16_4   E1(.X(BX), .Y(BY), .EN(EN), .code4(w_code_b));              //B 键盘模块
comp4_2    E2(.A(w_code_a), .B(w_code_b), .EN(EN), .COMP(w_comp));     //比较模块
sel2_1     E3(.DA(w_code_a), .DB(w_code_b), .SEL(w_comp), .D_OUT(w_d_out));  //数据选择模块
decode7_4  E4(.A(w_d_out), .EN(EN), .F(led7));                         //七段数码显示
endmodule
```

4 位数值比较系统的功能仿真结果如图 5.53 所示。

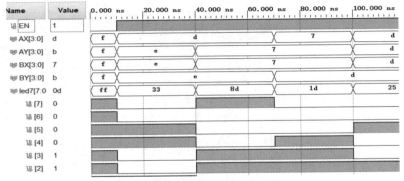

图 5.53　4 位数值比较系统的功能仿真

当 EN = 'b1 时，{Ax, Ay} = 'hDE，表示字符 "4"，{Bx, By} = 'hEE，表示字符 "0"，此时 $A > B$，七段数码显示结果应为 "4"，LED7 = 'b00110011，正是字符 "4" 的译码显示信号；当{Ax, Ay} = 'hD7 时，表示字符 "7"，{Bx, By} = 'h7E，表示字符 "C"，此时 $A < B$，七段数码显示结果应为 "C"，LED7 = 'b10001101，正是字符 "C" 的译码显示信号，以此类推，当 EN = 0 时，LED7 没有输出信号，保持缺省值 "b11111111"。

习　　题

1. 有以下逻辑表达式，试用元件例化和数据流描述法设计该电路。

(1) $F = DC + DB$

(2) $F = A \oplus B \oplus C$

(3) $F = \overline{A}\,\overline{B}\overline{C} + BD$

(4) $F = \overline{\overline{BC} * \overline{BD} * A}$

2. 分别用数据流描述法和 always 语句设计二位全减器。

3. 试用 Verilog HDL 设计一个检查交通信号灯工作状态的电路。红、黄、绿信号灯分别用 R、A、G 信号表示，灯亮信号为高电平 "1"，灯灭信号为低电平 "0"。F 是系统输出端，高电平表示 R、A、G 交通信号灯当前处于非正常工作状态，否则表示工作正常。

4. 试用 Verilog HDL 设计一个水塔供水的控制电路。有一水塔由三台水泵 Y1、Y2、Y3 供水。在水塔中，等距离设置四个水位检测元件 A、B、C、D，其中 A 元件在水塔中的安装位置最高，D 元件安装位置最低，B、C 元件在 A、D 元件之间。当水位高于检测元件时，检测元件输出高电平 "1"。现要求：

(1) 水位高于 A 时，三台水泵停止工作；

(2) 水位低于 A，高于 B 时，水泵 Y1 单独工作；

(3) 水位低于 B，高于 C 时，水泵 Y1、Y2 同时工作；

(4) 水位低于 C，高于 D 时，水泵 Y1、Y3 同时工作；

(5) 水位低于 D 时，水泵 Y1、Y2、Y3 同时向水塔供水。

5. 试用层次化设计八位全加器电路，子模块应包含 4 个 2 位全加器。

6. 试用层次化设计完成 8421BCD 码的检验及奇偶判断电路，至少包含 8421BCD 码检测、奇偶判断和显示三个子模块。要求：

(1) 检测输出的信号是否为有效的 8421BCD 码；

(2) 8421BCD 有效码值为奇数时，系统输出高电平 "1"，否则输出 "0"；

(3) 8421BCD 有效码值和判断结果能够在七段数码管上显示。

第 6 章 基本时序逻辑电路设计

时序逻辑电路是数字逻辑电路的重要组成部分，能够存储 1 位二值信号(0，1)，主要由组合逻辑电路和存储电路两部分构成。与组合逻辑电路不同，时序逻辑电路任意时刻的输出信号不仅取决于当前的输入信号，而且与电路原有的状态有关，具有信号记忆功能。

锁存器(Latch)和触发器是构成时序逻辑电路的基本单元电路。本章首先介绍 RS 锁存器、JK 锁存器、D 触发器等基本单元电路的设计原理和 Verilog HDL 设计方法，然后详细介绍计数器、分频器等常用时序逻辑电路的设计方法，并给出 Verilog HDL 实例。

6.1 锁 存 器

锁存器(Latch)和触发器都具有两个稳定输出信号状态"0"和"1"，并且仅在外加输入信号作用下，输出信号状态才可能改变。锁存器的数据存储或保持取决于输入使能信号的电平值，两者最大的区别是：锁存器没有时钟信号输入，其输入信号影响输出状态变化，属于电平触发电路；触发器则对时钟信号敏感，只有当时钟信号有效沿到来时，其状态才有可能改变。

6.1.1 基本 RS 锁存器设计

基本 RS 锁存器可以通过与非门和或非门设计，其结构简单，易于实现。基本 RS 锁存器的端口图如图 6.1 所示。与非结构的基本 RS 锁存器的原理图如图 6.2 所示。

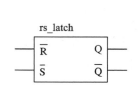

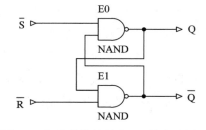

图 6.1 基本 RS 锁存器端口图　　　图 6.2 与非结构的基本 RS 锁存器原理图

以与非门构成的基本 RS 锁存器为例，图 6.2 中，$\overline{S}$、$\overline{R}$ 两输入端均低电平有效，但是不允许同时为有效电平，Q 和 $\overline{Q}$ 是互非的输出端，Q^{n+1}、Q^n 则分别表示锁存器输出端信号的次态和现态。此锁存器的基本工作原理如下：

(1) 当输入端 $\overline{S}$ 置 0，$\overline{R}$ 置 1 时，锁存器执行置 1 功能，即输出端 Q 和 $\overline{Q}$ 的信号次态为：

$Q^{n+1} = 1$，$\overline{Q}^{n+1} = 0$。

(2) 当输入端 $\overline{S}$ 置 1，$\overline{R}$ 置 0 时，锁存器执行置 0 功能，即输出端 Q 和 $\overline{Q}$ 的信号次态为：$Q^{n+1} = 0$，$\overline{Q}^{n+1} = 1$。

(3) 当两输入端 $\overline{S}$，$\overline{R}$ 均置 1 时，锁存器执行保持(锁存)功能，即输出端 Q 和 $\overline{Q}$ 的信号次态保持：$Q^{n+1} = Q^n$，$\overline{Q}^{n+1} = \overline{Q}^n$。

(4) 当两输入端 $\overline{S}$，$\overline{R}$ 均置 0 时，基本 RS 锁存器输入端的信号不满足约束条件 $\overline{S}+\overline{R}=1$，锁存器处于不确定状态。

基本 RS 锁存器功能表如表 6.1 所示，其中 X 表示不确定的信号状态。

表 6.1　基本 RS 锁存器功能表

输　入		输　出		功能
$\overline{S}$	$\overline{R}$	Q^n	Q^{n+1}	
0	1	0	1	置 1
0	1	1	1	
1	0	0	0	置 0
1	0	1	0	
1	1	0	0	保持
1	1	1	1	
0	0	0	X	不确定
0	0	1	X	

【例 6.1】　根据基本 RS 锁存器原理，运用 Verilog HDL 语言描述此锁存器。参考功能表 6.1，其代码描述如下：

```
module rs_latch(
    input R,
    input S,
    output reg q,
    output reg n_q
);
always @(*)
begin
//理论上R、S输入端不允许同时存在置 0 的情况，因为这破坏了输出端 q、n_q 的互非性，有可能造成输出信号的不确定状态
    case({R, S})
        'b00: begin q = 'bx; n_q = 'bx; end
        'b01: begin q = 'b1; n_q = 'b0; end
        'b10: begin q = 'b0; n_q = 'b1; end
        'b11: begin q =q; n_q = n_q; end
        default: begin q = 0; n_q = 1; end
```

```
            endcase
        end
    endmodule
```

基本 RS 锁存器的功能仿真结果如图 6.3 所示。当 RS = 01 时，q = 0，n_q = 1；当 RS = 10 时，q = 1，n_q = 0；当 RS = 11 时，q = q，n_q = n_q；当 RS = 00 时，q、n_q 为不定状态。

Name	Value
R	0
S	0
q	X
n_q	X

图 6.3　基本 RS 锁存器的功能仿真结果

从基本 RS 锁存器的工作原理和仿真结果分析可知，其结构存在缺陷：当 $\overline{R}$、$\overline{S}$ 端输入信号不满足约束条件 $\overline{S}+\overline{R}=1$ 时，Q 和 $\overline{Q}$ 端信号的互非性被破坏，并且当输入信号从"00"变化到"11"或从"11"变化到"00"时，锁存器的输出端信号处于不定状态。此状态是因信号在电路中的传输延时造成的，不能形成确定的稳定状态。由或非门实现的基本 RS 锁存器亦存在类似问题。

6.1.2　同步复位锁存器设计

为了协调数字电路各部分的运行，通常要求时序逻辑电路在公共时钟信号控制下动作，当时钟信号处于有效采样状态时，记忆元件的状态才能发生变化。同步复位是指只有在时钟信号处于有效采样状态，并且复位信号有效时，电路输出才被清 0。

1. 同步复位 RS 锁存器设计

以与非门构成的同步复位 RS 锁存器为例，其端口图如图 6.4 所示，原理图如 6.5 所示。

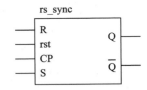

图 6.4　同步复位 RS 锁存器端口图

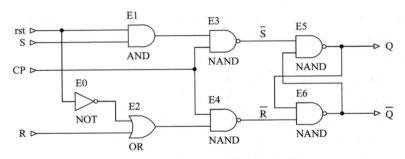

图 6.5　同步复位 RS 锁存器的原理图

图 6.5 中，在基本 RS 锁存器电路基础上，同步复位锁存器增加了时钟信号输入端 CP 和同步复位输入端 rst，以及若干基本逻辑门元件。与基本 RS 锁存器不同的是，同步复位锁存器的 R、S 输入端均高电平有效，且 R、S 端的约束条件为 $\overline{S}+\overline{R}=0$。此锁存器的基本工作原理如下：

(1) 当时钟输入端 CP = 0 时，无论 rst、R、S 等端的输入信号电平状态如何，电路均处于保持(锁存)状态，即输出端 Q 和 $\overline{Q}$ 的信号次态为：$Q^{n+1}=Q^{n}$，$\overline{Q}^{n+1}=\overline{Q}^{n}$。

(2) 当时钟输入端 CP = 1，复位端 rst = 0 时，无论 R、S 等端的输入信号电平状态如何，电路均复位，即 $Q^{n+1}=0$，$\overline{Q}^{n+1}=1$。

(3) 当时钟输入端 CP = 1，复位端 rst = 1，R、S 端的信号不同时为 1 时，根据 R、S 等端的信号电平状态，锁存器具有置 0、置 1、保持等功能。

(4) 当时钟输入端 CP = 1，复位端 rst = 1，RS = 11 时，锁存器输入端的信号不满足约束条件 $\overline{S}+\overline{R}=0$，Q 端输出处于不确定状态。

同步复位 RS 锁存器功能表如表 6.2 所示。

表 6.2　同步复位 RS 锁存器功能表

输　入				内部信号		输　出		功能
CP	rst	S	R	$\overline{S}$	$\overline{R}$	Q^{n}	Q^{n+1}	
0	X	X	X	X	X	0	0	保持
0	X	X	X	X	X	1	1	
1	0	X	X	X	X	X	0	同步复位
1	1	1	0	0	1	0	1	同步置 1
1	1	1	0	0	1	1	1	
1	1	0	1	1	0	0	0	同步置 0
1	1	0	1	1	0	1	0	
1	1	0	0	1	1	0	0	保持
1	1	0	0	1	1	1	1	
1	1	1	1	0	0	0	X	不确定
1	1	1	1	0	0	1	X	

【例 6.2】　根据同步复位 RS 锁存器原理，运用 Verilog HDL 语言描述此锁存器。
参考功能表 6.2，其代码描述如下：

```
module rs_latch_sync(
    input CP,                //电路时钟输入信号，高电平有效
    input R,
    input S,
    input rst,
    output reg q = 'b0,
    output reg n_q = 'b1
```

```
);
always @(*)
begin
        if(CP == 0)    begin q = q; n_q = n_q; end        //保持(锁存)
        else if(rst == 0)      {q, n_q} = 'b01;          //同步复位
        else begin
        case({R, S})
//RS = 11, 不允许出现, 因为这破坏了 q, n_q 的互非性, 可能形成不确定状态。
        'b10: {q, n_q} = 'b10;                  //同步置 1
        'b01: {q, n_q} = 'b01;                  //同步置 0
        'b00 begin q = q; n_q = n_q; end         //同步保持
        default: {q, n_q} = 'b01;
         endcase    end
    end
    endmodule
```

同步复位 RS 锁存器的功能仿真结果如图 6.6 所示。当 CP = 0 时，无论 rst、S、R 等端的输入信号电平状态如何，电路均处于锁存状态；当 CP = 1 时，与基本 RS 锁存器的功能一致。其功能仿真结果验证了设计的正确性。

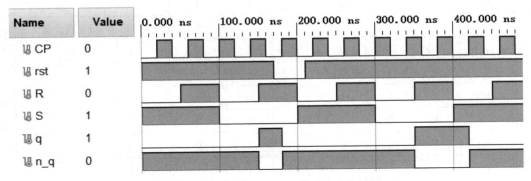

图 6.6　同步复位 RS 锁存器的功能仿真结果

2. 同步复位 D 锁存器设计

RS 锁存器的约束状态是因两输入端同为有效电平而产生的，为了防止此现象的出现，可以使用非门将两输入信号保持互非状态，形成 D 锁存器。由于 R、S 端的信号状态互非，因此 D 锁存器不能继承 RS 锁存器的保持功能。D 锁存器端口图如图 6.7 所示，原理图如图 6.8 所示。

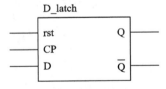

图 6.7　同步复位 D 锁存器端口图

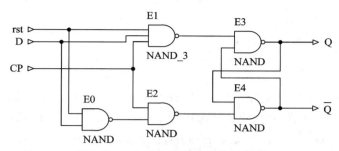

图 6.8　同步复位 D 锁存器的原理图

图 6.8 中，CP 为锁存器的时钟信号输入端，rst 为同步复位输入端，D 为输入端，Q 和 $\overline{Q}$ 是互非的输出端。此锁存器的基本工作原理如下：

(1) 当 CP = 0 时，无论 rst、D 等端的输入信号电平状态如何，此锁存器处于保持(锁存)状态，即 $Q^{n+1} = Q^n$，$\overline{Q}^{n+1} = \overline{Q}^n$。

(2) 当 CP = 1、rst = 0 时，无论 D 端的信号电平状态如何，锁存器复位，即 $Q^{n+1} = 0$，$\overline{Q}^{n+1} = 1$。

(3) 当 CP = 1，rst = 1 时，锁存器 Q 端输出等于 D 端的输入信号，即 $Q^{n+1} = D$，$\overline{Q}^{n+1} = \overline{D}$。

同步复位 D 锁存器功能表如表 6.3 所示。

表 6.3　D 锁存器功能表

输　入			输　出		功能
CP	rst	D	Q^n	Q^{n+1}	
0	X	X	0	0	保持
0	X	X	1	1	
0	0	X	X	0	同步复位
1	1	D	X	D	同步置数

【例 6.3】　根据 D 锁存器原理，运用 Verilog HDL 语言描述此锁存器。

参考功能表 6.3，其代码描述如下：

```
module D_latch(D, CP, rst, q, n_q);
input rst, CP, D;
output reg q, n_q;
always @(*)
begin
    if(CP) begin
      if(~rst) begin      //同步复位
         q = 0; n_q = 1; end
      else begin       //同步置数
         q = D; n_q = ~D; end
      end
    else begin              //保持
```

```
        q = q; n_q = n_q;
    end
  end
endmodule
```

同步复位 D 锁存器的功能仿真结果如图 6.9 所示。当 CP = 0 时，电路处于保持状态；当 CP = 1、rst = 0 时，电路处于复位状态；当 CP = 1、rst = 1 时，q = D。

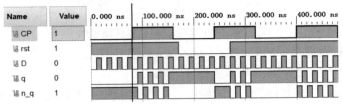

图 6.9　同步复位 D 锁存器的功能仿真结果

3. 同步复位 JK 锁存器设计

JK 锁存器是一种功能全面的，没有约束条件的，应用最为广泛的锁存器之一。在 RS 触发器基础上，增加相应反馈线即可构成基本 JK 锁存器。基本 JK 锁存器存在一定缺陷，即 JK = 11 时电路输出信号状态存在多次翻转，使得其状态不确定，造成数字系统误动作。因此这里采用主从结构设计同步复位 JK 锁存器，其端口图如图 6.10 所示，原理图如图 6.11 所示。

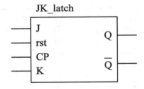

图 6.10　同步复位 JK 锁存器端口图

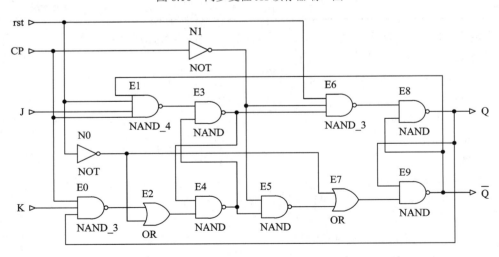

图 6.11　同步复位 JK 锁存器的原理图

图 6.11 中，CP 为锁存器的时钟信号输入端，rst 为复位输入端，J、K 为信号输入端，Q 和 $\overline{Q}$ 是互非的输出端。此锁存器的基本工作原理如下：

(1) 当 CP = 0 时，无论 rst、J、K 等端的输入信号电平状态如何，此锁存器处于保持(锁存)状态，即 $Q^{n+1} = Q^n$，$\overline{Q}^{n+1} = \overline{Q}^n$。

(2) 当 CP = 1，rst = 0 时，无论 J、K 等端的输入信号电平状态如何，锁存器复位，即 $Q^{n+1} = 0$，$\overline{Q}^{n+1} = 1$。

(3) 当 CP = 1，rst = 1 时，根据 J、K 等端输入信号电平取值，此锁存器具有保持、置数和翻转等功能，参考表 6.4。

同步复位 JK 锁存器功能表如表 6.4 所示。

表 6.4　同步复位 JK 锁存器功能表

输　入				输　出		功能
CP	rst	J	K	Q^n	Q^{n+1}	
0	X	X	X	0	0	保持
0	X	X	X	1	1	
1	0	X	X	X	0	同步复位
1	1	1	0	0	1	同步置 1
1	1	1	0	1	1	
1	1	0	1	0	0	同步置 0
1	1	0	1	1	0	
1	1	0	0	0	0	同步保持
1	1	0	0	1	1	
1	1	1	1	0	1	同步翻转
1	1	1	1	1	0	

【例 6.4】　根据同步复位 JK 锁存器原理，运用 Verilog HDL 语言描述此锁存器。参考功能表 6.4，其代码描述如下：

```
module jk_latch_sync(
    input CP,
    input rst,
    input j,
    input k,
    output reg q = 'b0,
    output reg n_q = 'b1
);
reg cnt_jk = 1'b0;          //jk 翻转次数计数定义
reg q_temp = 1'b0;          //q 端的信号初态存储
always @(*)
begin
    if(CP) begin
        if(~rst) begin          //同步复位
            q = 'b0; n_q = 'b1; cnt_jk = 0; end
        else if(cnt_jk == 0) begin
```

```
        q_temp = q;                    //保存 q 端的信号变化前取值
        case({j, k})
            'b00: begin q = q; n_q = n_q; cnt_jk = 0; end    //同步保持
            //同步置 0，且若 q_temp != q, cnt_jk = 1
            'b01: begin {q, n_q} = 'b01; if(q_temp != q); cnt_jk = 1; end
            //同步置 1，且若 q_temp != q, cnt_jk = 1
            'b10: begin {q, n_q} = 'b10; if(q_temp!=q); cnt_jk = 1; end
            //同步翻转，且若 q_temp != q, cnt_jk = 1
            'b11: begin q = ~q; n_q = ~n_q; if(q_temp != q); cnt_jk = 1; end
        endcase
    end
    else begin q = q; n_q = n_q; end          //CP = 1 期间，仅翻转一次
    end
    else begin
        q = q; n_q = n_q; cnt_jk = 0; q_temp = 0; end   //CP = 0 期间，保持，cnt_jk 复位为 0
    end
    endmodule
```

同步复位 JK 锁存器的功能仿真结果如图 6.12 所示。当 CP = 0 时，电路处于锁存状态；当 CP = 1，rst = 0 时，电路处于复位状态；当 rst = 1，CP = 1 时，执行 JK 锁存器功能，在第 2 个时钟信号周期内，锁存器出现了一次翻转现象。

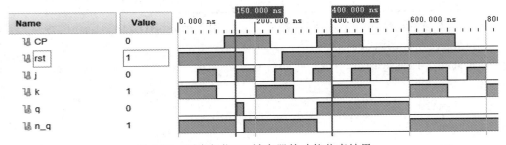

图 6.12　同步复位 JK 锁存器的功能仿真结果

主从结构的同步复位 JK 锁存器虽然解决了一个时钟周期内输出信号状态多次翻转现象，同时也带来一次翻转的新问题。该翻转现象是指在 CP = 1 期间，不论 J、K 等端的输入信号变化多少次，主触发器能且仅能翻转一次。这使得锁存器状态变化会出现不符合其功能设计的现象。因此，此 JK 锁存器通常要求输入信号在 CP = 1 期间不变化，并且尽量使用窄脉冲。

6.1.3　异步复位端锁存器设计

1. 异步复位 RS 锁存器设计

以与非门构成的异步复位 RS 锁存器为例，其端口图如图 6.13 所示，原理图如图 6.14 所示。

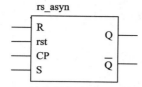

图 6.13　异步复位 RS 锁存器端口图

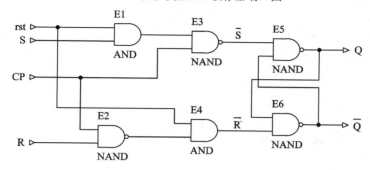

图 6.14　异步复位 RS 锁存器的原理图

图 6.14 中，CP 为锁存器的时钟信号输入端，S、R 为信号输入端，rst 为异步复位输入端，Q 和 $\overline{\text{Q}}$ 是互非的输出端。其中 $\overline{\text{S}}$、$\overline{\text{R}}$ 为锁存器内部端，均低电平有效。此锁存器的基本工作原理如下：

(1) 当 rst = 0 时，无论 CP、S、R 等端的输入信号电平状态如何，此锁存器处于复位状态，即 $Q^{n+1} = 0$，$\overline{Q}^{n+1} = 1$。

(2) 当 rst = 1，CP = 0 时，无论 S、R 等端的输入信号电平状态如何，此锁存器均处于保持(锁存)状态，即 $Q^{n+1} = Q^n$，$\overline{Q}^{n+1} = \overline{Q}^n$。

(3) 当 rst = 1，CP = 1 时，则根据 S、R 等端的电平状态，锁存器置 0、置 1 或保持。

(4) 当时钟输入端 CP = 1，rst = 1，RS = 11 时，锁存器输入端的信号不满足约束条件 $\overline{S} + \overline{R} = 0$，Q 端输出处于不确定状态。

异步复位 RS 锁存器功能表如表 6.5 所示。

表 6.5　异步复位 RS 锁存器功能表

输　　入				内部信号		输　出		功能
CP	rst	S	R	$\overline{S}$	$\overline{R}$	Q^n	Q^{n+1}	
X	0	X	X	X	X	X	0	异步复位
0	X	X	X	X	X	X	0	保持
1	1	1	0	0	1	0	1	同步置 1
1	1	1	0	0	1	1	1	
1	1	0	1	1	0	0	0	同步置 0
1	1	0	1	1	0	1	0	
1	1	0	0	1	1	0	0	同步保持
1	1	0	0	1	1	1	1	
1	1	1	1	0	0	0	X	不确定
1	1	1	1	0	0	1	X	

【例 6.5】　根据异步复位 RS 锁存器原理，运用 Verilog HDL 语言描述此锁存器。

参考功能表 6.5，其代码描述如下：

```verilog
module rs_latch_asyn(
    input CP,
    input rst,
    input R,
    input S,
    output reg q = 'b0,
    output reg n_q = 'b1
);
always @(*)
begin
    if(rst == 0)    {q, n_q} = 'b01;              //异步复位
    else if(CP == 0)
      begin q = q; n_q = n_q; end                 //锁存
    else begin
      case({R, S})
          'b10: {q, n_q} = 'b10;                   //同步置 1
          'b01: {q, n_q} = 'b01;                   //同步置 0
          'b00: begin q = q; n_q = n_q; end        //同步保持
          //RS = 11, 不允许出现，因为这破坏了 q, n_q 的互非性，可能形成不确定状态
      default: {q, n_q} = 'bxx;
      endcase    end
    end
endmodule
```

异步复位 RS 锁存器的功能仿真如图 6.15 所示，其功能仿真结果验证了设计的正确性。

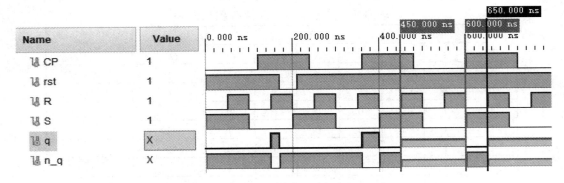

图 6.15　异步复位 RS 锁存器的功能仿真结果

2. 异步复位 D 锁存器设计

异步复位 D 锁存器端口图如图 6.16 所示，原理图如图 6.17 所示。

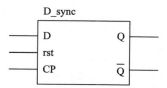

图 6.16　异步复位 D 锁存器端口图

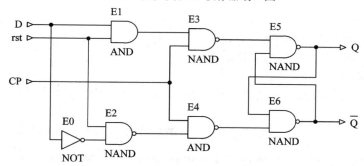

图 6.17　异步复位 D 锁存器的原理图

图 6.17 中，CP 为锁存器的时钟信号输入端，rst 为异步复位输入端，D 为信号输入端，均高电平有效，Q 和 $\overline{Q}$ 是互非的输出端。此锁存器的基本工作原理如下：

(1) 当 rst = 0 时，无论 CP、D 等端的输入信号电平状态如何，此锁存器处于复位状态，即 $Q^{n+1} = 0$，$\overline{Q}^{n+1} = 1$。

(2) 当 rst = 1、CP = 0 时，无论 D 端的信号电平状态如何，锁存器保持，即 $Q^{n+1} = Q^n$，$\overline{Q}^{n+1} = \overline{Q}^n$。

(3) 当 rst = 1、CP = 1 时，根据 D 端的信号电平状态，锁存器置 0 或置 1。

异步复位 D 锁存器功能表如表 6.6 所示。

表 6.6　异步复位 D 锁存器功能表

输　入			输　出		功能
CP	rst	D	Q^n	Q^{n+1}	
X	0	X	X	0	异步复位
0	1	X	0	0	保持
0	1	X	1	1	
1	1	D	X	D	同步置数

【例 6.6】　根据异步复位 D 锁存器原理，运用 Verilog HDL 语言描述此锁存器。参考功能表，其代码描述如下：

```
module D_latch_asyn(
    input CP,
    input rst,
    input D,
    output reg q = 'b0,
    output reg n_q = 'b1
);
always @(*)
```

```
begin
    if(~rst) begin                          //异步复位
        q = 0; n_q = 1; end
    else if(CP) begin                       //同步置数
        q = D; n_q = ~D; end
    else begin                              //保持
        q = q; n_q = n_q; end
    end
endmodule
```

异步复位 D 锁存器的功能仿真结果如图 6.18 所示，其功能仿真结果验证了设计的正确性。

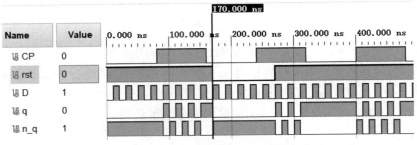

图 6.18　异步复位 D 锁存器的功能仿真结果

3. 异步复位 JK 锁存器设计

主从结构的异步复位 JK 锁存器端口图如图 6.19 所示，原理图如图 6.20 所示。

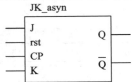

图 6.19　异步复位 JK 锁存器端口图

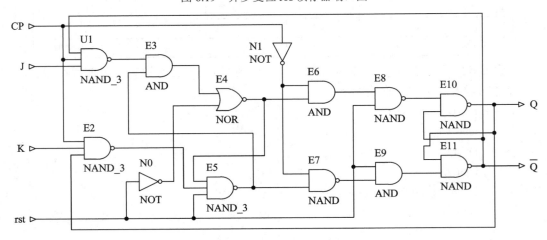

图 6.20　异步复位 JK 锁存器的原理图

图 6.20 中，CP 为锁存器的时钟信号输入端，rst 为异步复位输入端，J、K 为信号输入端，Q 和 $\overline{Q}$ 是互非的输出端。此锁存器的基本工作原理如下：

(1) 当 rst = 0 时，无论 CP、J、K 端的输入信号电平状态如何，锁存器复位，即 Q^{n+1} = 0，$\overline{Q}^{n+1}$ = 1。

(2) 当 rst = 1、CP = 0 时，无论 J、K 端的输入信号电平状态如何，锁存器保持，即 $Q^{n+1} = Q^n$，$\overline{Q}^{n+1} = \overline{Q}^n$。

(3) 当 rst = 1、CP = 1 时，根据 J、K 端的信号电平状态，锁存器实现保持、置数和翻转功能。

异步复位 JK 锁存器功能表如表 6.7 所示。

表 6.7　异步复位 JK 锁存器功能表

输　入				输　出		功　能
CP	rst	J	K	Q^n	Q^{n+1}	
X	0	X	X	X	0	异步复位
0	1	X	X	0	0	保持
0	1	X	X	1	1	
1	1	1	0	0	0	同步置 1
1	1	1	0	1	1	
1	1	0	1	0	0	同步置 0
1	1	0	1	1	0	
1	1	0	0	0	0	同步保持
1	1	0	0	1	1	
1	1	1	1	0	1	同步翻转
1	1	1	1	1	0	

【例 6.7】　根据异步复位 JK 锁存器原理，运用 Verilog HDL 语言描述此锁存器。参考功能表，其代码描述如下：

```
module jk_latch_asyn(
    input CP,
    input rst,
    input j,
    input k,
    output reg q = 'b0,
    output reg n_q = 'b1
    );
always @(*)
    begin
        if(~rst) begin                          //异步复位
            q = 'b0; n_q = 'b1; end
        else if(CP) begin
```

```
case({j, k})
    'b00: begin q = q; n_q = n_q; end          //同步保持
    'b01: {q, n_q} = 'b01;                     //同步置 0
    'b10: {q, n_q} = 'b10;                     //同步置 1
    'b11: begin q = ~q; n_q = ~n_q; end        //同步翻转
    endcase  end
    else begin q = q; n_q = n_q; end           //保持
end
endmodule
```

异步复位 JK 锁存器的功能仿真结果如图 6.21 所示。

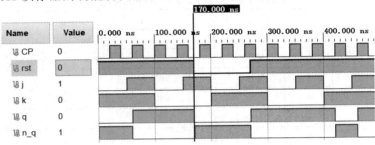

图 6.21　异步 JK 锁存器的功能仿真结果

6.2　D 触 发 器

锁存器和触发器都具有"0"和"1"两个稳定状态，并能够自行保持。二者的不同之处在于：锁存器采用电平触发方式，受布线延迟影响较大，不能过滤毛刺信号，使得数字电路系统的静态时序分析变得非常复杂，对下一级电路极其危险；触发器则对时钟信号边沿敏感，在时钟上升沿或下降沿的变化瞬间改变状态，抗干扰能力强，时序分析相对简单。因此，触发器是数字电路系统中应用最广泛的时序电路，用于设计信号寄存器、分频器、波形发生器等多种电路。

6.2.1　边沿 D 触发器设计

由于 D 触发器采用在边沿触发的方式，因此既避免了锁存器电路存在的"空翻"现象，又克服主从结构的一次变化问题。采用维持-阻塞结构形式的边沿 D 触发器端口图如图 6.22 所示，原理图如 6.23 所示。

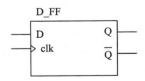

图 6.22　边沿 D 触发器端口图

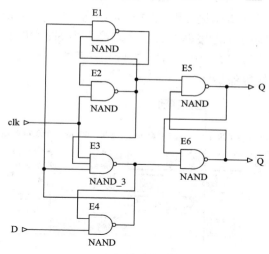

图 6.23 边沿 D 触发器的原理图

图 6.23 中，clk 为触发器的时钟信号输入端，上升沿触发，D 为信号输入端，Q 和 $\overline{Q}$ 是互非的输出端。此触发器的基本工作原理如下：

(1) 当 clk 端的时钟输入信号处于上升沿" ↑ "时，若在上升沿到来之前 $D = 0$，触发器置数，即 Q 端输出信号 $Q^{n+1} = D$。

(2) 当 clk 端的时钟输入信号处于非上升沿时，无论 D 端的输入信号电平取何值，触发器执行保持功能，保持上一个时钟周期的输出信号状态，即 $Q^{n+1} = Q^n$，$\overline{Q}^{n+1} = \overline{Q}^n$。

边沿 D 触发器功能表如表 6.8 所示。

表 6.8 边沿 D 触发器功能表

输　　入		输　　出		功能
CP	D	Q^n	Q^{n+1}	
非上升沿	X	Q^n	Q^n	保持
↑	D	X	D	同步置数

【例 6.8】 根据边沿 D 触发器原理，运用 Verilog HDL 语言描述此触发器。参考功能表 6.8，其代码描述如下：

```
module D_FF(
    input clk,
    input D,
    output reg q = 'b0,
    output reg n_q = 'b1
);
always @(posedge clk)
    begin
        q = D; n_q = ~D;      //同步置数
    end
endmodule
```

边沿 D 触发器的功能仿真结果如图 6.24 所示：当 clk 端时钟信号处于非上升沿时，无论 D 端信号电平当前取何值，触发器执行保持功能；当 clk 端时钟信号处于上升沿"↑"时，上升沿之后的输出信号状态 $Q^{n+1} = D$，其输出结果在当前时钟上升沿之后至下一个时钟上升沿到来之前的周期内保持。

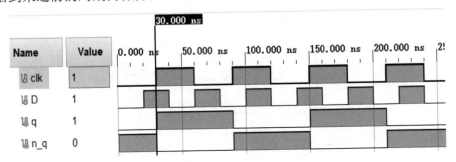

图 6.24　边沿 D 触发器的功能仿真结果

从上述功能仿真结果可看出，边沿 D 触发器与 D 锁存器的时序图存在一定区别。

6.2.2　同步复位边沿 D 触发器设计

同步复位边沿 D 触发器端口图如图 6.25 所示，原理图如 6.26 所示。

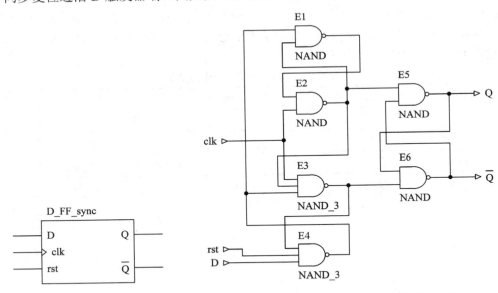

图 6.25　同步复位边沿 D 触发器端口图　　图 6.26　同步复位边沿 D 触发器的原理图

图 6.26 中，clk 为触发器的时钟信号输入端，上升沿触发，rst 为同步复位输入端，D 为信号输入端，Q 和 $\overline{Q}$ 是互非的输出端。此触发器的基本工作原理如下：

（1）当 clk 端的时钟输入信号处于上升沿"↑"，rst = 0 时，触发器复位，即 Q 端输出信号 $Q^{n+1} = 0$。

（2）当 clk 端的时钟输入信号处于上升沿"↑"，rst = 1 时，触发器置数，即 Q 端输出信号 $Q^{n+1} = D$。

（3）当 clk 端的时钟输入信号处于非上升沿时，无论 rst、D 端的输入信号电平取何值，触发器执行保持功能，保持上一个时钟周期的输出信号状态，即 $Q^{n+1} = Q^n$，$\overline{Q}^{n+1} = \overline{Q}^n$。

同步复位边沿 D 触发器功能表如表 6.9 所示。

表 6.9　同步复位边沿 D 触发器功能表

输　入			输　出		功能
CP	rst	D	Q^n	Q^{n+1}	
非上升沿	X	X	Q^n	Q^n	保持
↑	0	X	X	0	同步复位
↑	1	D	X	D	同步置数

【例 6.9】　根据同步复位边沿 D 触发器原理，运用 Verilog HDL 语言描述此触发器。参考功能表 6.9，其代码描述如下：

```
module D_FF_sync(
    input clk,
    input D,
    input rst,
    output reg q = 'b0,
    output reg n_q = 'b1
);
    always @(posedge clk)
    begin
        if(~rst) {q, n_q}= 'b01;              //同步复位
        else begin q = D; n_q = ~D; end       //同步置数
    end
endmodule
```

同步复位边沿 D 触发器的功能仿真结果如图 6.27 所示。

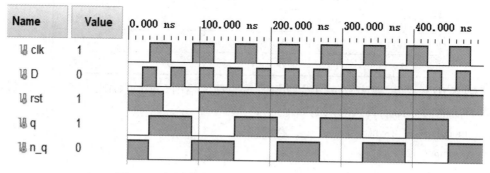

图 6.27　同步复位边沿 D 触发器的功能仿真结果

6.2.3　异步复位边沿 D 触发器设计

异步复位边沿 D 触发器端口图如图 6.28 所示，原理图如图 6.29 所示。

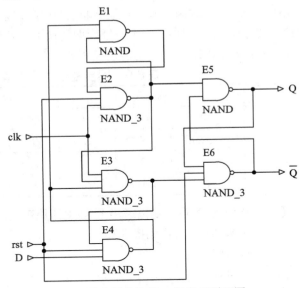

图 6.29 异步复位边沿 D 触发器原理图

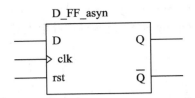

图 6.28　异步复位边沿 D 触发器端口图

图 6.29 中，clk 为触发器的时钟信号输入端，上升沿触发，rst 为异步复位输入端，D 为信号输入端，Q 和 $\overline{Q}$ 是互非的输出端。此触发器的基本工作原理如下：

(1) 当 rst = 0 时，无论上升沿是否到来，触发器复位，$Q^{n+1} = 0$。

(2) 当 rst = 1，clk 端的时钟输入信号处于上升沿"↑"时，触发器置数，即 Q 端输出信号 $Q^{n+1} = D$。

(3) 当 rst = 1 时，CP 处于非上升沿时，触发器执行保持功能，保持上一个时钟周期的输出信号状态，即 $Q^{n+1} = Q^n$，$\overline{Q}^{n+1} = \overline{Q}^n$。

异步复位边沿 D 触发器功能表如表 6.10 所示。

表 6.10　异步复位边沿 D 触发器功能表

输　入			输　出		功能
CP	rst	D	Q^n	Q^{n+1}	
X	0	X	X	0	异步复位
非上升沿	1	X	Q^n	Q^n	保持
↑	1	D	X	D	同步置数

【例 6.10】　根据异步复位边沿 D 触发器原理，运用 Verilog HDL 语言描述此触发器。参考功能表 6.10，其代码描述如下：

```
module D_FF_asyn(
    input clk,
    input D,
    input rst,
    output reg q = 'b0,
    output reg n_q = 'b1
);
```

```
always @(posedge clk or negedge rst)
begin
    if(~rst) {q, n_q} = 'b01;               //异步复位
    else begin q = D; n_q = ~D; end         //同步置数
end
endmodule
```

异步复位边沿 D 触发器的功能仿真结果如图 6.30 所示。

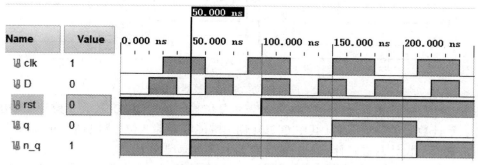

图 6.30　异步复位边沿 D 触发器的功能仿真结果

6.3　计　数　器

用于统计输入时钟脉冲 CLK 个数的电路称为计数器，是数字电路中最为常见、应用广泛的时序逻辑电路。计数器类型繁多，按计数进制的不同，可分为二进制计数器、十进制计数器和任意进制计数器；按时钟脉冲输入方式的不同，可分为同步计数器和异步计数器；按计数过程中数值增加趋势的不同，又可分为加计数器、减计数器和加减可逆计数器。

6.3.1　同步复位计数器设计

1. 二进制计数器设计

二进制计数器是结构简单的计数器，按二进制数运算规律进行计数，即低位和高位之间满足"逢二进一"或"借一当二"规律，应用极为广泛，如计算机中的时序发生器、分频器、指令计数器等。本小节以同步复位二进制计数器为例，介绍计数器的 Verilog HDL 设计。

同步复位二进制计数器端口图如图 6.31 所示，基于同步复位 D 触发器的二进制计数器原理图如图 6.32 所示。

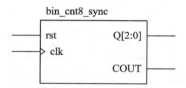

图 6.31　同步复位二进制计数器端口图

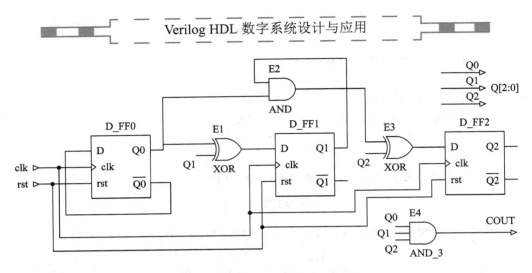

图 6.32　同步复位二进制计数器的原理图

图 6.32 中，clk 表示时钟输出端，rst 表示复位输入端，Q[2:0]表示 3 位计数输出端，COUT 表示计数器进位输出端。其中 Q[2:0] 输出端能够存储 3 位二进制数，可以表示 $2^3 = 8$ 种状态，等同于设计八进制计数器。此计数器的基本原理如下：

(1) 当 clk 处于非有效沿状态时，无论 rst 当前取何值，计数器保持上一个时钟周期所有输出端的信号状态，即 $Q[2:0]^{n+1} = Q[2:0]^n$，$COUT^{n+1} = COUT^n$。

(2) 当 rst = 0，clk 端有效边沿 "↑" 到来时，D_FF0、D_FF1、D_FF2 等触发器同步复位，计数器同步复位，即 $Q[2:0]^{n+1} = 000$，进位信号 COUT = 0。

(3) 当 rst = 1，clk 端的时钟输入信号处于上升沿 "↑" 时，计数器计数。在计数过程中，计数器存在两种情况：计数到 7，即输出信号 $Q[2:0]^{n+1} = 111$ 时，计数器再加 1，输出信号 $Q[2:0]^{n+1} = 000$，进位信号 COUT = 1；未计数到 7 时，计数器正常自加 1 运算，即 $Q[2:0]^{n+1} = Q[2:0]^n + 1$，COUT = 0。

同步复位二进制计数器功能表如表 6.11 所示。

表 6.11　同步复位二进制计数器功能表

输　入		输　出			功能
clk	rst	$Q[2:0]^n$	$Q[2:0]^{n+1}$	COUT	
非上升沿	X	$Q[2:0]^n$	$Q[2:0]^n$	$COUT^n$	保持
↑	0	$Q[2:0]^n$	000	0	同步复位
↑	1	000	001	0	同步计数
↑	1	001	010	0	
↑	1	010	011	0	
↑	1	011	100	0	
↑	1	100	101	0	
↑	1	101	110	0	
↑	1	110	111	0	
↑	1	111	000	1	

【**例 6.11**】 根据同步复位二进制计数器原理，运用 Verilog HDL 语言描述八进制计数器。参考功能表 6.11，其代码描述如下：

```verilog
module bin_cnt8_sync(
    input clk,
    input rst,
    output reg [2:0] Q,              //Q[2:0]输出端口声明
    output reg COUT                  //进位输出端口声明
);
always @(posedge clk)
begin
    if(~rst) begin
        Q = 0; COUT = 0; end          //同步复位
    else begin
        if(Q<7) begin                 //计数自加 1，无进位
            COUT = 0; Q = Q+1; end
        else begin
            Q = 0; COUT = 1; end       //Q[2:0] 端复位，COUT 端进位
    end
end
endmodule
```

同步复位二进制计数器的功能仿真结果如图 6.33 所示。

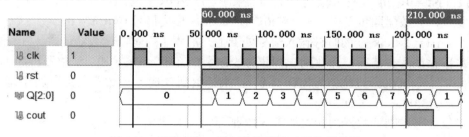

图 6.33 同步复位二进制计数器的功能仿真结果

2. 十进制计数器设计

十进制计数器用 0～9 等 10 个符号来表示计数值，运算规律满足"逢十进一"或"借一当十"关系。在数字系统中，通常采用四位二进制符号编码表示一位十进制数，如 BCD 码。

同步复位十进制计数器的端口图如图 6.34 所示，基于 D 触发器设计的十进制计数器原理图如图 6.35 所示。

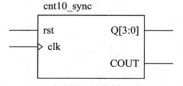

图 6.34 同步复位十进制计数器端口图

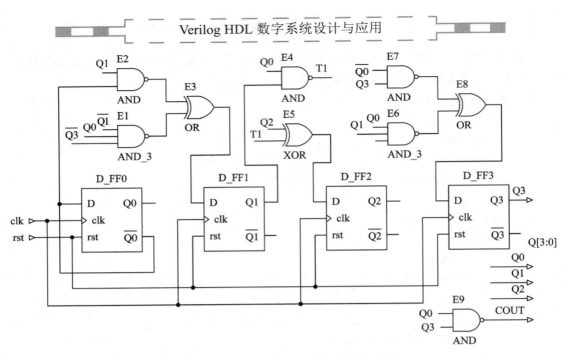

图 6.35　同步复位十进制计数器的原理图

图 6.35 中，clk 表示时钟输出端，rst 表示复位输入端，Q[3:0]表示 4 位计数输出端，COUT 表示计数器进位输出端。此计数器的基本原理如下：

(1) 当 CLK 处于非有效沿状态时，无论 rst 当前取何值，计数器保持上一个时钟周期输出信号的状态，即 $Q[3:0]^{n+1} = Q[3:0]^n$，$COUT^{n+1} = COUT^n$。

(2) 当 rst = 0，clk 端有效边沿"↑"到来时，D_FF0、D_FF1、D_FF2、D_FF3 等触发器同步复位，计数器同步复位，即 $Q[3:0]^{n+1} = 0000$，进位信号 COUT = 0。

(3) 当 rst = 1，clk 端的时钟输入信号处于上升沿"↑"时，计数器计数。在计数过程中，计数器存在两种情况：计数到 9，即输出信号 $Q[3:0]^n = 1001$ 时，计数器再加 1，输出信号 $Q[3:0]^{n+1} = 0000$，进位信号 COUT = 1；未计数到 9 时，计数器正常自加 1 运算，即 $Q[3:0]^{n+1} = Q[3:0]^n + 1$，COUT = 0。

同步复位十进制计数器功能表如表 6.12 所示。

表 6.12　同步复位端十进制计数器功能表

输　　入		输　　出			功　能
clk	rst	$Q[3:0]^n$	$Q[3:0]^{n+1}$	COUT	
非上升沿	X	$Q[3:0]^n$	$Q[3:0]^n$	$COUT^n$	保持
↑	0	$Q[3:0]^n$	0000	0	同步复位
↑	1	0000	0001	0	同步计数
…	…	…	…	0	同步计数
↑	1	1001	0000	1	

【例 6.12】根据同步复位十进制计数器原理，运用 Verilog HDL 语言描述十进制计数器。

参考功能表 6.12，其代码描述如下：

```
module cnt10_sync(
    input clk,
    input rst,
    output reg [3:0] Q = 'b0000,
    output reg COUT = 'b0
);
    always @(posedge clk)
    begin
    if(~rst) begin
        Q = 0; COUT = 0; end          //同步复位
    else if(Q == 'h9) begin           //逢十进一，Q[3:0]复位，进位信号 COUT=1
        Q = 0; COUT = 1; end
    else begin
        Q = Q+1; COUT = 0; end        //计数自加 1
    end
    endmodule
```

同步复位十进制计数器的功能仿真结果如图 6.36 所示。

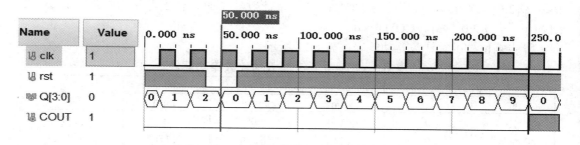

图 6.36　同步复位十进制计数器的功能仿真结果

6.3.2　异步复位计数器设计

1. 二进制计数器设计

异步复位二进制计数器的端口图如图 6.37 所示，基于异步复位 D 触发器设计的二进制计数器原理图如图 6.38 所示。

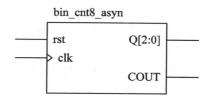

图 6.37　异步复位二进制计数器端口图

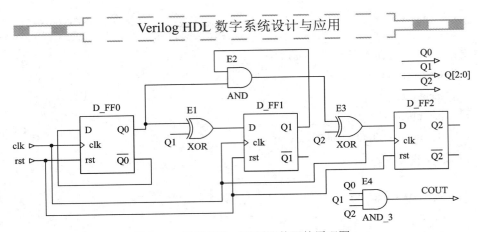

图 6.38　异步复位二进制计数器的原理图

图 6.38 中，clk 表示时钟输出端，rst 表示复位输入端，Q[2:0]表示 3 位计数输出端，COUT 表示计数器进位输出端。此计数器的基本原理如下：

(1) 当 rst = 0 时，不论 clk 端时钟信号是否有效，D_FF0、D_FF1、D_FF2 等触发器异步复位，计数器复位，即 $Q[2:0]^{n+1}=000$，进位信号 COUT = 0。

(2) 当 rst = 1，CLK 处于非有效沿状态时，计数器保持上一个时钟周期输出信号的状态，即 $Q[2:0]^{n+1}=Q[2:0]^n$，$COUT^{n+1}=COUT^n$。

(3) 当 rst = 1，clk 端的时钟输入信号处于上升沿 "↑" 时，计数器计数。在计数过程中，计数器存在两种情况：计数到 7，即输出信号 $Q[2:0]^n=111$ 时，计数器再加 1，输出信号 $Q[2:0]^{n+1}=000$，进位信号 COUT = 1；未计数到 7 时，计数器正常自加 1 运算，即 $Q[2:0]^{n+1}=Q[2:0]^n+1$，COUT = 0。

异步复位二进制计数器功能表如表 6.13 所示。

表 6.13　异步复位二进制计数器功能表

输　入		输　出			功　能
clk	rst	$Q[2:0]^n$	$Q[2:0]^{n+1}$	COUT	
X	0	$Q[2:0]^n$	000	0	异步复位
非上升沿	0	$Q[2:0]^n$	$Q[2:0]^n$	$COUT^n$	保持
↑	1	000	001	0	同步计数
…	…	…	…	0	
↑	1	111	000	1	

【例 6.13】　根据异步复位二进制计数器原理，运用 Verilog HDL 语言描述八进制计数器。

参考功能表，其代码描述如下：

```
module bin_cnt8_asyn(
    input clk,
    input rst,
    output reg [2:0] Q = 'b0000,
    output reg COUT = 'b0
);
always @(posedge clk or negedge rst)
    begin
```

```
if(~rst) begin
    Q=0; COUT = 0; end                      //异步复位
else if(Q == 'h7) begin
    Q=0; COUT = 1; end
else begin
    Q = Q+1; COUT = 0; end
end
endmodule
```

异步复位二进制计数器的功能仿真结果如图 6.39 所示。

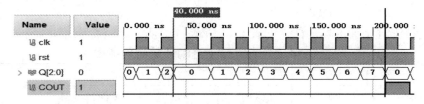

图 6.39　异步复位二进制计数器的功能仿真结果

2. 十进制计数器设计

异步复位十进制计数器的端口图如图 6.40 所示,基于异步复位 D 触发器设计的十进制计数器原理图如图 6.41 所示。

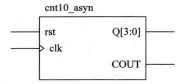

图 6.40　异步复位十进制计数器端口图

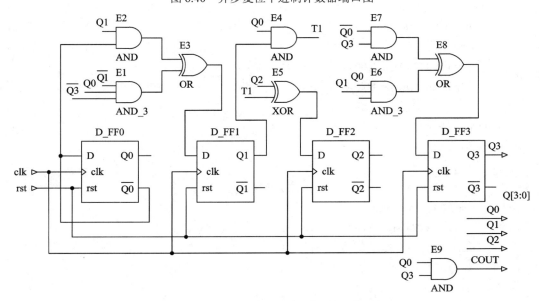

图 6.41　异步复位十进制计数器的原理图

图 6.41 中，clk 表示时钟输出端，rst 表示复位输入端，Q[3:0]表示 4 位计数输出端，COUT 表示计数器进位输出端。此计数器的基本原理如下：

(1) 当 rst = 0 时，不论 clk 端时钟信号是否有效，D_FF0、D_FF1、D_FF2、D_FF3 等触发器异步复位，计数器复位，即 $Q[3:0]^{n+1} = 0000$，进位信号 COUT = 0。

(2) 当 rst = 1，CLK 处于非有效沿状态时，计数器保持上一个时钟周期输出信号的状态，即 $Q[3:0]^{n+1} = Q[3:0]^n$，$COUT^{n+1} = COUT^n$。

(3) 当 rst = 1，clk 端的时钟输入信号处于上升沿"↑"时，计数器计数。在计数过程中，计数器存在两种情况：计数到 9，即输出信号 $Q[3:0]^n = 1001$ 时，计数器再加 1，输出信号 $Q[3:0]^{n+1} = 0000$，进位信号 COUT = 1；未计数到 9 时，计数器正常自加 1 运算，即 $Q[3:0]^{n+1} = Q[3:0]^n + 1$，COUT = 0。

异步复位十进制计数器功能表如表 6.14 所示。

表 6.14　异步复位十进制计数器功能表

输　入		输　出			功能
clk	rst	$Q[3:0]^n$	$Q[3:0]^{n+1}$	COUT	
X	0	$Q[3:0]^n$	0000	0	异步复位
非上升沿	0	$Q[3:0]^n$	$Q[3:0]^n$	$COUT^n$	保持
↑	1	0000	0001	0	同步计数
...	...	...	...	0	
↑	1	1001	0000	1	

【例 6.14】　根据异步复位十进制计数器原理，运用 Verilog HDL 语言描述十进制计数器。

参考功能表，其代码描述如下：

```
module cnt10_asyn(
    input clk,
    input rst,
    output reg [3:0] Q = 'b0000,
    output reg COUT = 'b0
);
    always @(posedge clk or negedge rst)
    begin
        if(~rst) begin
            Q = 0; COUT = 0; end          //异步复位
        else if(Q == 'h9) begin
            Q = 0; COUT = 1; end
        else begin
            Q = Q+1; COUT = 0; end
    end
endmodule
```

异步复位十进制计数器的功能仿真结果如图 6.42 所示。

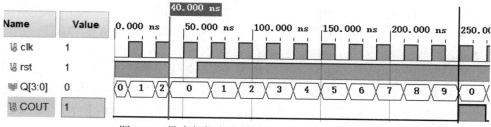

图 6.42 异步复位十进制计数器的功能仿真结果

6.3.3 带加载端的计数器设计

1. 同步加载二进制计数器设计

同步加载二进制计数器端口图如图 6.43 所示。本小节运用同步复位 D 触发器、数据选择器、基本逻辑门等元件完成同步加载二进制计数器功能设计。此计数器原理图如图 6.44 所示。

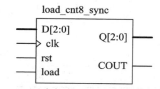

图 6.43 同步加载二进制计数器端口图

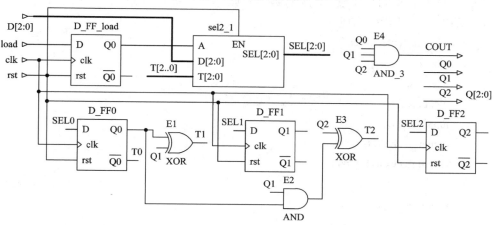

图 6.44 同步加载二进制计数器的原理图

图 6.44 中，clk 表示时钟输出端，rst 表示复位输入端，load 表示数据加载使能端，D[2:0] 表示 3 位数据输入端，Q[2:0] 表示 3 位计数输出端，COUT 表示计数器进位输出端。此计数器的基本原理如下：

(1) 当 clk 处于非有效沿状态时，D_FF_load、D_FF0、D_FF1、D_FF2 等触发器保持，计数器保持上一个时钟周期输出信号的状态，即 $Q[2:0]^{n+1} = Q[2:0]^n$，$COUT^{n+1} = COUT^n$。

(2) 当 rst = 0，clk 端有效边沿"↑"到来时，sel2_1 数据选择器不工作，D_FF_load、D_FF0、D_FF1、D_FF2 等触发器同步复位，计数器同步复位，即 $Q[2:0]^{n+1} = 000$，进位信

号 COUT = 0。

(3) 当 rst = 1，load = 1，clk 端有效边沿"↑"到来时，sel2_1 数据选择器工作，SEL[2:0] = D[2:0]，计数器同步置数，即 $Q[2:0]^{n+1}$ = SEL$[2:0]^n$，进位信号 COUT = $Q[0]^{n+1}$ & $Q[1]^{n+1}$ & $Q[2]^{n+1}$。

(4) 当 rst = 1，load = 0，clk 端的时钟输入信号处于上升沿"↑"时，sel2_1 数据选择器工作，SEL[2:0] = T[2:0]，计数器计数。在计数过程中，计数器存在两种情况：计数到 7，即输出信号 $Q[2:0]^n$ = 111 时，计数器再加 1，输出信号 $Q[2:0]^{n+1}$ = 000，进位信号 COUT = 1；未计数到 7 时，计数器正常自加 1 运算，即 $Q[2:0]^{n+1}$ = $Q[2:0]^n$ + 1，COUT = 0。

同步加载二进制计数器功能表如表 6.15 所示。

表 6.15　同步加载二进制计数器功能表

输　入				输　出			功能
clk	rst	load	D[2:0]	$Q[2:0]^n$	$Q[2:0]^{n+1}$	COUT	
非上升沿	X	X	XXX	$Q[2:0]^n$	$Q[2:0]^n$	COUT^n	保持
↑	0	X	XXX	$Q[2:0]^n$	000	0	同步复位
↑	1	1	$D[2:0]^n$	$Q[2:0]^n$	$D[2:0]^n$	0	同步置数
↑	1	0	XXX	000	001	0	同步计数
...	...	...	...	...	...	0	
↑	1	0	XXX	111	000	1	

【例 6.15】根据同步加载二进制计数器原理，运用 Verilog HDL 语言描述二进制计数器。参考功能表，其代码描述如下：

```
module load_cnt8_sync(
    input clk,
    input rst,
    input load,                    //加载使能端声明
    input [2:0] D,
    output reg [2:0] Q = 'b000,
    output reg COUT = 'b0
);
always @(posedge clk)
    begin
    if(~rst) begin
        Q = 0; COUT = 0; end
    else if(load) begin
        Q = D; COUT = 0; end       //同步置数
    else if(Q == 'h7) begin
        Q = 0; COUT = 1; end
    else begin
        Q = Q+1; COUT = 0; end
```

end

endmodule

同步加载二进制计数器的功能仿真结果如图 6.45 所示。

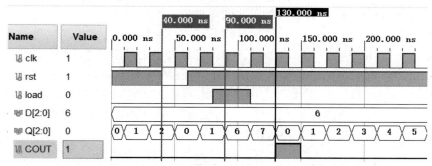

图 6.45　同步加载二进制计数器的功能仿真结果

2. 异步加载二进制计数器设计

异步加载二进制计数器端口图如图 6.46 所示。本小节运用同步复位 D 触发器、数据选择器、基本逻辑门等元件完成异步加载二进制计数器功能设计。此计数器原理图如图 6.47 所示。

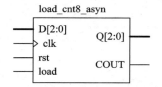

图 6.46　异步加载二进制计数器端口图

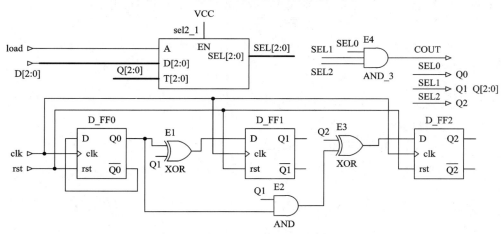

图 6.47　异步加载二进制计数器的原理图

图 6.47 中，clk 表示时钟输出端，rst 表示复位输入端，load 表示数据加载使能端，D[2:0]表示 3 位数据输出端，Q[2:0]表示 3 位计数输出端，COUT 表示计数器进位输出端。此计数器的基本原理如下：

(1) 当 load = 1 时，sel2_1 数据选择器工作，SEL[2:0] = D[2:0]，即 $Q[2:0]^{n+1} = D[2:0]$，进位信号 COUT = D[0]&D[1]&D[0]。

(2) 当 load = 0，clk 处于非有效沿状态时，sel2_1 数据选择器工作，SEL[2:0]=Q[2:0]，

D_FF0、D_FF1、D_FF2 等触发器保持，计数器保持上一个时钟周期输出信号的状态，即 $Q[2:0]^{n+1} = Q[2:0]^n$，$COUT^{n+1} = COUT^n$。

(3) 当 rst = 0，load = 0，clk 端有效边沿"↑"到来时，sel2_1 数据选择器工作，SEL[2:0]= $Q[2:0]$，D_FF0、D_FF1、D_FF2 等触发器同步复位，计数器同步复位，即 $Q[2:0]^{n+1} = 000$，进位信号 COUT = 0。

(4) 当 rst = 1，load = 0，clk 端的时钟输入信号处于上升沿"↑"时，sel2_1 数据选择器工作，SEL[2:0] = $Q[2:0]$，计数器计数。在计数过程中，计数器存在两种情况：计数到 7，即输出信号 $Q[2:0]^n = 111$ 时，计数器再加 1，输出信号 $Q[2:0]^{n+1} = 000$，进位信号 COUT = 1；未计数到 7 时，计数器正常自加 1 运算，即 $Q[2:0]^{n+1} = Q[2:0]^n + 1$，COUT = 0。

异步加载二进制计数器功能表如表 6.16 所示。

表 6.16 异步加载二进制计数器功能表

输　入				输　出			功能
clk	rst	load	$D[2:0]$	$Q[2:0]^n$	$Q[2:0]^{n+1}$	COUT	
X	X	1	XXX	$Q[2:0]^n$	$D[2:0]^n$	$COUT^n$	异步置数
非上升沿	1	0	XXX	$Q[2:0]^n$	$Q[2:0]^n$	0	保持
↑	1	1	$D[2:0]^n$	$Q[2:0]^n$	$D[2:0]^n$	0	同步置数
↑	1	0	XXX	000	001	0	同步计数
...	...	...	...	...	...	0	
↑	1	0	XXX	111	000	1	

【例 6.16】 根据异步加载二进制计数器原理，运用 Verilog HDL 语言描述二进制计数器。参考功能表 6.16，其代码描述如下：

```
module load_cnt8_asyn(
    input clk,
    input rst,
    input load,
    input [2:0] D,
    output reg [2:0] Q = 'b000,
    output reg COUT = 'b0
);
always @(posedge clk or posedge load)
begin
    if(load) begin
        Q = D; COUT = 0; end              //异步置数
    else if(~rst) begin
        Q = 0; COUT = 0; end
    else if(Q == 'h7) begin
        Q = 0; COUT = 1; end
    else begin
```

Q = Q+1; COUT = 0; end

  end

 endmodule

异步加载二进制计数器的功能仿真结果如图 6.48 所示。

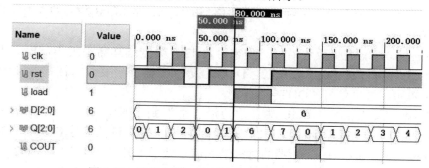

图 6.48　异步加载二进制计数器的功能仿真结果

3. 同步加载十进制计数器设计

  同步加载十进制计数器端口图如图 6.49 所示。在同步复位 D 触发器、数据选择器、基本逻辑门等元件基础上，同步加载十进制计数器增加了二—十进制 BCD 编码器设计，将四位二进制数转换为一位十进制数，避免数据输入端 D[3:0]的数值不满足十进制要求。此计数器原理图如图 6.50 所示。

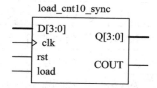

图 6.49　同步加载十进制计数器端口图

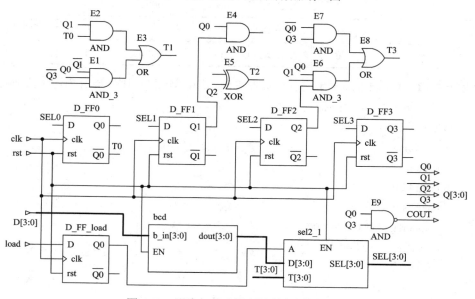

图 6.50　同步加载十进制计数器的原理图

图 6.50 中，clk 表示时钟输出端，rst 表示复位输入端，load 表示数据加载使能端，D[3:0] 表示 4 位数据输出端，Q[3:0] 表示 4 位计数输出端，COUT 表示计数器进位输出端。此计数器的基本原理如下：

(1) 当 CLK 处于非有效沿状态时，D_FF_load、D_FF0、D_FF1、D_FF2、D_FF3 等触发器保持，计数器保持上一个时钟周期输出信号的状态，即 $Q[3:0]^{n+1} = Q[3:0]^n$，$\text{COUT}^{n+1} = \text{COUT}^n$。

(2) 当 rst = 0，clk 端有效边沿"↑"到来时，sel2_1 数据选择器不工作，SEL[3:0] = 0000，D_FF_load、D_FF0、D_FF1、D_FF2、D_FF3 等触发器同步复位，计数器同步复位，即 $Q[3:0]^{n+1} = 0000$，进位信号 COUT = 0。

(3) 当 rst = 1，load = 1，clk 端有效边沿"↑"到来时，sel2_1 数据选择器工作，SEL[3:0] = D[3:0]，计数器同步置数，即 $Q[3:0]^{n+1} = D[3:0]^n$，进位信号 COUT = D[3]&D[0]。

(4) 当 rst = 1，load = 0，clk 端的时钟输入信号处于上升沿"↑"时，sel2_1 数据选择器工作，SEL[3:0] = T[3:0]，计数器计数。在计数过程中，计数器存在两种情况：计数到 9，即输出信号 $Q[3:0]^n = 1001$ 时，计数器再加 1，输出信号 $Q[3:0]^{n+1} = 0000$，进位信号 COUT = 1；未计数到 9 时，计数器正常自加 1 运算，即 $Q[3:0]^{n+1} = Q[3:0]^n + 1$，COUT = 0。

同步加载十进制计数器功能表如表 6.17 所示。

表 6.17　同步加载十进制计数器功能表

输　入				输　出			功能
clk	rst	load	$D[3:0]$	$Q[3:0]^n$	$Q[3:0]^{n+1}$	COUT	
非上升沿	X	X	XXXX	$Q[3:0]^n$	$Q[3:0]^n$	COUT^n	保持
↑	0	X	XXXX	$Q[3:0]^n$	0000	0	同步复位
↑	1	1	$D[3:0]^n$	$Q[3:0]^n$	$D[3:0]^n$	0	同步置数
↑	1	0	XXXX	0000	0001	0	同步计数
…	…	…	…	…	…	0	
↑	1	0	XXXX	1001	0000	1	

【例 6.17】根据同步加载十进制计数器原理，运用 Verilog HDL 语言描述十进制计数器。参考功能表 6.17，其代码描述如下：

```
module load_cnt10_sync(
    input clk,
    input rst,
    input load,
    input [3:0] D,
    output reg [3:0] Q = 'b0000,
    output reg COUT = 'b0
);
always @(posedge clk)
begin
```

```
    if(~rst) begin
        Q = 0; COUT = 0; end
    else if(load) begin
        Q = D; COUT = 0; end                //同步置数
    else if(Q == 'h9) begin
        Q = 0; COUT = 1; end
    else begin
        Q = Q+1; COUT = 0; end
    end
    endmodule
```

同步加载十进制计数器的功能仿真结果如图 6.51 所示。

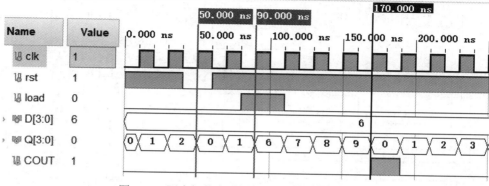

图 6.51　同步加载十进制计数器的功能仿真结果

4. 异步加载十进制计数器设计

异步加载十进制计数器端口图如图 6.52 所示。在同步复位 D 触发器、数据选择器、基本逻辑门等元件基础上，异步加载十进制计数器增加了二—十进制 BCD 编码器设计，将四位二进制数转换为一位十进制数，避免数据输入端 D[3:0]的数值不满足十进制要求。此计数器原理图如图 6.53 所示。

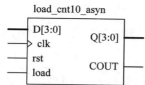

图 6.52　异步加载十进制计数器端口图

图 6.53 中，clk 表示时钟输出端，rst 表示复位输入端，load 表示数据加载使能端，D[3:0]表示 4 位数据输入端，Q[3:0]表示 4 位计数输出端，COUT 表示计数器进位输出端。此计数器的基本原理如下：

(1) 当 load = 1 时，sel2_1 数据选择器工作，SEL[3:0] = D[3:0]，计数器立刻置数，即 $Q[3:0]^{n+1} = D[3:0]$，进位信号 COUT = D[0]&D[3]。

(2) 当 load=0，CLK 处于非有效沿状态时，sel2_1 数据选择器工作，SEL[3:0] = Q[3:0]，D_FF0、D_FF1、D_FF2、D_FF3 等触发器保持，计数器保持上一个时钟周期输出信号的状态，即 $Q[3:0]^{n+1} = Q[3:0]^n$，$COUT^{n+1} = COUT^n$。

(3) 当 load = 0，rst = 0，clk 端有效边沿 "↑" 到来时，sel2_1 数据选择器工作，SEL[3:0]=Q[3:0]，D_FF0、D_FF1、D_FF2、D_FF3 等触发器同步复位，计数器同步复位，即 $Q[3:0]^{n+1} = 0000$，进位信号 COUT = 0。

(4) 当 load = 0，rst = 1，clk 端的时钟输入信号处于上升沿 "↑" 时，sel2_1 数据选择器工作，SEL[3:0]=Q[3:0]，计数器计数。在计数过程中，计数器存在两种情况：计数到 9，即输出信号 $Q[3:0]^n = 1001$ 时，计数器再加 1，输出信号 $Q[3:0]^{n+1} = 0000$，进位信号 COUT = 1；未计数到 9 时，计数器正常自加 1 运算，即 $Q[3:0]^{n+1} = Q[3:0]^n + 1$，COUT = 0。

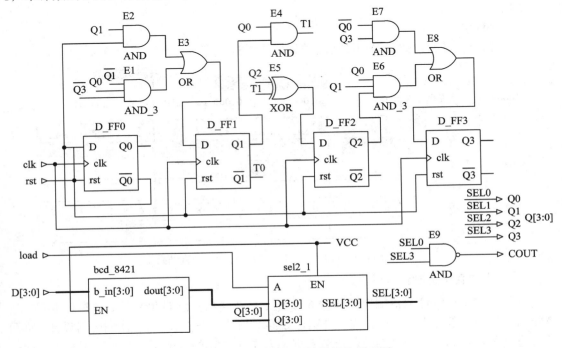

图 6.53　异步加载十进制计数器的原理图

异步加载十进制计数器功能表如表 6.18 所示。

表 6.18　异步加载十进制计数器功能表

输　入				输　出			功能
clk	rst	load	$D[3:0]$	$Q[3:0]^n$	$Q[3:0]^{n+1}$	COUT	
X	X	1	XXXX	$Q[3:0]^n$	$D[3:0]^n$	$COUT^n$	异步置数
非上升沿	1	0	XXXX	$Q[3:0]^n$	$Q[3:0]^n$	0	保持
↑	1	1	$D[3:0]^n$	$Q[3:0]^n$	$D[3:0]^n$	0	同步置数
↑	1	0	XXXX	0000	0001	0	同步计数
…	…	…	…	…	…	0	
↑	1	0	XXXX	1001	0000	1	

【例 6.18】　运用 Verilog HDL 语言描述异步加载十进制计数器。

参考功能表 6.18，其代码描述如下：

```
module load_cnt10_asyn(
    input clk,
    input rst,
    input load,
    input [3:0] D,
    output reg [3:0] Q = 'b0000,
    output reg COUT = 'b0
);
always @(posedge clk or posedge load)
begin
    if(load) begin
        Q=D; COUT = 0; end              //异步加载
    else if(~rst) begin
        Q = 0; COUT = 0; end
    else if(Q == 'h9) begin
        Q = 0; COUT = 1; end
    else begin
        Q = Q+1; COUT = 0; end
end
endmodule
```

异步加载十进制计数器的功能仿真结果如图 6.54 所示。

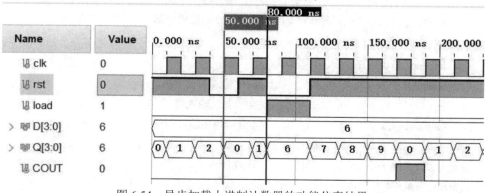

图 6.54　异步加载十进制计数器的功能仿真结果

6.4　分　频　器

在数字电路系统中，各功能模块需要不同频率的信号协同工作。分频器通过对高稳定度的主振源进行变换，提供数字系统所需的较低频率的信号，是应用极为广泛的电路。分频器的实质是加法计数器的变种，其频率计数值可以由分频系数 N(N 为正整数)来决定。如果输入信号的频率为 f，那么 N 分频器的输出信号频率为 $f_N = f/N$。基于此计数分频思想，本节将对常用的二进制分频器进行介绍。由于分频器的实质是计数器，因此本节示例将不再给出分频器的设计原理图。

6.4.1 同步复位二进制分频器设计

当分频系数 N 满足 $N = 2^n$ 条件时(n 为正整数)，该分频器能够产生 $2^1 \sim 2^n$ 整数次幂分频信号，也称为二进制分频器。分频信号的占空比通常为 50%，即单位周期内的信号高、低电平占空比值为 1:1，而实际数字电路系统经常需要占空比非 50% 的分频信号。这可以通过对计数器的计数控制得到。下面将分别介绍分频信号在单位周期内高、低电平占空比为 50% 和非对称比的二进制分频器设计。

1. 占空比为 50% 的二进制分频器设计

【例 6.19】 运用 Verilog HDL 语言设计二进制分频器。要求：
(1) 分频输出信号占空比为 50%(高、低电平占空比为 1:1)；
(2) 同步复位；
(3) 4 分频信号输出，
其中 clk 表示主振时钟信号输入端，rst 表示复位输入端，clk_4 表示 4 分频信号输出端。

当仅需要设计 1 路 2^n 分频信号时，分频器电路只需要设计一个模为 "$N/2$" 的计数器。该计数器计数到 "$N/2 - 1$" 时，输出信号电平进行翻转。此四分频器端口图如图 6.55 所示。

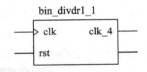

图 6.55 同步复位四分频器端口图

此分频器设计代码如下：

```verilog
module bin_divdr1_1(
    input clk,                      //时钟输入端口声明
    input rst,                      //同步复位输入端口声明
    output reg clk_4                //4 分频输出端口声明
);
reg [1:0] count = 0;                //计数分频
parameter N = 4;
always @(posedge clk)
begin
    if(~rst) begin                  //同步复位
        clk_4 <= 'b0; count <= 'b00; end
    else if(count < (N/2-1)) begin
        count = count+1; end        //计数自加 1
```

```
        else begin                    //翻转
            clk_4 = ~clk_4; count = 'b00; end
    end
    endmodule
```

同步复位四分频器的功能仿真结果如图 6.56 所示。

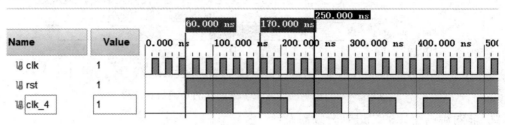

图 6.56 同步复位四分频器的功能仿真结果

【例 6.20】 运用 Verilog HDL 语言设计二进制同步复位多分频器。要求：

(1) 分频输出信号占空比为 50%(高、低电平占空比为 1：1)；

(2) 同步复位；

(3) 能够实现 2 分频、4 分频、8 分频和 16 分频信号输出，

其中 clk 表示时钟信号输入端，rst 表示复位输入端，mul_div[0]、mul_div[1]、mul_div[2]、mul_div[3]分别表示 2 分频、4 分频、8 分频和 16 分频信号输出端。

设计多路分频信号时，分频器电路可设计 n 位宽输出二进制计数器，即能产生主振时钟信号的 $2^1 \sim 2^n$ 分频输出。此分频器端口图如图 6.57 所示。

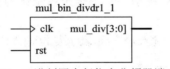

图 6.57 二进制同步复位多分频器端口图

此分频器设计代码如下：

```
    module mul_bin_divdr1_1(
        input clk,
        input rst,
        output reg [3:0] mul_div
    );
    always @(posedge clk)
    begin
        if(~rst) begin
            mul_div <= 'b0000; end
        else begin
            mul_div <= mul_div+1; end
    end
    endmodule
```

二进制同步复位多分频器的功能仿真结果如图 6.58 所示。

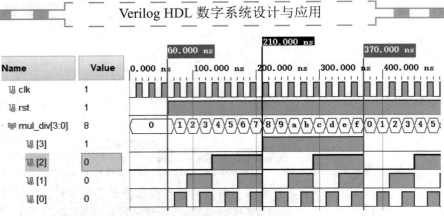

图 6.58　二进制同步复位多分频器的功能仿真结果

2. 非对称占空比的二进制分频器设计

在数字电路系统设计中，部分电路模块对分频信号的占空比存在特殊要求。这可以通过对主时钟信号计数控制得到所需占空比的分频信号。比如，主时钟信号频率为 f 的数字系统不仅需要多种频率的脉冲信号作为驱动，还要求信号的高、低电平比值为 MH：ML。针对此需求，首先可以对主时钟信号进行 N 分频计数得到所需信号频率 f_N，其次再通过调节 MH 或 ML 参数实现任意非对称占空比。本小节选用 ML 作为占空比计数控制参数"M"。

注：MH：ML 表示信号单位周期内高、低电平信号比值，MH、ML 均为大于 0 小于 N 的正整数，信号占空比为 MH / N 或(N − ML) / N，且 MH + ML = N。

【例 6.21】　运用 Verilog HDL 语言设计同步复位二进制四分频器。要求：

(1) 分频输出信号占空比为 25%(高、低电平占空比为 1：3)；

(2) 同步复位，

其中 clk 表示 50 MHz 时钟信号输入端，rst 表示复位输入端，div1_4 表示占空比为 1：3 的 4 分频信号输出端。

50 MHz 信号 4 分频输出信号频率 f_4 = 12.5 MHz，25%占空比信号的翻转计数值 M = 3。此分频器端口图如图 6.59 所示。

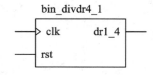

图 6.59　占空比为 25%的四分频器端口图

此分频器设计代码如下：

```
module bin_divdr4_1(
    input clk,                      //50 MHz 时钟输入端口声明
    input rst,                      //同步复位输入端口声明
    output reg dr1_4                //25%占空比 4 分频输出端口声明
);
reg[3:0] count = 4'b0000;           //时钟计数
parameter N = 4;                    //定义常量 N = 4，分频系数
```

```
parameter M = 3;                              //定义常量 M = 3，占空比翻转计数
always @(posedge clk)
begin
    if(~rst) begin                            //同步复位
        dr1_4 <= 0; count <= 4'b0000; end
    else if(count == 0) dr1_4 <= 0;
    else begin
        if(count == M)    dr1_4 <= ~dr1_4;    // 1：3 占空比，计数翻转
        else if(count == N) dr1_4 <= ~dr1_4;  // 4 分频，计数翻转
        else dr1_4 <= dr1_4;
    end
    if(count < 4) count <= count+1;
    else count <= 4'b0001;
end
endmodule
```

占空比为 25%的四分频器功能仿真结果如图 6.60 所示。

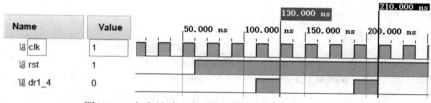

图 6.60　占空比为 25%的四分频器的功能仿真结果

6.4.2　异步复位二进制分频器设计

1. 占空比为 50%的二进制分频器设计

【例 6.22】 运用 Verilog HDL 语言设计异步复位二进制分频器。要求：
(1) 分频输出信号占空比为 50%(高、低电平占空比为 1：1)；
(2) 异步复位；
(3) 4 分频信号输出，
其中 clk 表示主振时钟信号输入端，rst 表示复位输入端，clk_4 表示 4 分频信号输出端。

设计 1 路 2^n 分频信号时，分频器电路只需要确定一个模为"$N/2$"计数器。当计数器值为"$(N/2)-1$"时，输出信号电平进行翻转。此分频器端口图如图 6.61 所示。

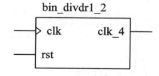

图 6.61　异步复位四分频器端口图

此分频器设计代码如下：

149

```
module bin_divdr1_2(
    input clk,
    input rst,                              //异步复位输入端口声明
    output reg clk_4
);
reg [1:0] count = 0;                        //分频计数
parameter N = 4;
always @(posedge clk or negedge rst)
begin
    if(~rst) begin                          //异步复位
        clk_4 <= 'b0; count <= 'b00; end
    else if(count < (N/2-1)) begin
        count = count+1; end
    else begin
        clk_4 = ~clk_4; count = 'b00; end
end
endmodule
```

异步复位四分频器的功能仿真结果如图 6.62 所示。

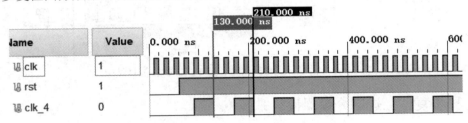

图 6.62　异步复位四分频器的功能仿真结果

【例 6.23】　运用 Verilog HDL 语言设计二进制异步复位多分频器。要求：

(1) 分频输出信号占空比为 50%(高、低电平占空比为 1∶1)；

(2) 异步复位；

(3) 能够实现 2 分频、4 分频、8 分频和 16 分频信号输出，

其中 clk 表示时钟信号输入端，rst 表示复位输入端，mul_div[0]、mul_div[1]、mul_div[2]、mul_div[3]分别表示 2 分频、4 分频、8 分频和 16 分频信号输出端。

当设计多路分频信号时，分频器电路只需要实现 n 位宽二进制计数器，即能产生主振时钟信号的 $2^1 \sim 2^n$ 分频输出。此分频器端口图如图 6.63 所示。

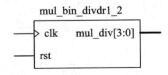

图 6.63　二进制异步复位多分频器端口图

此分频器设计代码如下：

```verilog
module mul_bin_divdr1_2(
    input clk,
    input rst,
    output reg [3:0] mul_div
);
always @(posedge clk or negedge rst)
begin
    if(~rst) begin              //异步复位
        mul_div <= 'b0000; end
    else begin                  //计数自加 1，分频输出
        mul_div <= mul_div+1; end
end
endmodule
```

二进制异步复位多分频器的功能仿真结果如图 6.64 所示。

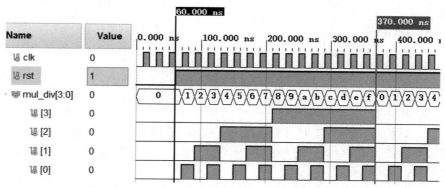

图 6.64　二进制异步复位多分频器的功能仿真结果

2. 非对称占空比的二进制分频器设计

【例 6.24】　运用 Verilog HDL 语言设计二进制异步复位分频器。要求：

(1) 分频输出信号占空比为 25%(高、低电平占空比为 1∶3)；

(2) 异步复位，

其中 clk 表示 50 MHz 时钟信号输入端，rst 表示复位输入端，clk_4 表示占空比为 1∶3 的 4 分频信号输出端。

50 MHz 信号 4 分频后，其信号频率 $F_4 = 12.5$ MHz，占空比翻转计数值 $M = 3$。此分频器端口图如图 6.65 所示

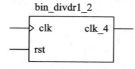

图 6.65　占空比为 25%的四分频器端口图

此分频器设计代码如下：

```
module bin_divdr4_2(
    input clk,
    input rst,
    output reg dr1_4
);
reg[3:0] count = 4'b0000;                           //时钟计数
parameter N = 4;                                     //定义常量 N = 4，分频系数
parameter M = 3;                                     //定义常量 M = 3，占空比翻转数
always @(posedge clk or negedge rst)
begin
    if(~rst) count <= 4'b0000;
    else if(count < 4) count <= count+1;
    else count <= 4'b0001;
end
always @(posedge clk or negedge rst)
begin
    if(~rst) begin                                   //异步复位
        dr1_4 <= 0; end
    else if(count == 0) dr1_4 <= 0;
    else begin
        if(count == M)   dr1_4 <= ~dr1_4;            //占空比计数翻转
        else if(count == N) dr1_4 <= ~dr1_4;         // 4 分频，计数翻转
        else    dr1_4 <= dr1_4;
    end
end
endmodule
```

占空比为 25%的四分频器的功能仿真结果如图 6.66 所示。

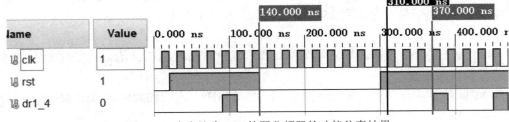

图 6.66   占空比为 25%的四分频器的功能仿真结果

6.4.3   带加载端的二进制分频器设计

1. 占空比为 50%的二进制分频器设计

【例 6.25】   运用 Verilog HDL 语言设计二进制同步加载分频器。要求：

(1) 分频输出信号占空比为 50%(高、低电平占空比为 1 : 1);

(2) 同步复位;

(3) 异步置数;

(4) 4 分频信号输出,

其中 clk 表示主振时钟信号输入端, rst 表示复位输入端, load 表示加载使能端, D 表示加载数据输入端, clk_4 表示 4 分频信号输出端。

异步加载四分频器的端口图如图 6.67 所示。

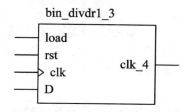

bin_divdr1_3

图 6.67　异步加载四分频器端口图

此分频器设计代码如下:

```verilog
module bin_divdr1_3(
    input clk,
    input load,                      //异步加载输入端口声明
    input rst,                       //同步复位输入端口声明
    input   d,                       //加载数据输入端口声明
    output reg   clk_4               //4 分频输出端口声明
);
reg [1:0] count = 2'b00;
parameter N = 4;
always @(posedge clk or negedge load)
begin
    if(~load) begin            //异步加载
        clk_4 <= d; count <= 'b00; end
    else begin
        if(~rst) begin          //同步复位
        clk_4 <= 'b0; count <= 'b00; end
    else if(count <= (N/2-1)) begin
        clk_4 <= 'b0; count <= count+1; end
    else begin
        clk_4 <= 'b1; count <= count+1; end;
    end
end
endmodule
```

异步加载四分频器的功能仿真结果如图 6.68 所示。

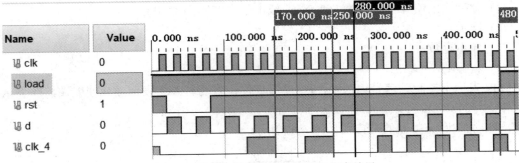

图 6.68　异步加载四分频器的功能仿真结果

【例 6.26】　运用 Verilog HDL 语言设计二进制异步加载多分频器。要求：

(1) 分频输出信号占空比为 50%(高、低电平占空比为 1∶1)；

(2) 同步复位；

(3) 能够实现 2 分频、4 分频、8 分频和 16 分频信号输出；

(4) 同步置数，

其中 clk 表示时钟信号输入端，rst 表示复位输入端，load 表示加载使能端，D[3:0]表示 4 位加载数据输入端，mul_div[0]、mul_div[1]、mul_div[2]、mul_div[3]分别表示 2 分频、4 分频、8 分频和 16 分频信号输出端。

二进制异步加载多分频器如图 6.69 所示。

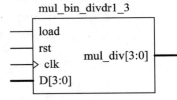

图 6.69　二进制异步加载多分频器端口图

此分频器设计代码如下：

```verilog
module mul_bin_divdr1_3(
    input clk,
    input load,                    //异步加载输入端口声明
    input rst,                     //同步复位输入端口声明
    input [3:0] d,                 //数据输入端口声明
    output reg [3:0] mul_div       //多分频输出端口声明
);
    always @(posedge clk or posedge load)
    begin
        if(load) begin             //异步加载
            mul_div <= d; end
        else begin
            if(~rst) begin         //同步复位
                mul_div <= 'b0000; end
```

```
    else begin
        mul_div <= mul_div+1; end
    end
    end
endmodule
```

二进制异步加载多分频器的功能仿真结果如图 6.70 所示。

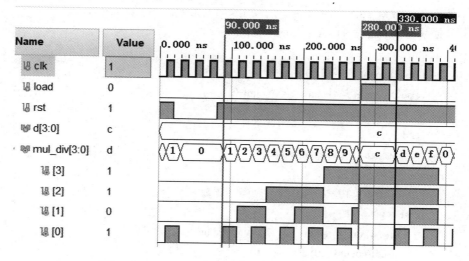

图 6.70　二进制异步加载多分频器的功能仿真结果

2. 非对称占空比二进制分频器

【例 6.27】　运用 Verilog HDL 语言设计占空比为 25%的异步加载四分频器。要求：

(1) 分频输出信号占空比为 25%(高、低电平占空比为 1∶3)；

(2) 同步复位；

(3) 异步置数，

其中 clk 表示 50 MHz 时钟信号输入端，rst 表示复位输入端，load 表示加载使能端，D 表示加载数据输入端，dr1_4 表示占空比为 1∶4 的分频信号输出端。

异步加载四分频器的端口图如图 6.71 所示。

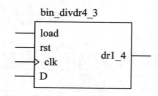

图 6.71　异步加载四分频器端口图

此分频器设计代码如下：

```
module bin_divdr4_3(
    input clk,
    input load,                      //异步加载输入端口声明
```

```
    input rst,                          //同步复位输入端口声明
    input d,                            //加载数据输入端口声明
    output reg dr1_4                    //占空比为 25%的 4 分频输出端口声明
);
reg[3:0] count = 4'b0000;               //时钟计数
    parameter N = 4;                    //定义常量 N = 4，分频系数
    parameter M = 3;                    //定义常量 M = 3，占空比翻转数
    always @(posedge clk or negedge load)
    begin
      if(~load) count    <= 4'b0000;
        else if(count    < 4) count    <= count+1;
            else count <= 4'b0001;
        end
always @(posedge clk or negedge load)
    begin
        if(~load) dr1_4 <= d;           //异步加载
        else begin
            if(~rst) dr1_4 <= 0;        //同步复位
            else if(count == 0) dr1_4 <= 0;
            else begin
                if(count == M)    dr1_4 <= ~dr1_4;
                else if(count == N) dr1_4 <= ~dr1_4;
                 else    dr1_4 <= dr1_4;
            end
        end
    end
end
endmodule
```

异步加载四分频器的功能仿真结果如图 6.72 所示。

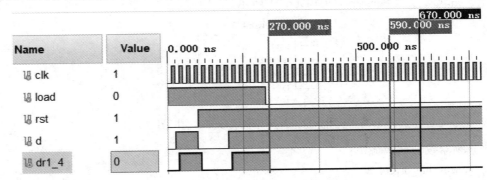

图 6.72　异步加载四分频器的功能仿真结果

习　题

1. 试用或非门设计基本 RS 锁存器。

2. 试用 D 触发器设计六进制计数器，其中 Q[2:0]为计数器输出端，rst 为电路同步复位端，cout 为进位输出端，计数器模块用 cnt_6 命名。

3. 试用 D 触发器设计十进制计数器，其中 Q[3:0]为计数器输出端，rst 为电路同步复位端，cout 为进位输出端，计数器模块用 cnt_10 命名。

4. 试用 Verilog HDL 语言设计 2 位十进制计数器，其中 Q[3:0]为十进制计数器个位输出端，Q[7:4]为十进制计数器十位输出端，rst 为电路异步复位端，cout 为进位输出端，计数器模块用 cnt_100 命名。

5. 试用 Verilog HDL 语言设计占空比为 50%的 32 分频器，其中 clk 时钟信号为 50 MHz，rst 为电路同步复位端，clk_32 为 32 分频输出端，分频模块用 fp_32 命名。

6. 运用 Verilog HDL 语言设计占空比为 20%的同步加载八分频器。要求：

(1) 分频输出信号占空比为 20%(高、低电平占空比为 1∶4)；

(2) 同步复位；

(3) 同步置数，

其中 clk 表示 50 MHz 时钟信号输入端，rst 表示复位输入端，load 表示加载使能端，D 表示加载数据输入端，dr1_8 表示占空比为 1∶4 的八分频信号输出端。

7. 用 Verilog HDL 语言设计一个秒表电路。秒表电路需要在数码管上显示秒表计时，秒表精度为 0.1 s，且具有复位按键及启停按键。

8. 七段数码显示管通常有两种工作方式：静态和动态显示方式。动态显示方式将所有数码管的相同段信号线并联，由位选通控制信号决定当前的有效数码管，轮流向各有效数码管送出字符的二进制码，实现字符动态显示。试用层次化设计完成 6 位动态显示电路，其端口图如图 6.73 所示，a、b、c、d、e、f、g、dp 是 6 位七段数码显示管的共享数据线，sel[5:0]表示数码管位选信号。要求：

(1) 七段数码管采用动态显示方式，循环显示"HELLO"字符，并具有同步复位功能；

(2) 系统至少应包括分频、字符循环控制、动态显示驱动等 3 个子模块。

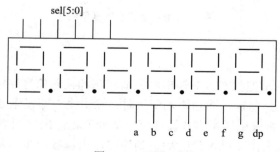

图 6.73　习题 8 图

第 7 章 有限状态机的设计

有限状态机(Finite-State Machine, FSM)简称状态机,是表示有限个状态以及在这些状态之间的转移和动作等行为的数学模型。状态机是一种实现高可靠控制模块的经典方法,具有速度快、可靠性高、结构简单等优点,是数字系统设计的重要方法之一。在 Verilog HDL 设计中,常用 always 和 case 语句来描述状态机。

7.1 有限状态机

本书中,有限状态机是指由组合逻辑和寄存器逻辑构成的时序电路,组合逻辑主要用于状态的判断、译码和信号的产生输出,寄存器逻辑主要负责状态的存储和转移。有限状态机可分为两类:摩尔型(Moore)和米里型(Mealy)。

7.1.1 摩尔型状态机

如图 7.1 所示,摩尔型状态机的输出仅由当前状态决定。状态机的输出会在一个完整的时钟周期后保持稳定,即当输入变化时,还需等下一个时钟的到来,输出才会发生变化(异步输出)。

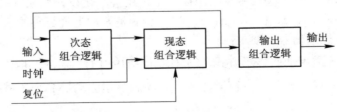

图 7.1 摩尔型状态机框架图

7.1.2 米里型状态机

如图 7.2 所示,米里型状态机的输出由当前状态和输入信号决定。状态机的输出在一个完整的时钟周期内保持稳定,即当输入变化时,输出也立即发生变化(同步输出)。

一般情况下,状态机采用同步方式设计可以降低亚稳态出现的概率,增强抗干扰能力。摩尔型状态机的输出在有限个脉冲延时后达到稳定,所以噪声少,将输入与输出分开是摩尔型状态机的主要特征。米里型状态机输出受输入影响,输入信号可能在任一时钟周期下发生变化，米里型状态机虽然会比摩尔型状态机提前一个时钟周期，但也可能将输入噪声带到输出端。

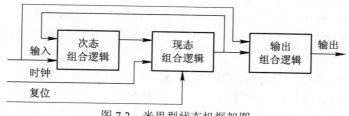

图 7.2　米里型状态机框架图

7.2　有限状态机的表示与描述

有限状态机有三种表示方法：流程图(ASM 图)、状态图(状态转移图)、状态表。三种表示方法可以相互转换，其中状态图是最常用的表示方式(延用数字逻辑电路时序电路的表示方式)。在 Verilog HDL 设计中，常用一段式、两段式和三段式来描述状态机。

7.2.1　有限状态机的状态图画法

状态图的每个圆圈表示一个状态，每个箭头表示一次跳转。摩尔型状态机的输出写在圆圈内，如图 7.3 所示。米里型状态机的输入和输出写在箭头上，如图 7.4 所示。

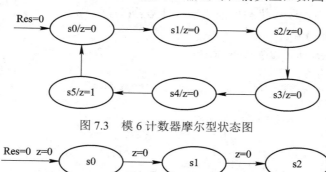

图 7.3　模 6 计数器摩尔型状态图

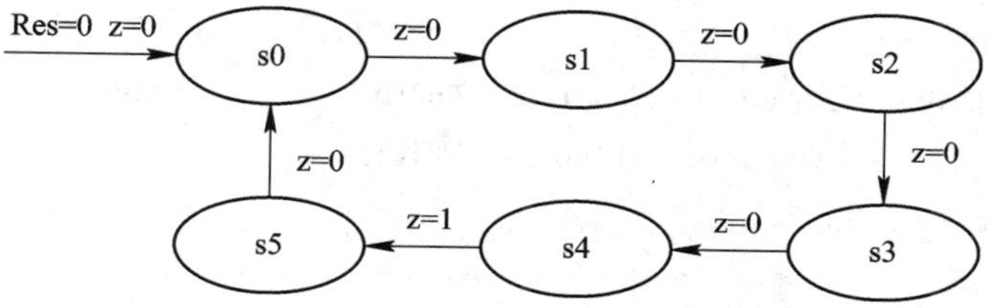

图 7.4　模 6 计数器米里型状态图

7.2.2　有限状态机的描述方法

有限状态机属于时序电路，设计的对象包括：状态寄存器(现态：Current State)、状态逻辑(次态：Next State)和输出逻辑(Output Logic)。次态的描述应该按照状态图、状态表或者流程图确定，在描述风格上主要分为以下三种：

(1) 一段式：在一个 always 中将现态、次态和输出逻辑写在一起。这种方法不容易维护，特别是状态复杂时容易出错。

(2) 两段式：将现态和次态放在一个 always 中，将输出逻辑写在另一个 always 中；或者将现态放在一个 always 中，将次态和输出逻辑写在另一个 always 中。这种方法便于阅读、维护，有利于综合器优化代码。但是，在描述当前状态的输出时采用组合逻辑实现，容易产生毛刺。

(3) 三段式：将现态、次态和输出逻辑分别写在三个 always 中描述。与两段式相比，三段式是根据上一状态的输入条件决定当前的状态输出，在不插入时钟的前提下实现寄存器输出的，从而消除了组合逻辑输出带来的亚稳态和毛刺的隐患，而且更有利于综合和布局布线。

7.3　模 6 计数器的 Verilog HDL 描述

采用一段式、两段式和三段式分别设计模 6 计数器：系统带有同步复位端(低电平复位)；计数器从 0 开始计数到 5(101)，输出端 z 等于 1；计数器状态编码采用顺序编码。

7.3.1　模 6 计数器的一段式描述

模 6 计数器的状态需跳转 6 次，这里采用 localparam 对 6 种状态进行顺序编码。在同一个 always 语句中对现态、次态和输出逻辑统一描述。

【例 7.1】　采用一段式状态机描述模 6 计数器(方法一)。

```
`timescale 1ns / 1ps
module fsm_counter6_1(Q, z, clk, Res);
output reg [2:0]Q;
output reg z;
input clk;
input Res;
reg [2:0]state;
localparam [2:0] s0 = 3'b000, s1 = 3'b001, s2 = 3'b010,    //状态编码
                s3 = 3'b011, s4 = 3'b100, s5 = 3'b101;
always@(posedge clk)
begin
    if(Res == 0)
        begin state <= s0; Q <= 0; z <= 0; end              //同步复位
    else
    begin
        case (state)
            s0:begin state <= s1; Q <= 3'b000; z <= 0; end
            s1:begin state <= s2; Q <= 3'b001; z <= 0; end
            s2:begin state <= s3; Q <= 3'b010; z <= 0; end
```

```
        s3:begin state <= s4; Q <= 3'b011; z <= 0; end
        s4:begin state <= s5; Q <= 3'b100; z <= 0; end
        s5:begin state <= s0; Q <= 3'b101; z <= 1; end
        default:begin state <= s0; Q <= 3'b000; z <= 0; end
        //多余的状态处理
      endcase
    end
  end
endmodule
```

例 7.1 设计了一个带同步复位端的模 6 计数器：在时钟上升沿的瞬间检测 Res 为低电平时复位，为高电平时状态机正常工作；采用 case 语句描述状态机完成了 6 次跳转，因为 state 不是 full case(state 为 3 位变量，可以表示 0～7，这里只用到 0～5)，将多余的状态用 default 进行处理，以确保当转移条件不满足或者状态突变时可以实现自恢复。

7.3.2　模 6 计数器的两段式描述

两段式的描述可分为两种，在 7.2 小节里介绍过了。例 7.2 将现态和次态放在一个 always 中，将输出逻辑在另一个 always 中描述；例题 7.3 则将次态与输出逻辑放在一个 always 中描述，现态则单独描述。

【例 7.2】　采用两段式状态机描述模 6 计数器(方法二)。

```
`timescale 1ns / 1ps
module fsm_counter6_2(Q, z, clk, Res);
output reg [2:0]Q;
output reg z;
input clk;
input Res;
reg [2:0]state;
localparam [2:0] s0 = 3'b000, s1 = 3'b001, s2 = 3'b010,        //状态编码
            s3 = 3'b011, s4 = 3'b100, s5 = 3'b101;
always@(posedge clk)
begin
    if(Res == 0)
      begin state <= s0; end                                    //同步复位
    else
    begin
      case (state)
          s0:begin state <= s1; end
          s1:begin state <= s2; end
          s2:begin state <= s3; end
          s3:begin state <= s4; end
```

```
            s4:begin state <= s5; end
            s5:begin state <= s0; end
            default:begin state <= s0; end          //多余状态的处理
            endcase
        end
    end
    always@(state)
    begin
        case (state)
            s0:begin Q= 3'b000; z= 0; end            //输出逻辑
            s1:begin Q= 3'b001; z= 0; end
            s2:begin Q= 3'b010; z= 0; end
            s3:begin Q= 3'b011; z= 0; end
            s4:begin Q= 3'b100; z= 0; end
            s5:begin Q= 3'b101; z= 1; end
            default:begin Q = 3'b000; z = 0; end      //多余的状态处理
        endcase
    end
endmodule
```

例 7.2 采用的两段式状态机将现态和次态用一个过程来描述：一般用 case 表示当前状态，用 if 判断下一状态的跳转。将输出(Q 和 z)在另一个过程中描述：采用组合逻辑也可采用时序逻辑描述，摩尔机仅需用 case 根据当前状态描述输出，而米里机要在 case 语句中用 if 语句根据当前输入值和状态决定输出值。

【例 7.3】 采用两段式状态机描述模 6 计数器(方法三)。

```
`timescale 1ns / 1ps
module fsm_counter6_3(Q, z, clk, Res);
output reg [2:0]Q;
output reg z;
input clk;
input Res;
reg [2:0]state, next_state;
localparam [2:0] s0 = 3'b000, s1 = 3'b001, s2 = 3'b010,    //状态编码
                s3 = 3'b011, s4 = 3'b100, s5 = 3'b101;
always@(posedge clk)
begin
    if(Res==0)
        begin state <= s0; end                              //同步复位
    else    state <= next_state;
end
```

```
always@(posedge clk)
begin
    if(Res == 0)
        begin next_state <= s0; Q <= 3'b000; z <= 0; end
    else
    case (state)
        s0:begin next_state <= s1; Q <= 3'b000; z <= 0; end        //次态和输出逻辑
        s1:begin next_state <= s2; Q <= 3'b001; z <= 0; end
        s2:begin next_state <= s3; Q <= 3'b010; z <= 0; end
        s3:begin next_state <= s4; Q <= 3'b011; z <= 0; end
        s4:begin next_state <= s5; Q <= 3'b100; z <= 0; end
        s5:begin next_state <= s0; Q <= 3'b101; z <= 1; end
        default:begin next_state <= s0; Q <= 3'b000; z <= 0; end    //多余的状态处理
    endcase
end
endmodule
```

例 7.3 采用的两段式状态机将现态用一个过程描述，即 "state <= next_state"。在另一个过程对次态和输出逻辑进行描述。

7.3.3 模 6 计数器的三段式描述

例 7.4 采用的三段式状态机将现态、次态和输出逻辑分别放在三个 always 中描述。三段式状态机代码容易理解和维护，采用时序逻辑输出可以较好地解决组合逻辑电路的毛刺现象，但会消耗更多资源。

【例 7.4】 采用三段式状态机描述模 6 计数器(方法四)。

```
`timescale 1ns / 1ps
module fsm_counter6_4(Q, z, clk, Res);
output reg [2:0]Q;
output reg z;
input clk;
input Res;
reg [2:0]state, next_state;
localparam [2:0] s0 = 3'b000, s1 = 3'b001, s2 = 3'b010,        //状态编码
                s3 = 3'b011, s4 = 3'b100, s5 = 3'b101;
always@(posedge clk)
begin
    if(Res==0)
        begin state <= s0; end                                //同步复位
    else state <= next_state;                                 //现态
end
```

```
always@(state)
begin
    case (state)                                    //次态
        s0:begin next_state = s1; end
        s1:begin next_state = s2; end
        s2:begin next_state = s3; end
        s3:begin next_state = s4; end
        s4:begin next_state = s5; end
        s5:begin next_state = s0; end
        default:begin next_state = s0; end          //多余的状态处理
    endcase
end
always@(posedge clk)
begin
    if(Res==0)begin Q <= 3'b000; z <= 0; end
    else
        case (state)                                //输出逻辑
            s0:begin Q <= 3'b000; z <= 0; end
            s1:begin Q <= 3'b001; z <= 0; end
            s2:begin Q <= 3'b010; z <= 0; end
            s3:begin Q <= 3'b011; z <= 0; end
            s4:begin Q <= 3'b100; z <= 0; end
            s5:begin Q <= 3'b101; z <= 1; end
            default:begin Q <= 3'b000; z <= 0; end
        endcase
end
endmodule
```

7.3.4 模 6 计数器的仿真激励

本小节针对例 7.1～例 7.3 编写仿真激励程序：设计一个时钟周期为 100 ns 的信号，采用同步复位分别对例 7.1～例 7.3 进行仿真，产生波形如图 7.5 所示。Res 等于高电平后(Q 从 0 加到 5)，z 等于 1。

【例 7.5】 模 6 计数器的仿真激励程序。

```
`timescale 1ns / 1ps
module fsm_counter6_1_tb();
wire [2:0]Q;
wire z;
reg clk;
reg Res;
```

```
parameter Period = 100;                              //定义周期常量 Period 为 100
fsm_counter6_3 uut(
                    .Q(Q),
                    .z(z),
                    .clk(clk),
                    .Res(Res)
                    );
initial
begin
    clk = 0; Res = 0; clk = 1; #Period;              //同步复位
    Res = 1;                                          //停止复位
    #(Period*5)$stop;                                //5 个周期后停止
end
always
begin    # (Period/2)    clk= ~clk;                  //100 ns 时钟产生
end
endmodule
```

仿真波形如图 7.5 如示。

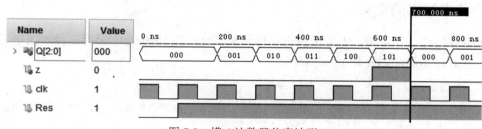

图 7.5　模 6 计数器仿真波形

7.4　状态的编码

　　状态机所包含的 N 种方式通常需要用某种编码方式表示，即需要进行状态编码或状态分配。选择合适的编码方案，将有助于电路面积和资源的使用。状态编码是指使用特定数量的寄存器，通过特定形式将状态集合表示出来的过程。如例 7.1～例 7.4 中状态变量 s0～s5 就是具体的状态编码。状态编码的方式有多种，如二进制编码、格雷码、约翰逊码、独热码等。状态编码的方式决定了保存状态所需的触发器数量，会影响状态机的次态及输出逻辑的复杂程度。

7.4.1　状态编码的分类

1. 顺序编码

　　顺序编码一般采用顺序的二进制方式来实现编码，比如例 7.1 中的 6 个状态 s0～s5，分别用 000、001、010、011、100、101 来表示。它的特点是编码形式简单，使用的触发器最少，但是在状态转换时有可能出现多个比特位同时发生变化(电路会产生较大尖峰脉冲)，瞬变次数较多，容易产生毛刺现象，增加了输出噪声。

2. 格雷码

格雷码采用相邻状态转换时只有一个比特发生翻转的方法来实现编码，比如例 7.1 中的 6 个状态分别用 000、001、011、010、110、111 来表示。它的特点是使用的逻辑单元少，消除了状态转换时传输延迟产生的毛刺和亚稳态。

3. 约翰逊码

约翰逊码采用把输出的最高位取反后作为输入反馈到最低位的方法来实现编码。比如例 7.1 中的 6 个状态分别用 000、001、011、111、110、100 来表示。它的特点是相邻两个比特间只有一位不同，瞬变次数少，不容易产生毛刺现象。

4. 独热码

独热码采用 N 个状态寄存器对 N 个状态进行编码，每个状态都有独立的寄存器位。比如例 7.1 中的 6 个状态分别用 000001、000010、000100、001000、010000、100000 来表示。它的特点是在状态比较时仅需比较一位，虽然用了较多的触发器，却简化了译码逻辑(组合逻辑电路少)，可以工作于较高的频率上，更适合 FPGA 上的设计。

7.4.2 状态编码的定义

状态编码是一种常量，为了增强可读性和灵活性，在 Verilog 中采用三种方法定义状态编码：`define、parameter 和 localparam。

1. `define

`define 一般写在需要定义的 module 上面，若`define 指令被编译，则在整个编译过程中都有效，直到遇到 `undef。

举例说明：

    `define   msb   9

调用格式：

    reg [`msb:0]x_in;

2. parameter

parameter 在 module 内部定义，可用于一般常量或表达式的定义，但无法进行参数传递；在 module 内定义可以实现参数的传递。

使用格式：

    module_name#(parameter name1=value1, parameter name2=value2)(port map);

举例说明：

    module seq100 #(parameter a = 10, parameter msb = 9, parameter lsm = 0)   //参数传递
    (input clk, input Res, output z);
        parameter   sum = a+b, q = "abc";   //module 内部定义一般常量或表达式
        parameter   IDLE = 3'b001, s0 = 3'b010, s1 = 3'b100;

```
        always@(posedge clk)
......
```

调用格式：

```
module_name#(.parameter_name(value), .parameter_name(value))
    inst_name (port map);
```

举例说明：

```
module seq100 #(.msb(8), .delay(10), .lsb(0))        //名字映射法
    uut(.clk(clk_100M), .Res(Res), .z(z));
```

3. localparam

localparam 写在需要定义的 module 内部，无法实现参数传递。localparam 一般用于状态机的状态编码定义。

举例说明：

```
localparam    msb = 9, lsb = 0;
```

调用格式：

```
reg [msb:0]x_in;
```

7.4.3　状态编码的设计建议

采用何种编码应该综合考虑编程芯片的内部资源、状态的多少等因素。顺序编码、格雷码、约翰逊码使用的组合逻辑较多，触发器少，比较适用于 CPLD 器件(组合逻辑资源较多)或者小型状态机。独热码使用的触发器较多，组合逻辑较少，比较适用于 FPGA 器件(触发器资源丰富)或者速度较高的场合。

顺序编码与格雷码和约翰逊码比较：格雷码和约翰逊码跳转时只有一位发生翻转(例7.1 中顺序编码从 s3 跳到 s4 时有三位翻转，而格雷码和约翰逊码只有一位翻转)，可以消除多条信号线由于传输延时或门延时所产生的毛刺，减低功耗。

独热码与其他编码的比较：在状态比较时，独热码仅需比较一位，而其他编码需要对所有位进行比较(例 7.1 中比较 state 与 s0 是否相等时，独热码仅需比较 state[0] = 1，而其他编码需比较三位)，在速度上占有优势。但是独热码位宽一般比其他编码多，需要的触发器也就多，从而增加了设计面积。

在资源允许的情况下采用独热码当然是最好的，但在通常情况下是要综合考虑的。建议在 4 个状态以内用二进制码(译码电路不复杂)，5～24 个状态采用独热码(触发器用得不多)，24 个状态以上采用格雷码(综合设计面积和资源考虑)。

7.5　序列检测器的 Verilog HDL 描述

序列检测器用于从串行的数字码流中检测出特定的序列。本节分别采用摩尔型状态机、米里型状态机设计了"100"检测器。检测器的状态机设计采用三段式描述风格，使用独热码编码，并带有同步复位端。

7.5.1 序列检测器的三段式摩尔型状态机描述

图 7.6 为"100"序列检测器的摩尔型状态图。当 Res 等于 0 时跳转到 IDLE 态，进入复位后的初始态。在 IDLE 态下检测到输入 x 等于 1 后跳转到 s1 态，否则停留在 IDLE 态；s1 态下 x 应为 0 才跳转到 s2 态，否则一直停留在 s1 态；在 s2 态下检测到 x 为 0 后跳转到 s3 态，x 若为 1 则跳回 s1 态；在 s3 态下输出端 z 为 1，若输入 x 为 1 时跳转至 s1 态，否则跳转至 IDLE 态。

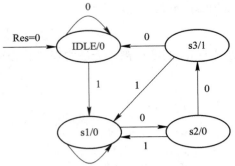

图 7.6 序列检测器的摩尔型状态图

【例 7.6】 "100"序列检测器的三段式摩尔型状态机 Verilog 描述。

```
`timescale 1ns / 1ps                    //摩尔型状态机
module seq100_1(z, x, clk, Res);        //序列检测器
output reg z;
input x, clk, Res;
reg [3:0]state, next_state;
localparam [3:0] IDLE = 4'b0001, s1 = 4'b0010,   //状态编码
                 s2 = 4'b0100, s3 = 4'b1000;     //独热码
always@(posedge clk)                    //时钟上升沿
begin
    if(Res == 0)
        begin state <= IDLE; end        //同步复位
    else state <= next_state;           //现态
end
always@(state, x)
begin
    case (state)                        //次态跳转
        IDLE:begin if(x == 1) next_state = s1;   else next_state = IDLE; end
        s1  : begin if(x == 0) next_state = s2;  else next_state = s1;   end
        s2  : begin if(x == 0) next_state = s3;  else next_state = s1;   end
        s3  : begin if(x == 0) next_state = IDLE; else next_state = s1;  end
        default:begin next_state = IDLE; end     //多余的状态处理
    endcase
```

```
        end
    always @(state, Res)
    begin
        if(Res == 0)begin z = 0; end
        else
            case(state)                    //输出与现态有关，与输入 x 无关。摩尔型状态机
                s3:z = 1;
                default:z = 0;
            endcase
    end
endmodule
```

7.5.2　序列检测器的三段式米里型状态机描述

图 7.7 为"100"序列检测器的米里型状态图。当 Res 等于 0 时跳转到 IDLE 态，进入复位后的初始态。在 IDLE 态下检测到输入 x 等于 1 后跳转到 s1 态，否则停留在 IDLE 态；s1 态下 x 应为 0 才跳转到 s2 态，否则一直停留在 s1 态；在 s2 态下检测到 x 为 0 后输出端 z 为 1 同时跳转到 IDLE 态，若输入 x 为 1 时跳转到 s1 态。

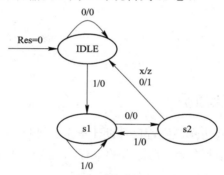

图 7.7　序列检测器的米里型状态图

【例 7.7】　"100"序列检测器的三段式米里型状态机 Verilog 描述。

```
`timescale 1ns / 1ps
module seq100_2(z, x, clk, Res);            //序列检测器
output reg z;
input x, clk, Res;
reg [2:0]state, next_state;
localparam [2:0] IDLE = 4'b001, s1= 4'b010,  //状态编码
                s2 = 4'b100;                //独热码
always@(posedge clk)                        //时钟上升沿;
begin
    if(Res == 0)
        begin state <= IDLE; end            //同步复位
```

```
        else state <= next_state;                    //现态
    end
    always@(state, x)
    begin
        case (state)                                  //次态跳转
            IDLE:begin if(x == 1) next_state = s1;     else   next_state = IDLE; end
            s1  :  begin if(x == 0) next_state = s2;    else   next_state = s1;   end
            s2  :  begin if(x == 0) next_state = IDLE;  else   next_state = s1;    end
            default:begin next_state = IDLE; end       //多余的状态处理
        endcase
    end
    always @(state, Res)                              //输出逻辑
    begin
        if(Res==0)begin z=0; end
        else
            case(state)
                s2:if(x == 0)z = 1;                    //输出与输入和现态有关
                default:z = 0;
            endcase
    end
endmodule
```

7.5.3   序列检测器的仿真激励

针对例 7.6～例 7.7 编写仿真激励程序：设计一个时钟周期为 100 ns 的信号，采用同步复位分别对例 7.6～例 7.7 进行仿真。在输入的串行码流"0110000100"中检测到两次"100"序列，z 输出为 1。

【例 7.8】 "100"序列检测器的仿真激励程序。

```
`timescale 1ns / 1ps
module seq100_1_tb;
wire z;
reg x, clk, Res;
parameter Period = 100;                    //定义周期常量 Period 为 100
parameter msb = 9;                         //定义 x_in 的位宽
parameter lsb = 0;
reg [msb:lsb]x_in = 10'b0110000100;
seq100_1 uut(                              //名字映射
            .z(z),
            .x(x),
```

```
                .clk(clk),
                .Res(Res)
                );
        initial
            begin
                clk = 0; x= 0; Res = 0; clk = 1; #Period;        //同步复位
                Res = 1;                                          //停止复位
                #(Period*(msb+2)) $stop;
            end
        always
            begin
                # (Period/2)    clk = ~clk;                       //100 ns 时钟产生
            end
        always@(posedge clk)
            begin
                #5 x = x_in[msb];
                x_in = x_in<<1;
            end
            endmodule
```

图 7.8 为检测器的摩尔型状态机仿真图，当 x 出现连续的"100"序列后的下一个时钟周期 z 输出 1。图 7.9 为检测器的米里型状态机仿真图，当 x 出现连续的"100"序列时 z 马上输出 1。米里型状态机比摩尔型状态机提前一个时钟周期得到输出信号。

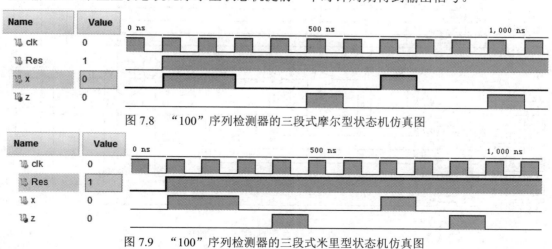

图 7.8 "100"序列检测器的三段式摩尔型状态机仿真图

图 7.9 "100"序列检测器的三段式米里型状态机仿真图

7.6 动态显示电路的 Verilog HDL 描述

数码管是设计中经常使用的显示器件，它的驱动分为两种：静态显示和动态显示。动态显示是用两位以上的数码管通过分时扫描每一位，利用人眼的视觉停留现象，造成一种假静态显示的效果。本节将重点介绍动态显示的电路工作原理、状态机描述和仿真激励。

7.6.1 动态显示电路的工作原理

图 7.10 是八位共阴动态显示电路图，该电路由两个 4 位共阴数码管、8 个 NPN 三极管和若干个电阻电容组成。当 SMG1 的数据端 A～H 输入高电平(如 8'b0110_0000)，且 V1 基极 LED_BIT1 为高电平，则最左边数码管点亮(显示 1)。此时数据端 B、C 的电流流经数码管，从 COM1 输出至三极管 V1 的集电极再经射极到 GND，最左边数码管 B、C 段点亮。

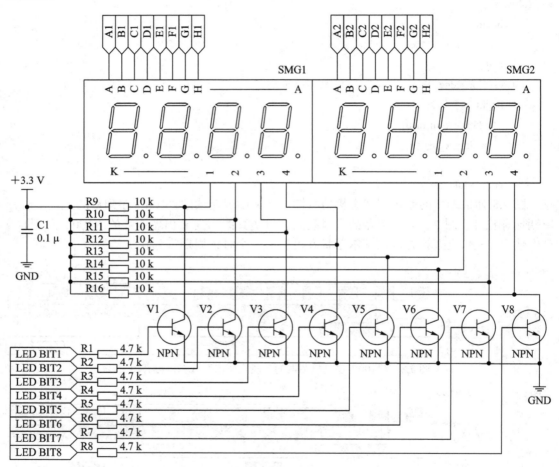

图 7.10 八位共阴动态显示电路图

动态方式显示时各数码管分时轮流选通：即在某一时刻只选通一位数码管(对应的 NPN 三极管为导通)，并送出相应的字型码给数据端 A～H；在另一时刻选通另一位数码管，并送出相应的字型码。依此规律循环，可使数码管分别将要显示的不同字符显示在相应的位置上。由于人眼存在视觉暂留效应(人眼在观察景物时，光信号传入大脑神经，需经过一段短暂的时间，光的作用结束后，视觉形象并不立即消失，这种现象被称为"视觉暂留效应"

或"余晖效应"），只要每位显示间隔足够短就可以给人同时显示的感觉。通常数码管显示周期为 20 ms 左右即可，周期太短会有重影，周期太长会有闪烁现象。现实中经常把 SMG1 的 A～H 与 SMG2 的 A～H 并联在一起，这里使用的 EGO-1 开发板两个 4 位数码管的数据端 A～H 是独立分开的。

7.6.2　动态显示的状态机描述

本次开发板有源晶振为 100 MHz，八位数码管共占用 20 ms 时间，则每位数码管占用 2.5 ms 时间，动态显示的时钟由有源晶振分频所得。

【例 7.9】　采用三段式状态机设计一个八位动态显示程序，显示内容为 1～8。

```
`timescale 1ns / 1ps
module smg8_fsm(LED_BITS, DATA1_A_G, DATA2_A_G, clk, Res);
input clk;                                    //100 MHz
input Res;                                    //高电平复位
output reg [7:0]LED_BITS;                      //位选端
output reg [6:0]DATA1_A_G, DATA2_A_G;          //数据端 a～g
parameter div_dat= 250000;                     //分频比 250 000
wire clk_div;                                  //分频输出
reg[7:0]state, next_state;                      //必须和状态编码位数一样
reg [19:0]cnt;                                 //cnt 的位数必须大于等于 div_dat;
localparam s0 = 8'b0000_0001, s1= 8'b0000_0010,
    s2 = 8'b0000_0100, s3 = 8'b0000_1000,
    s4 = 8'b0001_0000, s5 = 8'b0010_0000,
    s6 = 8'b0100_0000, s7 = 8'b1000_0000;      //独热码编码;
always @( posedge clk, posedge Res)            //分频
begin
    if(Res)begin cnt <= 0; end                 //异步复位
    else
        begin
        if(cnt == div_dat) begin   cnt <= 0; end
        else begin cnt <= cnt+1; end
    end
end
assign clk_div = (cnt == div_dat)?1:0;         //div_dat/100 MHz = 2.5 ms = 2500 μs
always@(posedge clk_div, posedge Res)
begin
    if(Res)begin state <= 0; end               //异步复位
    else begin state <= next_state; end        //现态
end
```

```
always@(state, Res)
begin
    if(Res)begin next_state <= s0; end
    else
        begin
            case(state)                                    //次态
                s0:begin next_state <= s1; end
                s1:begin next_state <= s2; end
                s2:begin next_state <= s3; end
                s3:begin next_state <= s4; end
                s4:begin next_state <= s5; end
                s5:begin next_state <= s6; end
                s6:begin next_state <= s7; end
                s7:begin next_state <= s0; end
                default:begin next_state <= s0; end
            endcase
        end
end
always@(state, Res)                                        //输出逻辑
begin
    if(Res)begin LED_BITS=8'h00; DATA1_A_G=7'h00; DATA2_A_G=7'h00; end
    else
        begin
            case(state)//1-7'h06, 2-7'h5b, 3-7'h4f, 4-7'h66, 5-7'h6d, 6-7'h7d, 7-7'h07, 8-7'h7f
                s0:begin DATA1_A_G = 7'h06; DATA2_A_G = 7'h00; LED_BITS = 8'h80; end
                s1:begin DATA1_A_G = 7'h5b; DATA2_A_G = 7'h00; LED_BITS = 8'h40; end
                s2:begin DATA1_A_G = 7'h4f; DATA2_A_G = 7'h00; LED_BITS = 8'h20; end
                s3:begin DATA1_A_G = 7'h66; DATA2_A_G = 7'h00; LED_BITS = 8'h10; end
                s4:begin DATA2_A_G = 7'h6d; DATA1_A_G = 7'h00; LED_BITS = 8'h08; end
                s5:begin DATA2_A_G = 7'h7d; DATA1_A_G = 7'h00; LED_BITS = 8'h04; end
                s6:begin DATA2_A_G = 7'h07; DATA1_A_G = 7'h00; LED_BITS = 8'h02; end
                s7:begin DATA2_A_G = 7'h7f; DATA1_A_G = 7'h00; LED_BITS = 8'h01; end
                default:begin DATA1_A_G = 7'h00; DATA2_A_G = 7'h00; LED_BITS = 8'h00; end
            endcase
        end
end
endmodule
```

例 7.9 对数码管的位选端的控制顺序采用 localparam (为独热码)进行编码。用 cnt 对 100 MHz 的系统时钟进行计数分频，产生 2.5 ms 的 clk_div 信号用于分时驱动 8 位数码

管。后三个 always 则是动态显示的三段式描述，对现态、次态和输出逻辑分别进行描述。

7.6.3 动态显示的仿真激励

对例 7.9 仿真激励，系统在复位后只需采用 always 产生时钟信号即可。仿真波形如图 7.11 所示，从波形中可看到 DATA1_A_G、DATA2_A_G 和 LED_BITS 与例 7.9 中的 always@(state, Res)的输出逻辑一致。

【例 7.10】 三段式八位动态显示状态机仿真激励程序。

```verilog
`timescale 1ns / 1ps
module smg8_fsm_tb();
reg clk;                                          //100 MHz
reg Res;                                          //高电平复位
wire    [7:0]LED_BITS;                            //位选端
wire    [6:0]DATA1_A_G, DATA2_A_G;                //数据端 a～g
parameter Period = 10;                            //定义周期常量 Period 为 10
smg8_fsm uut(LED_BITS, DATA1_A_G, DATA2_A_G, clk, Res);   //位置映射
initial
begin
    clk = 0; Res = 1; #Period;
    Res = 0;                                      //不复位；
end
always
begin
    # (Period/2)    clk = ~clk;                   //10 ns 时钟产生
end
endmodule
```

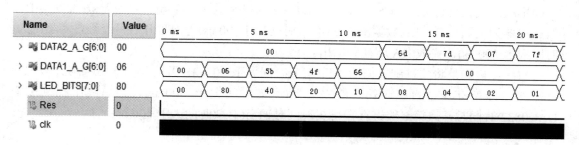

图 7.11 三段式八位动态显示状态机仿真图

7.7 数/模转换器 DAC0832 的 Verilog HDL 描述

数模转换器是将串行或并行的二进制数字量转换为直流电压或直流电流的器件，经常用于波形产生、数控恒流稳压等，或用在数字音频播放器等上。本节讲述的是 8 位并行数

模转换器 DAC0832 芯片的运用，图 7.12 所示为单极性输出的 DAC0832 电路。EGO-1 开发板上 DAC0832 的参考电压 VREF 是两个电阻对 −5 V 电压的分压所得，电压实测为 −3.68 V。模数转换后输出经过双电源供电的运放 LM324 得到一个正电压((0～3.68) × 255 / 256 V)。

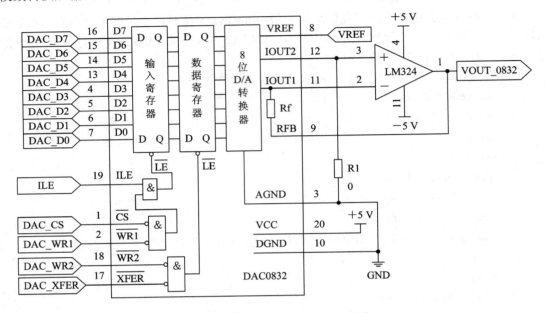

图 7.12　单极性输出 DAC0832 电路

7.7.1　DAC0832 的工作模式

DAC0832 的控制方式有三种：直通模式、单缓冲模式和双缓冲模式。

直通模式是分别将 ILE 置 1，$\overline{CS}$、$\overline{WR1}$、$\overline{WR2}$ 和 $\overline{XFER}$ 均置 0，此时二进制数据直接从 DAC0832 的输入端 D0～D7 输入，通过两级寄存器到达 DA 转换器输出。

单缓冲模式是将 ILE、$\overline{CS}$、$\overline{WR1}$、$\overline{WR2}$ 和 $\overline{XFER}$ 其中一个端口置为无效(设置其中一级寄存器为直通)，二进制数据输入后(有效时间大于 90 ns)再同时开启另一级寄存器(有效时间大于 500 ns)，完成 DA 转换和输出。

双缓冲模式是将二进制数据输入后(有效时间大于 90 ns)，开启第一级寄存器让数据锁存在第一级寄存器中再关闭第一级寄存器(有效时间大于 500 ns)，当总线上控制多个 DAC0832 时同时开启第二级寄存器可实现同时输出(有效时间大于 500 ns)。

7.7.2　DAC0832 的 Verilog HDL 描述

采用直通模式设计的数模转换器 DAC0832 的驱动程序必须对 100 MHz 系统时钟进行分频，以免 DAC0832 没有足够的建立时间而产生数据拥塞。将 DAC0832 两级寄存器的控制端 ILE、$\overline{CS}$、$\overline{WR1}$、$\overline{WR2}$、$\overline{XFER}$ 中的 ILE 设置为低电平，其他控制端设置为高电平。由于减少了两级寄存器的缓冲时间，直通模式的程序简单、输出转换频率最高，但无法实现总线并联控制。

【**例 7.11**】　采用直通模式设计数模转换器 DAC0832 输出锯齿波。

```verilog
`timescale 1ns / 1ps
module dac0832_simple(DAC_out, ILE, CS, WR1, WR2, XFER, clk, Res);
output reg ILE, CS, WR1, WR2, XFER;
output reg [7:0]DAC_out;
input clk;                                      //100 M
input Res;                                      //平时为低电平，按下后高电平复位
parameter div_dat = 10000;                      //分频比 10 000
wire clk_div;
reg [15:0]cnt;                                  //cnt 位数应大于等于 div_dat
always @(posedge clk, posedge Res)
begin
    if(Res)begin cnt <= 0; end
    else
    begin
    if(cnt == div_dat)
        begin    cnt <=0; end
    else
        begin cnt <= cnt+1'b1; end
    end
end
assign clk_div = (cnt == div_dat)?1:0;          //时钟分频 100 MHz/div_dat
always @(posedge clk_div, posedge Res)
begin
    if(Res)
    begin
        {ILE, CS, WR1, WR2, XFER} <= 5'b01111; DAC_out <= 8'b0000_0000;
    end
    else
    begin
        {ILE, CS, WR1, WR2, XFER} <= 5'b10000;      //设置为直通模式
        DAC_out <=DAC_out+1;
    end
end
endmodule
```

　　直通模式只需设置两级寄存器一直开启然后发送二进制数据，仅存在一种状态，所以无须用状态机描述。DAC_out 是一条 8 位的总线，自加到 255 后会自动回零。时钟的分频比 div_dat = 10 000。对系统 100 MHz 时钟进行分频，可使数字信号有足够时间完成数模转换。

【例 7.12】 采用单缓冲模式设计数模转换器 DAC0832 输出锯齿波。

```verilog
`timescale 1ns / 1ps
module dac0832_fsm1(DAC_out, ILE, CS, WR1, WR2, XFER, clk, Res);
output reg ILE, CS, WR1;
output WR2, XFER;
output reg [7:0]DAC_out;
input clk;                                          //100 MHz
input Res;                                          //平时为低电平，按下后高电平复位
parameter div_dat = 100;                            //分频比 100
parameter MSB = 2, LSB = 0;
wire clk_div;                                       //分频后的时钟
reg [7:0]cnt;                                       //cnt 位数应大于等于 div_dat
reg [MSB:LSB]state, next_state;                     //与 localparam 编码位数一致
localparam [MSB:LSB] IDLE = 3'b001,
                     s1 = 3'b010,
                     s2 = 3'b100;
always @(posedge clk, posedge Res)
begin
    if(Res) cnt <= 0;
    else
    begin
    if(cnt >= div_dat)
        begin   cnt <= 0; end
    else
        begin cnt <= cnt+1; end
    end
end
assign clk_div = (cnt == div_dat)?1:0;              //时钟分频 100 MHz/div_dat
always@(posedge clk_div, posedge Res)               //时钟上升沿
begin
    if(Res)
        begin state <= IDLE; end                    //同步复位
    else state <= next_state;                       //现态
end
always@(posedge clk_div, posedge Res)
begin
    if(Res)begin next_state <= IDLE; end
    else
        begin
```

```
            case (state)                                    //次态跳转
                IDLE :  begin    next_state <= s1;     end
                s1   :  begin    next_state <= s2;     end
                s2   :  begin    next_state <= IDLE;   end
                default：begin    next_state <= IDLE;    end   //多余的状态处理
            endcase
        end
    end
    assign {WR2, XFER} = 2'b00;                             //第二级缓冲设为直通
    always @(posedge clk_div, posedge Res)
    begin
        if(Res)
          begin
              {ILE, CS, WR1}= 3'b011;
              DAC_out = 8'b0000_0000;
          end
        else
        begin
            case(state)
                IDLE: begin    DAC_out = DAC_out+1; end        //发送数据
                s1   :  begin    {ILE, CS, WR1} = 3'b100; end    //第一级缓冲开
                s2   :  begin    {ILE, CS, WR1} = 3'b011; end    //第一级缓冲关
                default：begin {ILE, CS, WR1} = 3'b011; DAC_out=0; end  //多余的状态处理
            endcase
        end
    end
    endmodule
```

采用三段式状态机设计单缓冲的 DAC0832 锯齿波发生器。DAC0832 的第二级缓冲设计为常开，只对第一级缓冲进行控制。锯齿波的频率可以通过变量 clk_div 进行改变。DAC_out 发生变化后，开启缓冲使数据进入转换器进行 DA 转换。

【例 7.13】　采用双缓冲模式设计数模转换器 DAC0832 输出锯齿波。

```
`timescale 1ns / 1ps
module dac0832_fsm2(DAC_out, ILE, CS, WR1, WR2, XFER, clk, Res);
output reg ILE, CS, WR1;
output reg WR2, XFER;
output reg [7:0]DAC_out;
input clk;                                          //100 MHz
input Res;                                          //平时为低电平，按下后高电平复位
parameter div_dat = 100;                            //分频比 100
```

179

```verilog
parameter MSB = 3, LSB = 0;
wire clk_div;                               //分频后的时钟
reg [7:0]cnt;                               //cnt 位数应大于等于 div_dat
reg [MSB:LSB]state, next_state;             //与 localparam 编码位数一致
localparam [MSB:LSB]   IDLE = 4'b0001,
                       s1 = 4'b0010,
                       s2 = 4'b0100,
                       s3 = 4'b1000;
always @( posedge clk, posedge Res)
begin
    if(Res) cnt <= 0;
    else
    begin
    if(cnt >= div_dat)
        begin cnt <= 0; end
    else
        begin cnt <= cnt+1; end
    end
end
assign clk_div = (cnt == div_dat)?1:0;      //时钟分频 100 MHz/div_dat
always@(posedge clk_div, posedge Res)       //时钟上升沿
begin
    if(Res)
        begin state <= IDLE; end            //同步复位
    else state <= next_state;               //现态
end
always@(posedge clk_div, posedge Res)
begin
    if(Res)begin next_state <= IDLE; end
    else
        begin
        case(state)                         //次态跳转
            IDLE ： begin   next_state <= s1;      end
            s1   ： begin   next_state <= s2;      end
            s2   ： begin   next_state <= s3;      end
            default： begin   next_state <= IDLE;  end   //多余的状态处理
        endcase
        end
end
```

```
always @(posedge clk_div, posedge Res)
begin
    if(Res)
        begin
            {ILE, CS, WR1, WR2, XFER} = 5'b01111;
            DAC_out = 8'b0000_0000;
        end
    else
    begin
        case(state)
            IDLE：begin    DAC_out = DAC_out+1; end          //发送数据
            s1  : begin    {ILE, CS, WR1} = 3'b100;          //第一级缓冲开
                           {WR2, XFER}= 2'b11; end           //第二级缓冲关
            s2  : begin    {ILE, CS, WR1} = 3'b011;          //第一级缓冲关
                           {WR2, XFER}= 2'b00; end            //第二级缓冲开
            s3  : begin    {ILE, CS, WR1} = 3'b011;          //第一级缓冲关
                           {WR2, XFER}= 2'b11; end           //第二级缓冲关
            default:begin ILE, CS, WR1, WR2, XFER} = 5'b01111; DAC_out = 0; end
                                                             //多余的状态处理
        endcase
    end
end
endmodule
```

采用三段式状态机设计双缓冲的 DAC0832 锯齿波发生器。IDLE 状态下 8 位总线 DAC_out 自加 1 后跳转到 s1 态需要保持 90 ns 时间；在 s1 态下开启第一级缓冲并保持 500 ns 时间；在 s2 态下关闭第一级缓冲打开第二级缓冲并保持 500 ns 时间，使数据进行数模转换。分频后时钟的 clk_div 不能超过 500 ns。

7.7.3 DAC0832 的仿真激励

对例 7.11～7.13 激励仿真，激励程序基本一致(仅需修改被调用模块名)。仿真波形如图 7.13 所示，从波形中可看到三个程序的锯齿波输出，不同的是三个程序中无缓冲形式的输出频率最高。

【例 7.14】 DAC0832 的仿真激励程序。

```
`timescale 1ns / 1ps
module DAC0832_tb();
wire ILE, CS, WR1, WR2, XFER;
reg clk;
reg Res;
```

```
wire [7:0]DAC_out;
dac0832_fsm uut(
                .DAC_out(DAC_out),
                .ILE(ILE),
                .CS(CS),
                .WR1(WR1),
                .WR2(WR2),
                .XFER(XFER),
                .clk(clk),
                .Res(Res)
                );
    initial begin
        clk = 0; Res = 1; clk = 1; #10;
        Res= 0; //不复位
        forever begin #5 clk = ~clk; end
    end
    endmodule
```

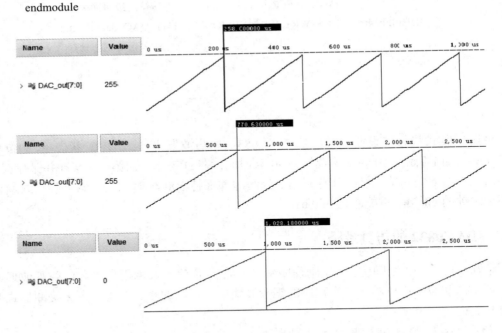

图 7.13　三种形式的 DAC0832 输出波形

习　题

1. 阐述摩尔型状态机和米里型状态机的区别。

2. 采用一段式、两段式和三段式状态机设计一个 9～0 的倒计时器。

3. 设计一个"1001"序列检测器，并进行仿真。

4. 设计一个花样流水灯并演示以下三种变化。

(1) 从左往右流动；

(2) 从右往左流动；

(3) 相隔闪烁。

5. 设计一个人流量计数器，要求如下：

(1) 当传感器 A 有低电平时，计数器加 1；

(2) 当传感器 B 有低电平时，计数器减 1。

第 8 章 IP 核

本章将介绍如何使用 Xilinx 的 Vivado 软件中的 IP Integrator,调用 IP 核和创建自定义 IP 核。IP 核即知识产权核(Intellectual Property),是已经验证过、可以重复利用的特定逻辑功能模块。通过 IP 核可预先设计好 ASIC 或 FPGA 芯片的电路功能,大大减少开发周期和开发风险,降低开发成本。未来可编程逻辑器件的资源会越来越强大、复杂,产品的稳定性将会提高、开发周期将会缩短,使用第三方 IP 核或者用户自定义 IP 核将是未来趋势。

8.1 IP 核概述

IP 核主要分为软核(soft IP core)、固核(firm IP core)和硬核(hard IP core)。

软核指用硬件描述语言的功能块,它可以对参数进行编辑,所以灵活性高。但是由于软核与生产工艺和物理实现无关,所以延时不一定达到要求,不稳定、可预测性差。

硬核一般以版图形式表示,为用户提供稳定的设计最终阶段产品——掩膜。由于硬核是基于特定工艺和要求对功耗、尺寸和速度等进行优化的,所以缺乏灵活性,可移植性差。

固核是已完成综合的功能块,一般以 RTL 代码和对应具体工艺网表的混合形式提供,将 RTL 描述结合具体标准单元库进行综合优化设计,形成门级网表,再通过布局布线工具即可使用。和软核相比,固核的设计灵活性稍差,但在可靠性上有较大提高。

8.2 乘法器 IP 核

本节将重点介绍如何在 IP Catalog(IP 核目录)中使用 Math Functions 工具箱下的 Multipliers(乘法器),构建一个 8 位的乘法器。IP 核生成工具嵌入在 Vivado 软件集成环境中,可根据向导修改 IP 核的相关参数,包括输入输出位宽、速度优化等级、流水线和控制信号等。

8.2.1 Math Functions 工具箱

Math Functions 工具箱中包括加法减法器(Adders&Subtracters)、转换器(Conversions)、坐标旋转算法(CORDIC)、除法器(Dividers)、浮点运算器(Floating Point)、乘法器(Multipliers)、平方根(Square Root)、三角函数(Trig Functions)等,其中乘法器包含复数乘法器(Complex Multiplier)和普通乘法器(Multiplier),如图 8.1 所示。

图 8.1　Math Functions 工具箱

乘法器 Multiplier 需要设置的参数包括乘法器类型、输入端口选项、输出端口位宽、流水线和控制信号。用户可通过向导设置乘法器为有符号或无符号输入，改变输入输出端口的位宽，设置乘法器的结构，优化选项等。

8.2.2　乘法器 IP 核的使用

本节介绍在 Vivado 软件中调用 Multiplier IP 核的步骤，完成 8 位乘法器设计。

(1) 点击 Vivado 软件主界面左上角 File 中的 New Project，根据向导创建一个 Vivado 工程，如图 8.2 所示，修改工程名和工程路径，完成后点击 Next 进行下一步。

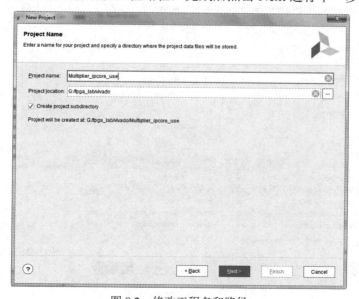

图 8.2　修改工程名和路径

(2) 如图 8.3 所示，选择 RTL Project，本次不指定源文件(Do not specify sources at this time)，完成后点击 Next 进行下一步。

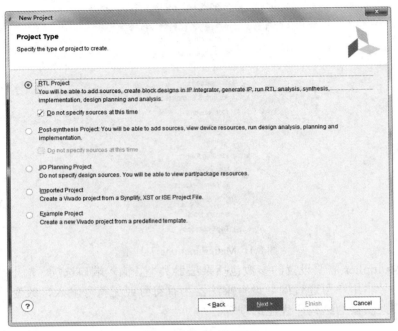

图 8.3　指定工程类型

(3) 如图 8.4 所示，选择 FPGA 芯片型号为 xc7a35tcsg324-1，点击 Next 查看工程总结，如无误可点击 Finish 完成工程创建。

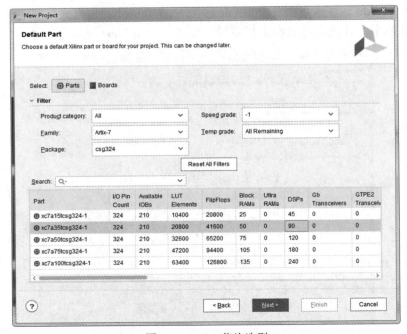

图 8.4　FPGA 芯片选型

(4) 选择乘法器 IP 核, 如图 8.5 所示, 选择左边对话框 Flow Navigator 内的 PROJECT MANAGER, 点击 IP Catalog 或者在窗口中选中 IP Catalog, 在 IP Catalog 的搜索栏中查找 Multiplier, 双击 Math Functions 工具箱下的 Multiplier IP 核进行配置。

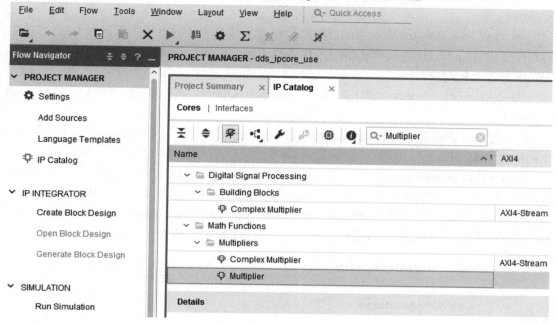

图 8.5　Multiplier IP 核选择

(5) 对乘法器进行设置, 如图 8.6 和图 8.7 所示, Basic (基本) 设置如下:

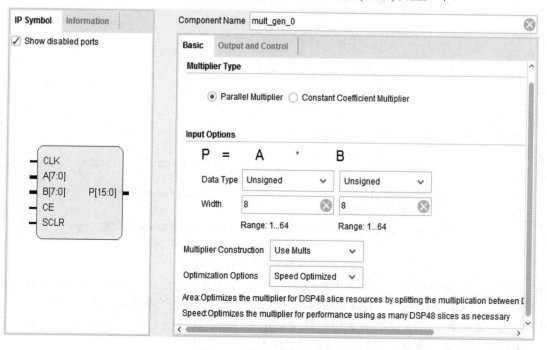

图 8.6　乘法器的基本设置

① Multiplier Type(乘法器的类型)：选择 Parallel Multiplier(并行乘法器)，Constant Coefficient Multiplier 为常系数乘法器。

② Input Options(输入选项)：选择 Data Type(数据类型)为 Unsigned(无符号型)，Width(位宽)为 8 位。

③ Multiplier Construction(乘法器的结构)：选择构建乘法器所用的资源为 Use LUTs(使用查找表)或 Use Mults(使用乘法器)。使用查找表将会只调用逻辑片，使用乘法器将会调用 DSP48 和需要的逻辑片。

④ Optimization Options(优化选项)：选择 Speed Optimized(速度优化)或 Area Optimized (面积优化)。

(6) 将界面切换到 Output and Control (输出和控制)，在 Output Product Range 中修改输出的位宽为 15 位。

(7) Pipelining and Control Signals(流水线和控制信号)：如图 8.7 所示，按照提示(Optimum pipeline stages:3)将 Pipeline Stages(流水线级数)设为 3，选择使用 Clock Enable(时钟使能)和 Synchronous Clear(同步清零)。在 Synchronous Control and Clock Enable(CE)Priority(同步控制端和时钟使能端优先级别)后选择 SCLR Overrides CE(清零端优先级别高于使能端)。

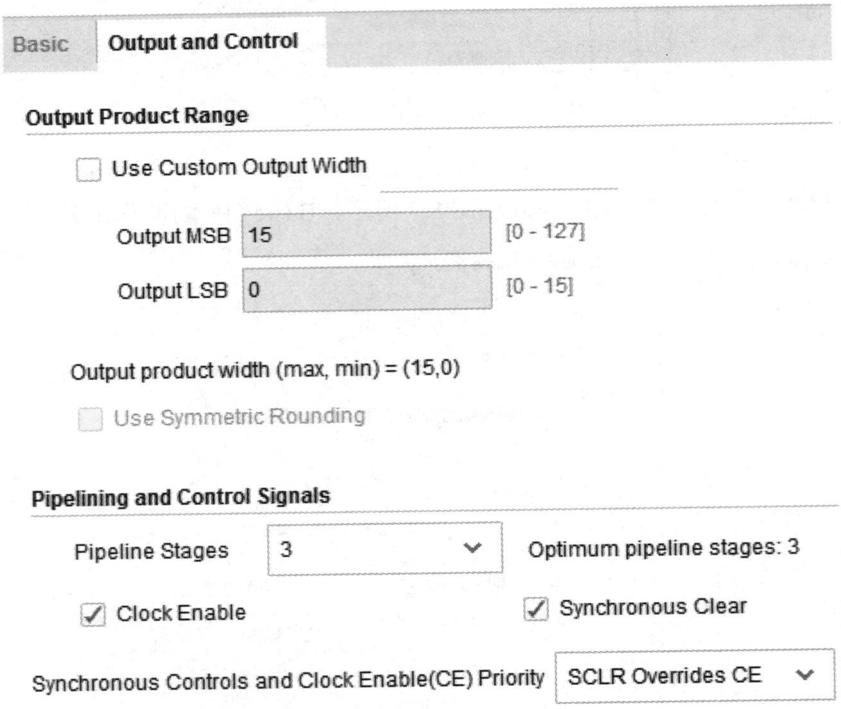

图 8.7 乘法器的输出和控制端设置

(8) Generate Output Products(生成输出产品)：如图 8.8 所示，在 Synthesis Options(综合选项)中选择 Global(全局)或 Out of context per IP(每个 IP 核脱离环境，如果设计中只有一个模块，且仅调用一次该 IP 核，则可选此选项)；在 Run Settings(运行设置)中选择 Number of jobs(工数量)为 4。最后点击 Generate 生成 IP 核。

图 8.8　输出产品的生成设置

8.2.3　乘法器 IP 核的例化

乘法器 IP 核的例化步骤如下：

(1) 如图 8.9 所示，将 Sources 中的 Hierarchy 界面切换到 IP Sources，在 mult_gen_0 中的 Instantiation Template(实例化模板)中双击 mult_gen_o.veo，复制 Verilog HDL 模板。

图 8.9　乘法器实例化模板选择

实例化程序如下：

```
mult_gen_0   your_instance_name
(
    .CLK(CLK),          //input wire CLK
    .A(A),              //input wire [7:0] A
    .B(B),              //input wire [7:0] B
    .CE(CE),            //input wire CE
    .SCLR(SCLR),        //input wire SCLR
    .P(P)               //output wire [15:0] P
);
```

(2) 点击 Project Manager 中的 Add Sources，根据向导选择 Add or create design sources 并点击 Next，添加 Verilog 源文件，如图 8.10 所示，完成后点击 OK，再点击 Finish 完成添加。在 Hierarchy 界面中双击 Multiplier_ipcore_use.v，将生成的 Verilog HDL 模板粘贴进行 IP 核调用。

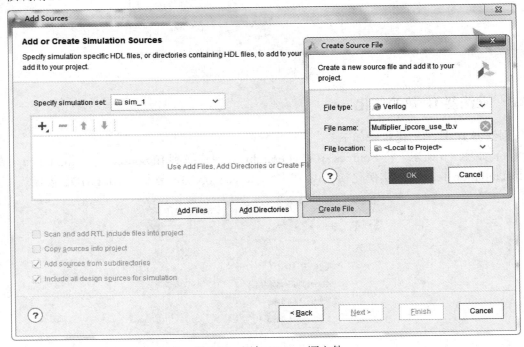

图 8.10　添加 Verilog 源文件

乘法器 IP 核的例化程序如下：

```
`timescale 1ns / 1ps
module Multiplier_ipcore_use(CLK, A, B, CE, SCLR, P);
input CLK, CE, SCLR;
input [7:0]A, B;
output [15:0]P;
mult_gen_0 my_Multiplier_ipcore //IP 调用
```

```
(
    .CLK(CLK),              //input wire CLK
    .A(A),                  //input wire [7:0] A
    .B(B),                  //input wire [7:0] B
    .CE(CE),                //input wire CE
    .SCLR(SCLR),            //input wire SCLR
    .P(P)                   //output wire [15:0] P
);
endmodule
```

8.2.4 乘法器 IP 核的仿真

本节介绍在 Vivado 软件中对调用的 Multiplier IP 核进行仿真和分析，具体步骤如下：

(1) 点击 Project Manager 中的 Add Sources，选择 Add or create simulation sources 添加或创建仿真源文件，如图 8.11 所示，完成后点击 Next。

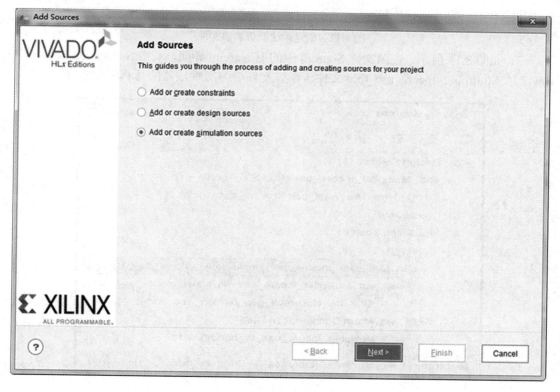

图 8.11　添加仿真文件

(2) 在 Add or Create Simulation Sources 对话框中，如图 8.12 所示，点击 Create File，添加源文件名为 Multiplier_ipcore_use_tb.v 的 Verilog 文件，完成后点击 OK，再点击 Finish 完成添加。

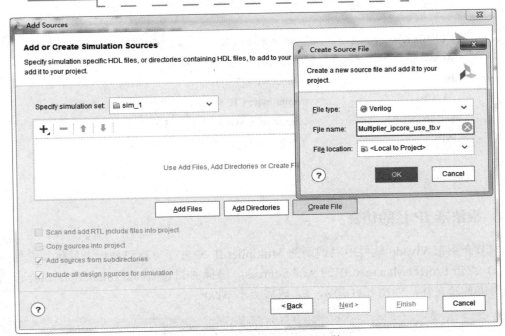

图 8.12　创建乘法器仿真源文件

(3) 如图 8.13 所示，在源文件 Sources 中的 Hierarchy 界面，双击 Simulation Sources 中 sim_1 的 Multiplier_ipcore_use_tb.v 文件，在该文件中编写乘法器的仿真驱动程序。

图 8.13　选择乘法器仿真驱动文件

乘法器的仿真驱动程序如下：

```
`timescale 1ns / 1ps
module Multiplier_ipcore_use_tb;
reg CLK, CE, SCLR;
```

```
reg [7:0]A, B;
wire [15:0]P;
Multiplier_ipcore_use uut(
    .CLK(CLK),
    .A(A),
    .B(B),
    .CE(CE),
    .SCLR(SCLR),
    .P(P)
);
initial begin
    CLK = 0; CE = 0; SCLR = 1; A = 0; B = 0; #1000;
    CE = 1; SCLR = 0; A = 5; B = 5; #1000;
    CE = 0; SCLR = 1; #1000;
    CE = 1; SCLR = 0; A = 5; B = 5; #1000;
end
always #100 CLK = ~CLK;
endmodule
```

(4) 如图 8.14 所示，选择左边对话框 Flow Navigator 内的 SIMULATION，点击 Run Simulation 中的 Run Behavioral Simulation，或者在 Flow 菜单下 Run Simulation 中的 Run Behavioral Simulation 进行行为级仿真。

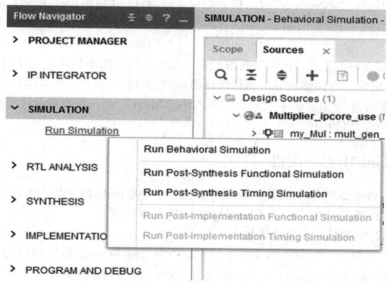

图 8.14　选择行为仿真

(5) 行为级仿真波形如图 8.15 所示，当 CE = 1、SCLR = 0 时，在之后的第三个时钟周期(因为在图 8.7 中，流水线级数设为 3)的上升沿 P 计算出 A 和 B 的乘积值。可对信号波形点击右键进行相关设置，包括颜色、基数、重命名等。这里选择 Radix(基数)，修改为 Unsigned

Decimal(无符号十进制)。可点击波形窗口右上角的 Settings，修改所有波形的基数、颜色，增删网格线等。

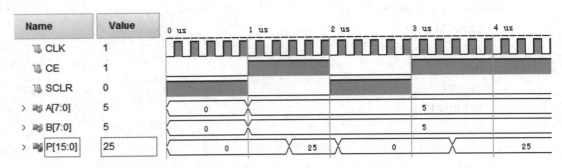

图 8.15　乘法器仿真波形

8.3　Clocking IP 核

本节将重点介绍如何在 IP Catalog(IP 核目录)中使用 FPGA Features and Design 工具箱下的 Clocking Wizard(计时器向导)。用户可根据需要通过 GUI(交互式图形界面)向导，定制时钟网络(时钟分频、倍频等)。

8.3.1　Clocking IP 核概述

Clocking IP 核包含 MMCM(混合模式时钟管理器)和 PLL(锁相环)两种。PLL 是利用外部输入的参考信号控制环路内部振荡信号的频率和相位的一种反馈控制电路。PLL 可以实现输出信号频率对输入信号频率的自动跟踪。PLL 的输出频率比 DCM(数字时钟调理器)更加精准，抖动(Jitter)也更好，占用的面积更小，但不能动态地调整相位。MMCM 在 PLL 的基础上增加了相位动态调整功能，使得纯模拟电路的 PLL 混合了数字电路设计。MMCM 比 PLL 有更宽的输入/输出频率范围、更多的输出端口(7 个)，具有差分输出、相位可动态调整等优点，但占用的面积大。

8.3.2　Clocking IP 核的配置

这里以在 Vivado 软件中调用 Clocking IP 核，将 100 MHz 时钟作为驱动，生成 50 MHz 时钟和 200 MHz 时钟为例，介绍 Clocking IP 核的配置步骤。

Clocking IP 核的具体配置步骤如下：

(1) 双击 Vivado 软件图标，点击左上角 File 中的 New Project，根据向导创建一个 Vivado 工程，并修改工程名和工程路径，完成后点击 Next 进行下一步操作。

(2) 选择 RTL Project，本次不指定源文件(Do not specify sources at this time)，完成后点击 Next 进行下一步操作。

(3) 选择 FPGA 芯片型号 xc7a35tcsg324-1，点击 Next 查看工程总结，如无误，则点击 Finish 完成工程创建。

(4) 选择 Clocking Wizard，如图 8.16 所示。选择对话框 Flow Navigator 内的 PROJECT MANAGER，点击 IP Catalog 或者在窗口中选中 IP Catalog，在 IP Catalog 的搜索栏中查找 Clocking Wizard，双击 Clocking Wizard IP 核进行配置。

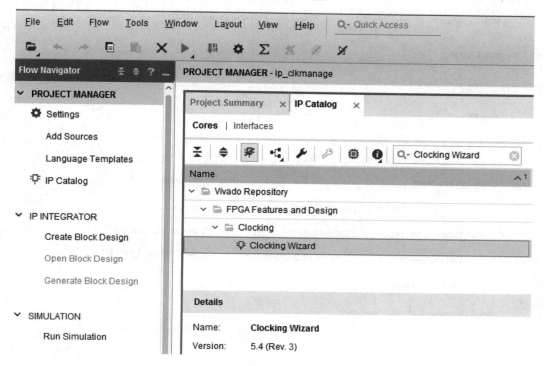

图 8.16　选择 Clocking Wizard

(5) 设置 Clocking Wizard。

① Clocking Options(计时器选项)：可对 Clock Monitor(时钟监控)、Primitive(简单选择时钟模式)、Clocking Features(计时器特征)等进行配置，如图 8.17 所示。其中：

Clock Monitor(时钟监控)：用来监控时钟是否出现停止或频率变化等故障，可不选。

Primitive(简单选择时钟模式)：选择 MMCM 或 PLL 都可以完成本设计。

Clocking Features(计时器特征)：在此选项栏中，MMCM 比 PLL 多了一个 Dynamic Phase Shift(动态相移)选项。

• Frequency Synthesis(频率合成)：选择此项输出频率可改，否则视为固定(输入频率相同)。

• Phase Alignment(相位校准)：将输出时钟的相位与参考时钟同步(相位同步)，大多是和输入时钟同步。

• Dynamic Reconfig(动态重构)：允许用户通过控制接口改变 clock，选择该项后可以使能 AXI4Lite 或 DRP 接口。

• Safe Clock Startup(启动安全时钟输出)：当"locked"信号被输入时钟连续采样到高电平后，则使能输出时钟的 BUFGCE(带有时钟使能端的全局缓冲)。

• Minimize Power(功耗最小化)：选择该项后 Jitter 会增大，一般用于输出时钟要求不高的场合。

- Spread Spectrum(扩展频谱)：用来降低电磁干扰的频谱密度。
- Dynamic Phase Shift(动态相移)：用于在输入端控制相移，相移完成后会存在反馈信号 PSDONE(需在 Output Clocks 的对应输出通道使能 PS 功能)。

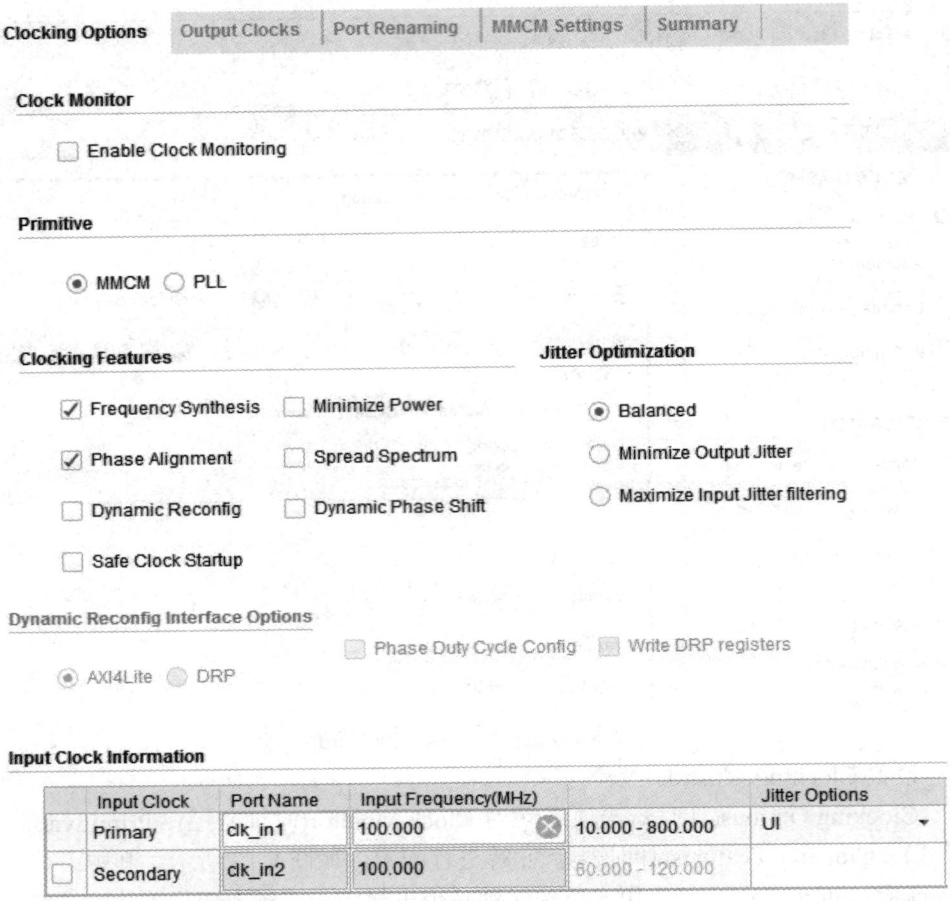

图 8.17　计时器选项窗口界面

Jitter Optimization(抖动优化)：可选 Balanced(均衡)、Minimize Output Jitter(最小化输出抖动，会增加功耗和输出时钟相位误差)或者 Maximize Input Jitter filtering(最大化输入抖动滤波，会对输出时钟抖动产生负面影响)。

Dynamic Reconfig Interface Options(动态重构接口选项)：可选 AXI4Lite、DRP(Dynamic Reconfiguration Port，动态重构端口)、Phase Duty Cycle Config(相位占空比配置，资源会大大增加)或者 Write DRP registers(用 AXI 接口直接控制 DRP 的寄存器，接口可以不使用 DSP 资源)。

Input Clock Information(输入时钟信息)：用于修改输入时钟的 Port Name(端口名)、Input Frequency(输入频率)、Jitter Options(抖动选择 UI 或者 PS)、Input Jitter(输入抖动值)和 Source(资源，可根据需要选择输入时钟为差分输入、单端输入、带全局缓冲器或者无缓冲器)。

② Output Clocks(输出时钟)：如图 8.18 所示，可以设置输出时钟的 Port Name(端口名)、Output Freq(输出频率)、Phase(相位)、Duty Cycle(占空比)等。MMCM 模式可以有 7 个时钟

输出，而 PLL 模式只允许有 6 个时钟输出。一般情况下，相位和占空比最好不要修改，否则资源占用会成倍增加。

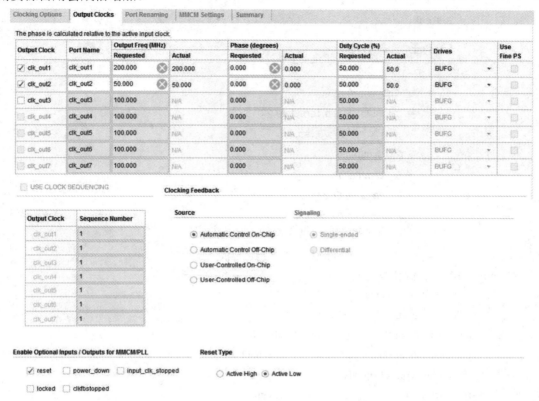

图 8.18　输出时钟选项窗口界面

在 MMCM 模式下，当输入时钟为 100 MHz 时，输出时钟的范围为 4.687～800 MHz，输出时钟的相位是相对于主输入时钟的。

Clocking Feedback(计时器的反馈信号)：默认选择片上自动控制(Automatic Control On-Chip)。

Enable Optional Inputs/Outputs for MMCM/PLL(MMCM/PLL 的输入/输出选项选择)：包括 reset(复位端，有高电平、低电平复位两种)、power_down(低功耗模式，会使输出时钟停止)、input_clk _stopped(输入时钟停止时，输出高电平)、locked(MMCM/PLL 锁定输出时钟信号时，输出高电平)、clkfbstopped(时钟反馈停止时，输出高电平)。

③ Port Renaming(重命名)：本 IP 核不支持重命名。

④ MMCM Settings(MMCM 设置)：本项设置是根据前面的向导得到的，在此的所有修改会覆盖前面的向导设置。

⑤ Summary(总结)：用于设置输入时钟、输出时钟属性。

8.3.3　Clocking IP 核的例化

Clocking IP 核的例化步骤如下：

(1) 如图 8.19 所示，将 Sources 中的 Hierarchy 界面切换到 IP Sources，在 clk_wiz_0 中的 Instantiation Template(实例化模板)中双击 clk_wiz_0.veo，复制 Verilog HDL 模板。

图 8.19 clk 实例化模板选择

Clocking IP 核的例化程序如下：

```
clk_wiz_0 instance_name(
    //Clock out ports
    .clk_out1(clk_out1),          //输出 clk_out1
    .clk_out2(clk_out2),          //输出 clk_out2
    //Status and control signals
    .resetn(resetn),              //输入 resetn
    //Clock in ports
    .clk_in1(clk_in1)             //输入 clk_in1
);
```

(2) 点击 Project Manager 中的 Add Sources，根据向导选择 Add or create design sources，点击 Next，添加 Verilog 源文件，如图 8.20 所示，完成后点击 OK，再点击 Finish 完成添加。在 Hierarchy 界面中双击 ip_clkmanage.v，将生成的 Verilog HDL 模板粘贴进行 IP 核调用。

时钟 IP 核的例化程序如下：

```
module ip_clkmanage(clk_out1, clk_out2, resetn, clk_in1);
input resetn, clk_in1;
output clk_out1, clk_out2;
clk_wiz_0 my_clk(
    .clk_out1(clk_out1),
    .clk_out2(clk_out2),
    .resetn(resetn),
    .clk_in1(clk_in1)
);
endmodule
```

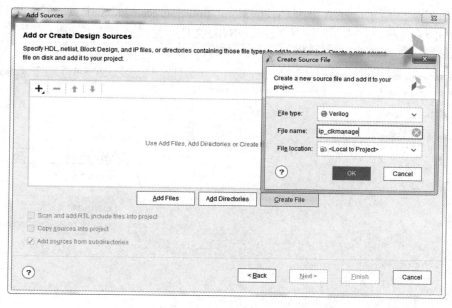

图 8.20　添加 Verilog 源文件

8.3.4　Clocking IP 核的仿真

在 Vivado 软件中对调用的 Clocking IP 核进行仿真和分析的具体步骤如下：

（1）点击 Project Manager 中的 Add Sources，选择 Add or create simulation sources 添加或创建仿真源文件，如图 8.21 所示，完成后点击 Next。

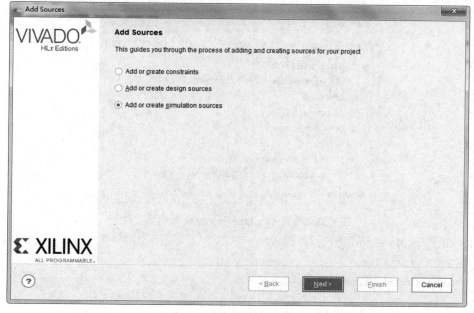

图 8.21　添加仿真文件

(2) 如图 8.22 所示，在 Add or Create Simulation Sources 对话框中点击 Create File，添加源文件名为 Clocking_ipcore_tb 的 Verilog HDL 文件，完成后点击 Finish。

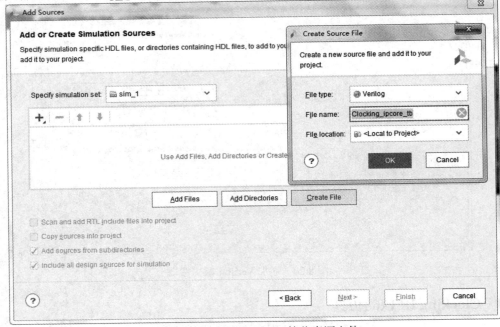

图 8.22　创建 Clocking IP 核仿真源文件

(3) 如图 8.23 所示，在源文件 Sources 中的 Hierarchy 界面，双击 Simulation Sources 中 sim_1 的 Clocking_ipcore_tb(Clocking_ipcore_tb.v)文件，在该文件中编写乘法器的仿真驱动程序。

图 8.23　选择 Clocking_ipcore 仿真驱动文件

Clocking_ipcore 的仿真驱动程序如下：

```
`timescale 1ns / 1ps
module clocking_ipcore_tb();
reg resetn, clk_in1;
wire clk_out1, clk_out2, locked;
my_clocking_ipcore uut(clk_out2, clk_out1, resetn, clk_in1);
```

```
    initial
        begin
            resetn = 0;
            clk_in1 = 0;
            #100;
            resetn = 1;
        forever begin   #5 clk_in1 = !clk_in1; end
        end
    endmodule
```

(4) Clocking_ipcore 的仿真波形如图 8.24 所示，当 resetn = 1 时，clk_in1 为 100 MHz，输出时钟 clk_out1 为 200 MHz，clk_out2 为 50 MHz。

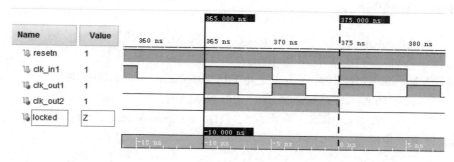

图 8.24　Clocking_ipcore 仿真波形

8.4　DDS IP 核

DDS IP 核(直接数字式频率合成器知识产权核)主要应用于通信系统中的数字无线电、调制解调器、数字上下变频转换器等。Xilinx 提供的 DDS IP 核包括一个相位生成器和一个正余弦查找表，它们可以单独或者组合使用。DDS IP 核支持正余弦或积分输出；支持 SFDR(无杂散动态范围)为 18～150 dB，并可通过相位抖动或泰勒级数修正 DDS 得到高精度的 SFDR；拥有 16 个独立的时分复用通道；通过使用 DSP slice 或 FPGA 的逻辑设置，可完成多达 48 位的相位累加器来实现高频率综合器的设计。

8.4.1　DDS IP 核概述

在 Communication&Networking(通信和网络)、Digital Signal Processing(数字信号处理)、Math Functions(数学函数)几个库中均有 DDS Compiler(直接数字式频率合成器编译器)，可见 DDS IP 核运用的广泛性。在许多数字通信系统和仪器中，DDS 是调制方案和波形产生的重要组成部分。DDS IP 核主要由相位累加器、查找表、抖动产生器、泰勒级数矫正模块和 AXI4 接口 5 部分组成。

(1) 相位累加器：由加法器和累加寄存器组成，主要用于查找表的地址生成。

(2) 查找表：用于存储输出波形的数据。由于正弦波关于 π 对称，因此在相位截断 DDS

中只需存储 1/4 周期的数据就可以构造正弦波。

(3) 抖动产生器：由于相位累加器输出结果的低位被舍弃，从而引入了周期性的相位误差，这种误差在频谱上形成了非期望的谱线，抖动产生器可通过随机信号(方差近似于相位累加器最低整数位的噪声序列)打破 LUT 地址误差的规律，从而改善无杂散动态范围(SFDR)。

(4) 泰勒级数矫正模块：为了减少查找表的存储空间，在相位抖动和相位截短 DDS 中舍弃高精度相位的小数点部分，从而降低了频谱纯度。在实际应用中常采用相位的小数部分计算泰勒级数修正查找表，从而提高 SFDR。

(5) AXI4 接口：高性能、高带宽、低延迟的片内总线，用于实现相位累加器的配置、多通道配置、相位累加器输出和波形数据输出。

8.4.2　DDS IP 核的配置

这里以在 Vivado 软件中调用 DDS IP 核，将 100 MHz 时钟作为驱动，生成带符号 16 位 1 MHz 正弦波为例，介绍 DDS IP 核的配置步骤。

(1) 双击 Vivado 软件图标，点击左上角 File 中的 New Project，根据向导创建一个 Vivado 工程，并修改工程名和工程路径，完成后点击 Next 进行下一步操作。

(2) 选择 RTL Project，本次不指定源文件(Do not specify sources at this time)，完成后点击 Next 进行下一步操作。

(3) 选择 FPGA 芯片型号 xc7a35tcsg324-1，点击 Next 查看工程总结，如无误，则点击 Finish 完成工程创建。

(4) 选择窗口左边对话框 Flow Navigator 内的 Project Manager，点击 IP Catalog 或者在窗口中选中 IP Catalog，在 IP Catalog 的搜索栏中查找 DDS Compiler，双击 DDS Compiler IP 核进行配置。DDS IP 核选择如图 8.25 所示。

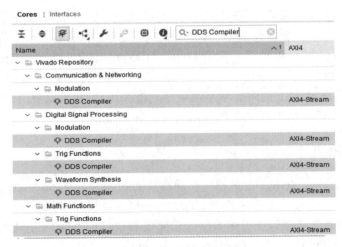

图 8.25　DDS IP 核选择

(5) 设置 DDS Compiler IP 核。

① Configuration(配置)：可对 IP 核的输出波形、系统时钟、通道数、杂散自由动态范

围、频率分辨率和噪声整形等进行配置，其中：

Configuration Options(配置选项)：选择 Phase Generator and SIN COS LUT，该模式会根据向导设置自动产生所需要频率的正弦波。另外，若选择 Phase Generator only，则只生成相位信息，要设置相位增量值；若选择 SIN COS LUT only，则不需要固定时钟，需根据输入的相位信息 phase_data 输出对应的正弦波值，可以改变参数获取不同频率的正弦波。

System Requirements(系统需求)：相关设置如下：

• System Clock(MHz)(系统时钟)：根据开发板硬件选择 100 MHz。

• Number of Channels(输出通道数)：选择 1，最多可以为 16 路。每个通道采用时分复用均分系统时钟，通道数越多，DDS 输出的最高频率越低。

• Mode of Operation(操作方式)：选择 Standard 标准模式。如果选择 Rasterized(栅格化)模式，则用系统时钟除以 Modulus(模值)可得到输出频率。

• Parameter Selection(参数选择)：采用 System Parameters 系统参数可在 Output Frequencies 窗口下直接填写输出频率(输出频率不能大于通道时钟值)，但要在 configuration 窗口下计算频率响应 Frequency Resolution。如果采用 Hardware Parameters，则可以直接设置输出位宽和相位宽度，但要在 Phase Angle Increment Values 窗口下计算二进制相位角增量值。

System Parameters(系统参数)：相关设置如下：

• Spurious Free Dynamic Range (dB)(杂散自由动态范围，SFDR)：SFDR 与输出数据宽度、内部总线宽度以及各种实现策略有关，计算公式如表 8.1 所示。

表 8.1　SFDR 计算公式

Noise Shaping(噪声整形)	Output Width(输出数据宽度)
Taylor Series Corrected (泰勒级数校正)	$\left\lceil \dfrac{SFDR}{6} \right\rceil + 1$
None and Dithering (无或者抖动校正)	$\left\lceil \dfrac{SFDR}{6} \right\rceil$

注：[]是向上取整符号。

假设数据宽度为 16 位的 DDS，Noise Shaping(噪声整形)选用 Taylor Series Corrected(泰勒级数校正)，则杂散自由动态范围(SFDR)为

$$SFDR = (16 - 1) \times 6 = 90 \text{ dB}$$

• Frequency Resolution(Hz)(频率分辨率)：用于确定相位累加器使用的相位宽度及其相关的相位增量(PINC)和相位偏移(POFF)值。较小的值可提供较高的频率分辨率，但需要较大的累加器，较大的值会减少硬件资源。根据噪声整形的选择，可以增加相位宽度，并使频率分辨率高于指定的分辨率。

若采用栅格化模式(Rasterized mode)，则频率分辨率由系统时钟 f_{clk}、通道数 C 和所选模数 M 决定，公式如下：

$$f_{out} = \frac{f_{clk}}{MC}$$

假设通道数为 2，模数为 100，系统时钟为 100 MHz，则输出频率为

$$f_{\text{out}} = \frac{100 \times 10^6}{100 \times 2} = 0.5 \text{ MHz}$$

若采用标准模式(Standard mode)，则频率分辨率的计算与系统时钟 f_{clk}、相位宽度 $B_{\Theta(n)}$、通道数 C 有关，公式如下：

$$\Delta f = \frac{f_{\text{clk}}}{2^{B_{\Theta(n)}} C}$$

假设相位宽度为 16，通道数为 1，系统时钟为 100 MHz，则最高频率分辨率为

$$\Delta f = \frac{100 \times 10^6}{2^{16} \times 1} = 1525.8789 \text{ Hz}$$

根据以上说明和计算，设置 Configuration 窗口的参数，如图 8.26 所示。

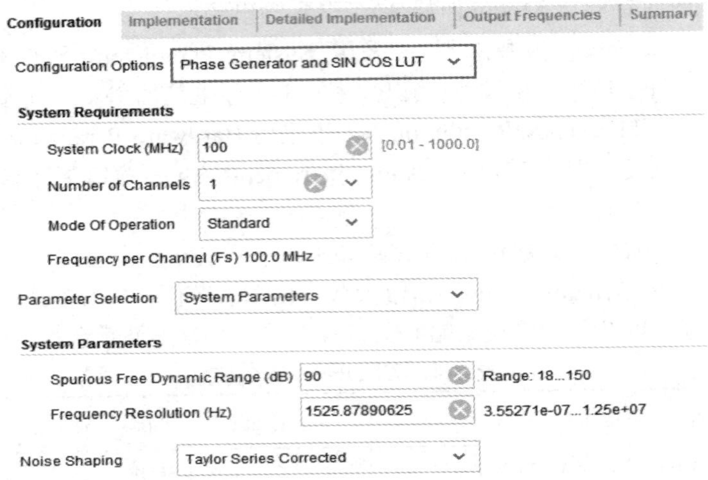

图 8.26　Configuration 窗口参数设置

② Implementation(实现)：用于对输出波形相位增量、偏移、极性等参数的设置。

Phase Increment Programmability(相位增量可编程)：可选 Fixed(固定)、Programmable(可编程)或者 Streaming(流媒体)。这里选择 Fixed，可以减少资源使用。

Phase Offset Programmability(相位偏移可编程)：可选 None(无)、Fixed(固定)、Programmable(可编程)或者 Streaming(流媒体)。这里选择 Fixed 或者 None。

Output Selection(输出选择)：可选 Sine(正弦波)、Cosine(余弦波)或者 Sine and Cosine(正余弦波)。如果选择 Sine and Cosine 输出，则创建 m_axis_data_tdata 的高有效位存放正弦波数据及其符号扩展位、低有效位存放余弦波数据及其符号扩展位。

Polarity(极性)：可选 Negative sine(正弦的负极)或 Negative Cosine(余弦的负极)，保持默认选择即可。

Amplitude Mode(振幅模式)：可选 Full Range(全范围)或者 Unit Circle(单位圆)，保持默认选择即可。Has Phase Out(有相位输出)不勾选。

Implementation Options(实现选项)：有 Memory Type(内存类型)、Optimization Goal(全局优化)和 DSP48 Use(DSP48 资源的使用程度)三个选项，这里保持默认选择即可。

根据以上说明，设置 Implementation 窗口的参数，如图 8.27 所示。

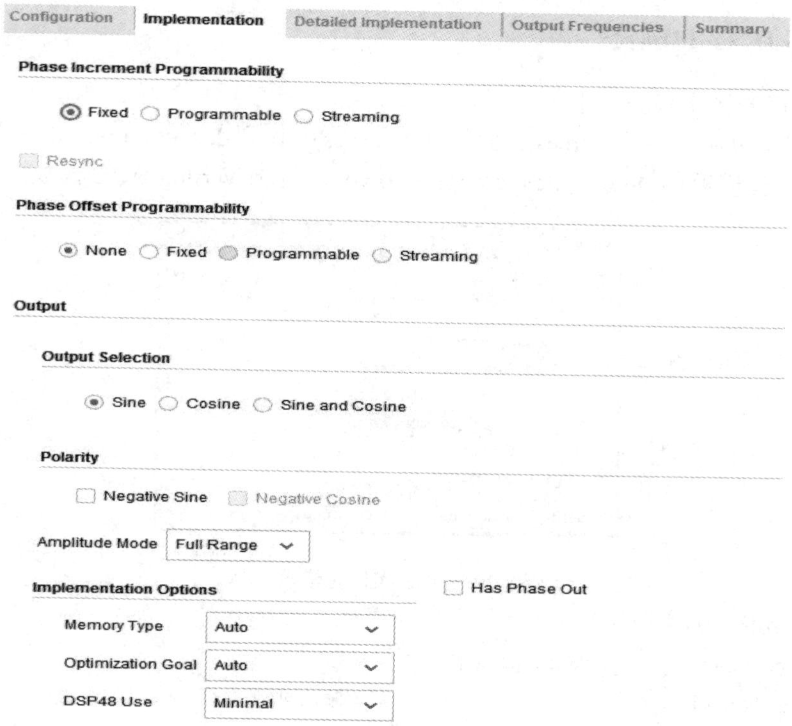

图 8.27　Implementation 窗口参数设置

③ Detailed Implementation(实现细节)：选择默认。

④ Output Frequencies(输出频率)：输入每个通道的输出频率，这里输入 1 MHz。

⑤ Phase Offset Angles(相位角偏移)：选择 Fixed 或 Programmable 则可对相位角偏移进行设置，这里默认为 0。

⑥ Summary(总结)：如图 8.28 所示，从总结中可看到 IP 核的输出位宽、通道数、系统时钟、噪声整形、杂散自由动态范围等信息。

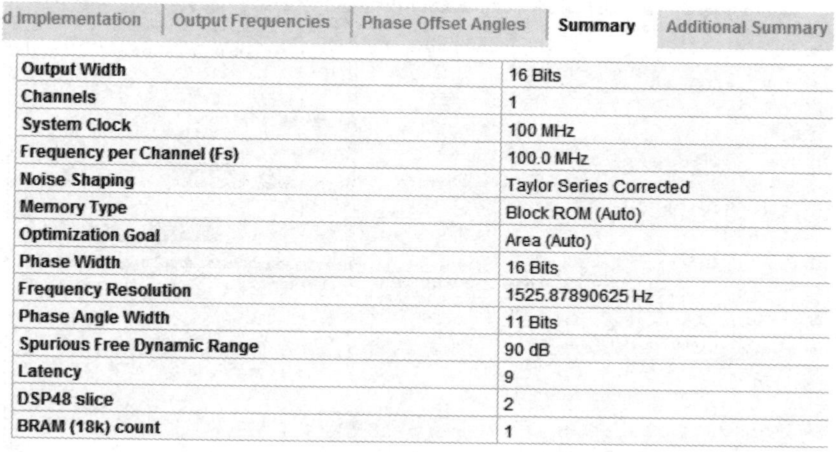

Output Width	16 Bits
Channels	1
System Clock	100 MHz
Frequency per Channel (Fs)	100.0 MHz
Noise Shaping	Taylor Series Corrected
Memory Type	Block ROM (Auto)
Optimization Goal	Area (Auto)
Phase Width	16 Bits
Frequency Resolution	1525.87890625 Hz
Phase Angle Width	11 Bits
Spurious Free Dynamic Range	90 dB
Latency	9
DSP48 slice	2
BRAM (18k) count	1

图 8.28　Summary 窗口参数信息

8.4.3 DDS IP 核的例化

DDS IP 核的例化步骤如下：

(1) 如图 8.29 所示，在 Sources 界面的 IP Sources 中找到 dds_compiler_0 中的 Instantiation Template(实例化模板)，并双击 dds_compiler_0.veo，复制 Verilog HDL 模板。

图 8.29　DDS 实例化模板选择

DDS 实例化程序如下：

```
dds_compiler_0 your_instance_name (
    .aclk(aclk),                                  //输入时钟
    .m_axis_data_tvalid(m_axis_data_tvalid),      //输出有效信号
    .m_axis_data_tdata(m_axis_data_tdata)         //输出 16 位波形信号
);
```

(2) 点击 Project Manager 中的 Add Sources，根据向导选择 Add or create design sources，点击 Next，添加 Verilog 源文件，如图 8.30 所示，完成后点击 OK，再点击 Finish 完成添加。在 Hierarchy 界面中双击 DDS_ipcore_use.v，粘贴生成的 Verilog HDL 模板进行 IP 核调用。

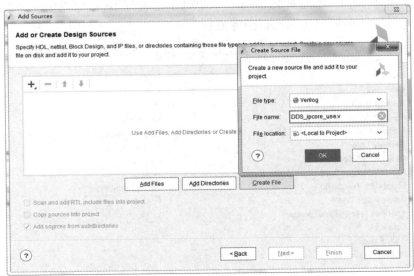

图 8.30　添加 Verilog 源文件

DDS IP 核的例化程序如下：

```
`timescale 1ns / 1ps
module DDS_ipcore_use(aclk, m_axis_data_tvalid, m_axis_data_tdata);
input aclk;
output m_axis_data_tvalid;
output [15:0]m_axis_data_tdata;
dds_compiler_0   my_DDS_ipcore_use (
    .aclk(aclk),                                      //输入时钟
    .m_axis_data_tvalid(m_axis_data_tvalid),          //输出有效信号
    .m_axis_data_tdata(m_axis_data_tdata)             //输出 16 位波形信号
    );
endmodule
```

8.4.4　DDS IP 核的仿真

在 Vivado 软件中对调用的 Multiplier IP 核进行仿真和分析的具体步骤如下：

(1) 点击 Project Manager 中的 Add Sources，选择 Add or create simulation sources 添加或创建仿真源文件，如图 8.31 所示，完成后点击 Next。

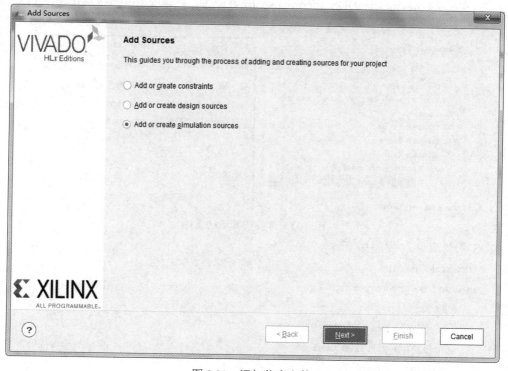

图 8.31　添加仿真文件

(2) 如图 8.32 所示，在 Add or Create Simulation Sources 对话框中点击 Create File，添加源文件名为 DDS_ipcore_use_tb 的 Verilog 文件，完成后点击 OK，再 Finish。

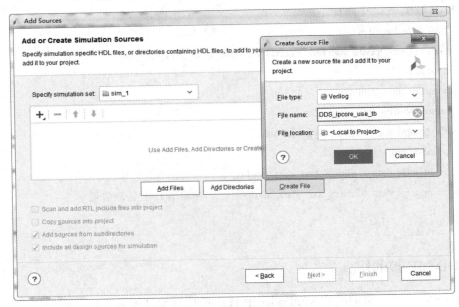

图 8.32　创建仿真源文件

(3) 如图 8.33 所示，在源文件 Sources 中的 Hierarchy 界面双击 Simulation Sources 中 sim_1 的 DDS_ipcore_use_tb(DDS_ipcore_use_tb.v)文件，在该文件中编写 DDS IP 核的仿真驱动程序。

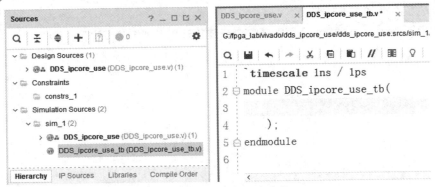

图 8.33　选择仿真驱动文件

DDS 的仿真驱动程序如下：

```
`timescale 1ns / 1ps
module DDS_ipcore_use_tb;
    reg aclk;
    wire m_axis_data_tvalid;
    wire [15:0]m_axis_data_tdata;
    DDS_ipcore_use uut (
        .aclk(aclk),                                    //输入时钟
        .m_axis_data_tvalid(m_axis_data_tvalid),        //输出有效信号
        .m_axis_data_tdata(m_axis_data_tdata)           //输出 16 位波形信号
```

```
);
initial
begin
aclk = 0; #100;
forever begin #5 aclk = ~aclk; end
end
endmodule
```

(4) 点击 Run Simulation 中的 Run Behavioral Simulation 进行行为仿真，波形如图 8.34 所示。

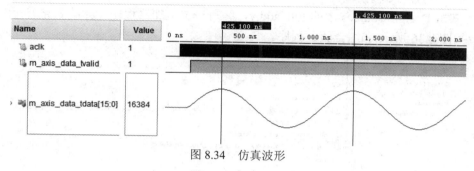

图 8.34　仿真波形

8.5　创 建 IP 核

在很多实际的研发过程中，由于大型项目需要多人协作或官方提供的 IP 不适用，需要自己设计 IP，此时可以将之前的设计封装成自定义 IP，方便多人协作、实现定制和提高可重复性。本节将使用 Vivado 的 Create and Packager IP 向导来封装用户自定义的 IP，然后将其导入 IP Catalog 中，与 Xilinx 提供的 IP 一起使用。IP Packager 的功能强大，难度低，可操作性很强。

8.5.1　IP 核的创建与使用步骤

IP 核的创建与使用步骤如下：

(1) 双击 Vivado 软件图标，新建一个工程，添加 Verilog 源文件后进行编程。

(2) 使用 Create and Packager IP 向导创建 IP 核。

(3) 新建一个工程，并添加 Verilog 源文件，在 IP Catalog 中添加自定义 IP 核的路径后对 IP 核进行例化。

(4) 对 IP 核进行仿真。

8.5.2　一位全加器 IP 核代码设计

在 Vivado 软件中设计一个简单的一位全加器的具体步骤如下：

(1) 双击 Vivado 软件图标，点击左上角 File 中的 New Project，根据向导创建一个新的

Vivado 工程，并修改工程名为 full_add 和工程路径(必须是英文路径)，完成后点击 Next 进行下一步操作。

(2) 选择 RTL Project，本次不指定源文件(Do not specify sources at this time)，完成后点击 Next 进行下一步操作。

(3) 选择 FPGA 芯片型号 xc7a35tcsg324-1，点击 Next 查看工程总结，如无误，则点击 Finish 完成工程创建。

(4) 点击 Project Manager 中的 Add Sources，根据向导选择 Add or create design sources，点击 Next，在 Create File 中添加 Verilog 源文件 full_add，点击 Finish 完成添加。此后可修改模块名，添加输入/输出端口。

(5) 双击 Design Sources 中的 full_add.v，编写一位全加器程序，如图 8.35 所示，再通过仿真(如图 8.36 所示)和综合验证程序。

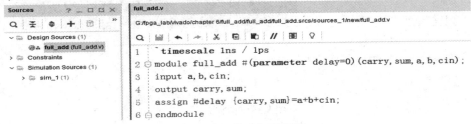

图 8.35　一位全加器程序

一位全加器仿真驱动程序如下：

```
`timescale 1ns / 1ps
module full_add_tb();
reg a, b, cin;
wire sum, carry;
full_add my_full_add_tb (carry, sum, a, b, cin);      //位置映射法
initial
    begin                                              //初始化
        a = 0; b = 0; cin = 0; #100;
        repeat(8)                                      //重复 8 次
        begin
            #100{a, b, cin} = {a, b, cin}+1;
        end
    end
endmodule
```

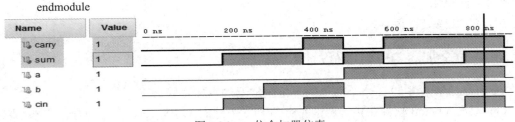

图 8.36　一位全加器仿真

8.5.3 一位全加器 IP 核的创建

一位全加器 IP 核的创建步骤如下：

(1) 选择 Tools 中的 Create and Package New IP，进入 IP 核设计向导，如图 8.37 所示。

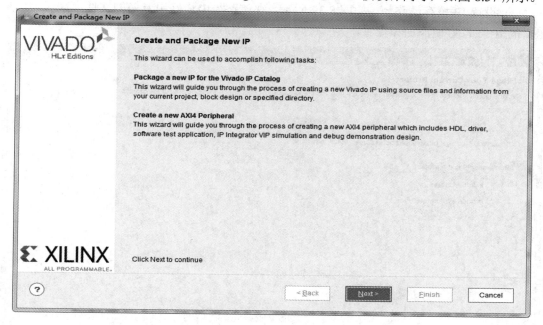

图 8.37　IP 核设计向导

(2) 创建外围接口，封装 IP 核或模块，如图 8.38 所示。

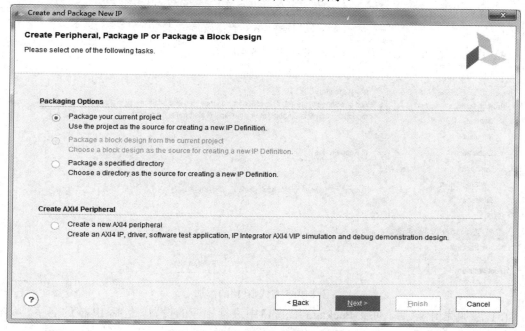

图 8.38　封装选项、外围接口选择

① Packaging Options(封装选项)：可以使用当前项目(project)或块(block)创建一个新的 IP，也可以在指定目录(specified directory)中选择 source 创建 IP 核。

② Create AXI4 Peripheral(创建 AXI4 外围接口)：可创建一个新的 AXI4 接口、驱动、软件测试或调试。

(3) 设置 IP 核存储路径，如图 8.39 所示。存储路径中最好用专门的文件夹来保存用户定义的 IP 核，方便添加和查看。

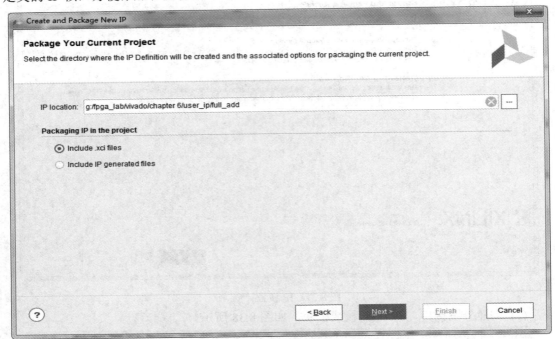

图 8.39　选择 IP 核存储路径

(4) 点击 Finish，完成 IP 核的添加，如图 8.40 所示。

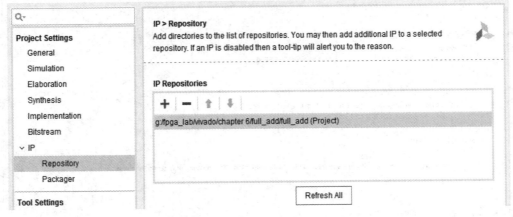

图 8.40　完成 IP 核的添加

(5) 添加完 IP 核后，可在 Package IP 窗口中进行相应的设置，包括 IP 核的名字、版本、兼容性、自定义参数、功能描述等，在 Categories(类别)中添加 IP 核的存储路径，默认为

UserIP(也可指向 IP 核的工程路径)，如图 8.41 所示。在 Review and Package 中进行复查，最后点击 Package IP 完成 IP 核的封装，如图 8.42 所示。

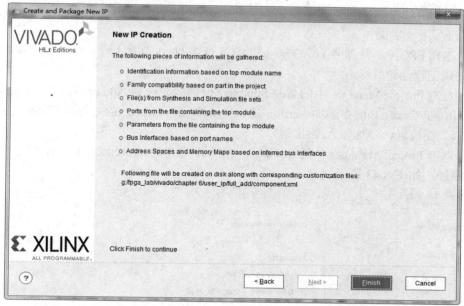

图 8.41 IP 核封装的设置

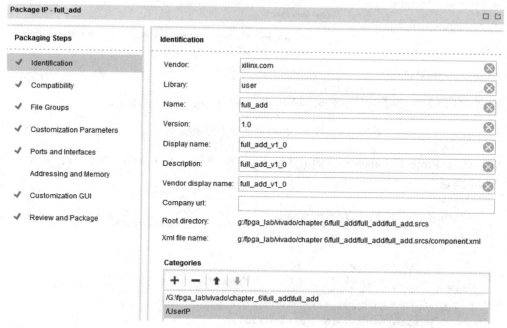

图 8.42 完成 IP 核的封装

8.5.4 一位全加器 IP 核的例化

一位全加器 IP 核的例化步骤如下：

(1) 双击 Vivado 软件图标，点击左上角 File 中的 New Project，根据向导创建一个新的 Vivado 工程，并修改工程名为 full_add_ipcore_use，完成后点击 Next 进行下一步操作。

(2) 选择 RTL Project，本次不指定源文件(Do not specify sources at this time)，完成后点击 Next 进行下一步操作。

(3) 选择 FPGA 芯片型号 xc7a35tcsg324-1，点击 Next 查看工程总结，如无误，则点击 Finish 完成工程创建。

(4) 点击 Project Manager 中的 Add Sources，根据向导选择 Add or create design sources，点击 Next，在 Create File 中添加 Verilog 源文件 full_add_ipcore_use，点击 Finish 完成添加。此后可修改模块名，添加输入/输出端口。

(5) 点击 Project Manager 中的 Settings，选择 IP 菜单中的 Repository，添加一位全加器的存储路径，如图 8.43 所示。

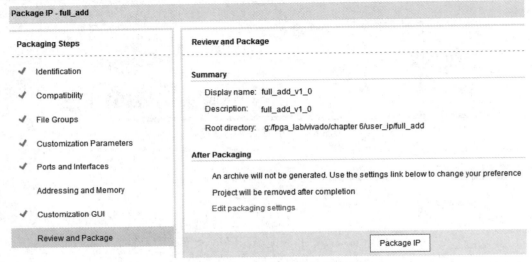

图 8.43　添加自定义 IP 核的存储路径

(6) 点击 Project Manager 中的 IP Catalog，选择 User Repository 中的 full_add_v1_0，如图 8.44 所示。

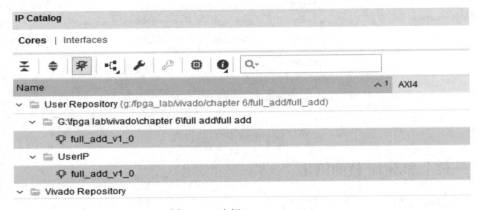

图 8.44　选择 full_add_v1_0

(7) 对 full_add_v1_0 自定义 IP 核进行相关配置，如图 8.45 所示。设置完成后，点击 Generate 完成 IP 核的配置。

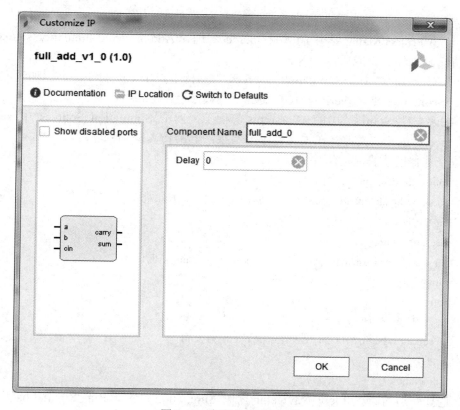

图 8.45　自定义 IP 核配置

(8) 将 Sources 中的 Hierarchy 界面切换到 IP Sources，在 full_add_0 中的 Instantiation Template(实例化模板)双击 full_add_0.veo，复制 Verilog HDL 模板。切换到 Hierarchy 界面，双击 Design Sources 中的 full_add_ipcore_use.v，调用一位全加器 IP 核程序：

```
`timescale 1ns / 1ps
module full_add_ipcore_use(carry, sum, a, b, cin);
input a, b, cin;
output carry, sum;
full_add_0   my_full_add_ipcore          //名字映射
  (
      .carry(carry),                     //输出端 carry
      .sum(sum),                         //输出端 sum
      .a(a),                             //输入端 a
      .b(b),                             //输入端 b
      .cin(cin)                          //输入端 cin
  );
endmodule
```

8.5.5 一位全加器 IP 核的仿真

一位全加器 IP 核的仿真步骤如下：

(1) 点击 Project Manager 中的 Add Sources，选择 Add or create simulation sources 添加或创建仿真源文件，完成后点击 Next。

(2) 在 Add or Create Simulation Sources 对话框中点击 Create File，添加源文件名为 full_add_ ipcore_use_tb 的 Verilog HDL 文件，完成后点击 Finish。

(3) 在源文件 Sources 中的 Hierarchy 界面下，双击 Simulation Sources 中 sim_1 的 full_add_ipcore_use_tb 文件，在该文件中编写乘法器的仿真驱动程序。

一位全加器的仿真驱动程序如下：

```
`timescale 1ns / 1ps
module full_add_ipcore_use_tb();              //无端口列表
reg a, b, cin;
wire carry, sum;
full_add_ipcore_use uut(carry, sum, a, b, cin);    //uut 是例化名
initial
begin
    a = 0; b = 0; cin = 0; #100;
    repeat(8) begin #100 {a, b, cin} = {a, b, cin}+1; end
  end
endmodule
```

(4) 选择左边对话框 Flow Navigator 内的 Simulation，点击 Run Simulation 中的 Run Behavioral Simulation 或者在 Flow 菜单下 Run Simulation 中的 Run Behavioral Simulation 进行行为仿真，波形如图 8.46 所示。

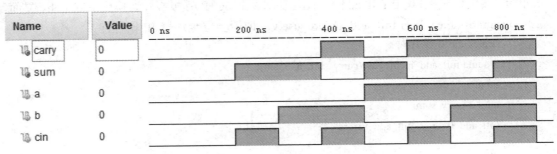

图 8.46 一位全加器仿真波形

习 题

1. 调用 IP 核设计一个 8 位的无符号除法器，并通过功能仿真验证。

2. 设计一个共阴数码管的 BCD 译码器，使用 Create and Packager IP 向导创建 IP 核并仿真。

3. 根据 74LS138 真值表，编写 Verilog HDL 程序，使用 Create and Packager IP 向导创建 IP 核并仿真。

4. 根据 7.6 节设计一个动态显示驱动程序显示 "8-1"，使用 Create and Packager IP 向导创建 IP 核并仿真。

第 9 章 实验指导

实验一 与非门设计

一、实验目的

(1) 掌握 Vivado 软件的基本使用方法；

(2) 掌握 Verilog HDL 基本模块的使用方法；

(3) 掌握 assign 语句的语法。

二、实验设备

本实验所需实验设备包括：计算机、实验平台、万用表、Vivado 软件等。

三、实验原理说明

根据数电的基本知识，利用 assign 语句设计二输入与非门。二输入与非门真值表如表
9.1 所示，其中 a、b 为输入信号，f 为输出信号。

表 9.1 二输入与非门真值表

a	b	f
0	0	1
0	1	1
1	0	1
1	1	0

二输入与非门的逻辑函数表达式如下：

$$f = \overline{ab}$$

四、实验步骤

(1) 打开 Vivado 软件，新建工程 my_nand.xpr；

(2) 芯片选择 xc7a35tcsg324-1，根据实验原理说明编写程序；

(3) 编写仿真激励程序 my_nand_tf.v，并观察波形；

(4) 对芯片配置约束文件；

(5) 将程序综合后，生成 my_nand.bit 并下载文件。

五、参考程序

二输入与非门的 RTL 原理图如图 9.1 所示，与非门的输入端为 a、b，输出端为 f。程序采用 assign 持续驱动语句进行描述。

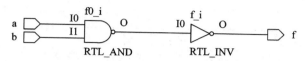

图 9.1　二输入与非门的 RTL 原理图

参考程序如下：

```
`timescale 1ns / 1ps
module my_nand(
    input a,
    input b,
    output f
    );
assign              ;
endmodule
```

六、仿真激励程序和波形

仿真激励程序如下：

```
`timescale 1ns / 1ps
module my_nand_tf();
reg a;
reg b;
wire f;
my_nand uut(
    .a(a),
    .b(b),
    .f(f)
    );
initial
    begin
        a = 0; b = 0; #100;
        a = 0; b = 1; #100;
        a = 1; b = 0; #100;
        a = 1; b = 1; #100;
        $stop;
    end
endmodule
```

图 9.2 为二输入与非门的仿真波形图。由图 9.2 可知，只有当输入端 a、b 均为高电平

时，输出端 f 才为低电平，其他情况下 f 均为高电平。

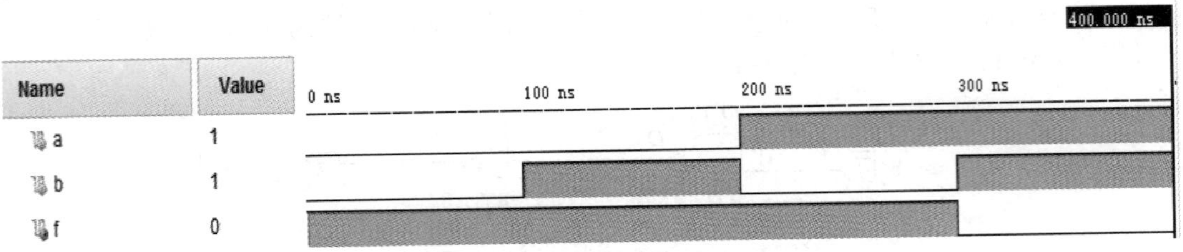

图 9.2　二输入与非门的仿真波形图

七、配置约束文件

可以在 IMPLEMENTATION 中点击 Run Implementation，在 IMPLEMENTED DESIGN 中的 I/O Ports 内填写端口对应的引脚编号和 I/O 标准并保存；也可以在 my_nand.xdc 中编写配置文件。

配置约束文件内容如下：

set_property PACKAGE_PIN N4 [get_ports a]

set_property PACKAGE_PIN R1 [get_ports b]

set_property PACKAGE_PIN K2 [get_ports f]

set_property IOSTANDARD LVCMOS33 [get_ports a]

set_property IOSTANDARD LVCMOS33 [get_ports b]

set_property IOSTANDARD LVCMOS33 [get_ports f]

八、拓展训练

1. 设计一个异或门并进行仿真和下载。

2. 设计一个三人表决器：

假设 A、B、C 分别代表三个裁判，当 $A = 1$ 时输出 $F = 1$，或当 B 和 C 都为 1 时 $F = 1$，其他情况下 $F = 0$。

3. 根据图 9.3 所示电路的 RTL 原理图编写程序。

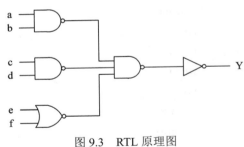

图 9.3　RTL 原理图

实验二　一位全加器设计

一、实验目的

(1) 复习 Vivado 软件的使用；

(2) 复习 assign 语句的语法；

(3) 学习"{}"的语法结构。

二、实验设备

本实验所需实验设备包括：计算机、实验平台、万用表、Vivado 软件等。

三、实验原理说明

根据全加器的工作原理，编写真值表，如表 9.2 所示。

表 9.2 全加器真值表

输 入 端			输 出 端	
a	*b*	cin	cout	sum
0	0	0	0	0
0	0	1	0	1
0	1	0	0	1
0	1	1	1	0
1	0	0	0	1
1	0	1	1	0
1	1	0	1	0
1	1	1	1	1

全加器逻辑函数表达式如下：

$$sum = a \oplus b \oplus cin$$

$$cout = ab + bcin + acin$$

四、实验步骤

(1) 打开 Vivado 软件，新建工程 full_add.xpr；

(2) 芯片选择 xc7a35tcsg324-1，根据实验原理说明编写程序；

(3) 编写仿真激励程序 full_add_tf.v，并观察波形；

(4) 对芯片配置约束文件；

(5) 将程序综合后，生成 full_add.bit 并下载文件。

五、参考程序

如图 9.4 全加器 RTL 原理图所示，全加器的输入端有 a、b、cin；输出端有 cout、sum。可以根据表 9.2，采用函数表达式来计算，分别对 cout 和 sum 进行描述。

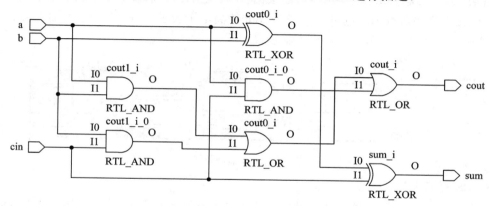

图 9.4 全加器 RTL 原理图

参考程序如下：

```
`timescale 1ns / 1ps
module full_add(cout, sum, a, b, cin);
input a, b, cin;
output cout, sum;
assign cout = _____
assign sum = _____
endmodule
```

六、仿真激励程序和波形

仿真激励程序如下：

```
`timescale 1ns / 1ps
module full_add_tf();
reg a, b, cin;
wire cout, sum;
full_add uut(cout, sum, a, b, cin);
    initial begin
        a = 0; b = 0; cin = 0; #100;
        a = 0; b = 0; cin = 1; #100;
        a = 0; b = 1; cin = 0; #100;
        a = 0; b = 1; cin = 1; #100;
        a = 1; b = 0; cin = 0; #100;
        a = 1; b = 0; cin = 1; #100;
        a = 1; b = 1; cin = 0; #100;
        a = 1; b = 1; cin = 1; #100;
        $stop;
    end
endmodule
```

图 9.5 为全加器的仿真波形图，可以根据表 9.2 全加器真值表对全加器的输出波形进行检验。cout 为全加器输出的进位端，每个 cout 的高电平表示二进制的 2，当输入端 a、b、cin 三者中有两者及以上为 1 时，cout 输出高电平。

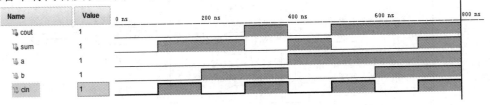

图 9.5　全加器波形图

七、配置约束文件

将输入端 a、b、cin 配置到拨码开关，输出端 cout 和 sum 配置到 led。编写 full_add.xdc

配置文件。配置约束文件内容如下：

set_property PACKAGE_PIN M4 [get_ports a]

set_property PACKAGE_PIN N4 [get_ports b]

set_property PACKAGE_PIN R1 [get_ports cin]

set_property PACKAGE_PIN J2 [get_ports cout]

set_property PACKAGE_PIN K2 [get_ports sum]

set_property IOSTANDARD LVCMOS33 [get_ports a]

set_property IOSTANDARD LVCMOS33 [get_ports b]

set_property IOSTANDARD LVCMOS33 [get_ports cin]

set_property IOSTANDARD LVCMOS33 [get_ports cout]

set_property IOSTANDARD LVCMOS33 [get_ports sum]

八、拓展训练

1. 采用 always 或元件例化设计全加器并仿真下载。

2. 设计一个 8 位的全加器并仿真下载。

3. 设计一个 8 位的奇偶校验位产生器并仿真下载。

实验三　3-8 译码器设计

一、实验目的

(1) 学习 3-8 译码器的工作原理；

(2) 掌握 assign 语句的语法；

(3) 学习 always 语句的语法。

二、实验设备

本实验所需实验设备包括：计算机、实验平台、万用表、Vivado 软件等。

三、实验原理说明

根据 3-8 译码器的工作原理，编写真值表，如表 9.3 所示。

表 9.3　3-8 译码器真值表

序号	a	b	c	$Y[7]$	$Y[6]$	$Y[5]$	$Y[4]$	$Y[3]$	$Y[2]$	$Y[1]$	$Y[0]$
0	0	0	0	0	0	0	0	0	0	0	1
1	0	0	1	0	0	0	0	0	0	1	0
2	0	1	0	0	0	0	0	0	1	0	0
3	0	1	1	0	0	0	0	1	0	0	0
4	1	0	0	0	0	0	1	0	0	0	0
5	1	0	1	0	0	1	0	0	0	0	0
6	1	1	0	0	1	0	0	0	0	0	0
7	1	1	1	1	0	0	0	0	0	0	0

可以分别写出 *Y*[0]～*Y*[7]的函数表达式并用 assign 语句进行描述，也可用 always 过程语句描述 3-8 译码器。

四、实验步骤

(1) 打开 Vivado 软件，新建工程 decode_38.xpr；

(2) 芯片选择 xc7a35tcsg324-1，根据实验原理说明编写程序；

(3) 编写仿真激励程序 decode_38_tf.v，并观察波形；

(4) 对芯片配置约束文件；

(5) 将程序综合后，生成 decode_38.bit 并下载文件。

五、参考程序

如图 9.6 3-8 译码器 RTL 原理图所示，译码器的输入端为 a、b、c，输出端为 Y[7:0]，且 Y 输出 1 有效。

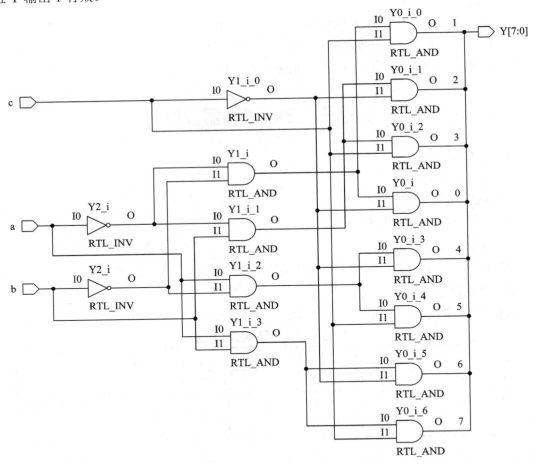

图 9.6　3-8 译码器 RTL 原理图

参考程序如下：

```
`timescale 1ns / 1ps
module decode_38(
```

```
    input a, b, c,
    output [7:0] Y
    );
    assign Y[0] =    !a&!b&!c;
    assign Y[1] =            ;
    assign Y[2] =            ;
    assign Y[3] =            ;
    assign Y[4] =            ;
    assign Y[5] =            ;
    assign Y[6] =            ;
    assign Y[7] =            ;
endmodule
```

六、仿真激励程序和波形

仿真激励程序如下:

```
    `timescale 1ns / 1ps
    module decode_38_tf();
    reg a; reg b; reg c;
    wire [7:0] Y;
    decode_38 uut(
        .a(a),
        .b(b),
        .c(c),
        .Y(Y)
        );
    initial begin
        a = 0; b = 0; c = 0; #100;
        a = 0; b = 0; c = 1; #100;
        a = 0; b = 1; c = 0; #100;
        a = 0; b = 1; c = 1; #100;
        a = 1; b = 0; c = 0; #100;
        a = 1; b = 0; c = 1; #100;
        a = 1; b = 1; c = 0; #100;
        a = 1; b = 1; c = 1; #100;
        $stop;
    end
    endmodule
```

将 a、b、c 三个输入端的各种逻辑状态写入激励程序中,仿真输出 Y 的波形,如图 9.7 所示。为了方便观察,将输出 Y 设置为二进制显示:选中 Y 并点击右键,选择 Radix 中的

Binary，将其修改为二进制。

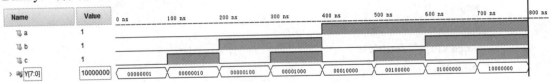

图 9.7　3-8 译码器波形图

七、配置约束文件

在 EGO1 开发板上，选择 SW3～SW0 三个拨码开关和 LD2 中的八个 LED 灯开关为 3-8 译码器的输入输出端。拨码开关往下为低电平，LED 高电平点亮。

配置约束文件内容如下：

  set_property IOSTANDARD LVCMOS33 [get_ports {Y[7]}]

  set_property IOSTANDARD LVCMOS33 [get_ports {Y[6]}]

  set_property IOSTANDARD LVCMOS33 [get_ports {Y[5]}]

  set_property IOSTANDARD LVCMOS33 [get_ports {Y[4]}]

  set_property IOSTANDARD LVCMOS33 [get_ports {Y[3]}]

  set_property IOSTANDARD LVCMOS33 [get_ports {Y[2]}]

  set_property IOSTANDARD LVCMOS33 [get_ports {Y[1]}]

  set_property IOSTANDARD LVCMOS33 [get_ports {Y[0]}]

  set_property IOSTANDARD LVCMOS33 [get_ports a]

  set_property IOSTANDARD LVCMOS33 [get_ports b]

  set_property IOSTANDARD LVCMOS33 [get_ports c]

  set_property PACKAGE_PIN M4 [get_ports a]

  set_property PACKAGE_PIN N4 [get_ports b]

  set_property PACKAGE_PIN R1 [get_ports c]

  set_property PACKAGE_PIN F6 [get_ports {Y[7]}]

  set_property PACKAGE_PIN G4 [get_ports {Y[6]}]

  set_property PACKAGE_PIN G3 [get_ports {Y[5]}]

  set_property PACKAGE_PIN J4 [get_ports {Y[4]}]

  set_property PACKAGE_PIN H4 [get_ports {Y[3]}]

  set_property PACKAGE_PIN J3 [get_ports {Y[2]}]

  set_property PACKAGE_PIN J2 [get_ports {Y[1]}]

  set_property PACKAGE_PIN K2 [get_ports {Y[0]}]

八、拓展训练

1. 采用 always 语句设计 3-8 译码器并仿真下载。

2. 请用 always 描述表 9.4 译码器 74LS138 的真值表，功能如下：

(1) a、b、c 为译码器输入端；

(2) 使能端 G1 高电平有效，G2A、G2B 低电平有效；

(3) 输出端 Y7～Y0 低电平有效。

表 9.4　译码器 74LS138 真值表

使 能 端			输 入 端			输 出 端
G1	G2A	G2B	*a*	*b*	*c*	*Y*[7:0]
0	X	X	X	X	X	8'B1111_1111
X	1	X	X	X	X	8'B1111_1111
X	X	1	X	X	X	8'B1111_1111
1	0	0	0	0	0	8'B1111_1110
1	0	0	0	0	1	8'B1111_1101
1	0	0	0	1	0	8'B1111_1011
1	0	0	0	1	1	8'B1111_0111
1	0	0	1	0	0	8'B1110_1111
1	0	0	1	0	1	8'B1101_1111
1	0	0	1	1	0	8'B1011_1111
1	0	0	1	1	1	8'B0111_1111

实验四　BCD 译码器设计

一、实验目的

(1) 学习 BCD 译码器的工作原理；

(2) 了解数码管的工作原理；

(3) 掌握 always 的语法。

二、实验设备

本实验所需实验设备包括：计算机、实验平台、万用表、Vivado 软件等。

三、实验原理说明

根据 BCD 译码器的工作原理，编写真值表，如表 9.5 所示。

表 9.5　BCD 译码器真值表

序号	in[3]	in[2]	in[1]	in[0]	DF	*G*	*F*	*E*	*D*	*C*	*B*	*A*	16 进制
0	0	0	0	0	0	0	1	1	1	1	1	1	3f
1	0	0	0	1	0	0	0	0	0	1	1	0	06
2	0	0	1	0	0	1	0	1	1	0	1	1	5b
3	0	0	1	1	0	1	0	0	1	1	1	1	4f
4	0	1	0	0	0	1	1	0	0	1	1	0	66
5	0	1	0	1	0	1	1	0	1	1	0	1	6d
6	0	1	1	0	0	1	1	1	1	1	0	1	7d
7	0	1	1	1	0	0	0	0	0	1	1	1	07
8	1	0	0	0	0	1	1	1	1	1	1	1	7f
9	1	0	0	1	0	1	1	0	1	1	1	1	6f

四、实验步骤

(1) 打开 Vivado 软件，新建工程 decode_bcd.xpr；

(2) 芯片选择 xc7a35tcsg324-1，根据实验原理说明编写程序；

(3) 编写仿真激励程序 decode_bcd_tf.v，并观察波形；

(4) 对芯片配置约束文件；

(5) 将程序综合后，生成 decode_bcd.bit 并下载文件。

五、参考程序

BCD 译码器的电路图可从软件中的 RTL ANALYSIS 中的 Schematic 中查看，由于 Vivado 生成的电路比较复杂，这里只提供 BCD 译码器基本的端口图，如图 9.8 所示。

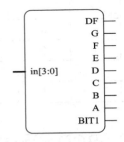

图 9.8　BCD 译码器端口图

参考程序如下：

```
`timescale 1ns / 1ps
module decode_bcd(
    output reg DF,
    output reg G,
    output reg F,
    output reg E,
    output reg D,
    output reg C,
    output reg B,
    output reg A,
    output reg BIT1,
    input [3:0] in
    );
always@(*)
begin
        BIT1 = 1;                //共阴数码管位选端，接 NPN 三极管基极
            if(in == 4'b0000)begin {DF, G, F, E, D, C, B, A} = 8'h3f; end
    else if(in == 4'b0001)begin {DF, G, F, E, D, C, B, A} = 8'h06; end
    else if(in == 4'b0010)begin {DF, G, F, E, D, C, B, A} = 8'h5b; end
    else if(in == 4'b0011)begin {DF, G, F, E, D, C, B, A} = 8'h4f; end
    else if(in == 4'b0100)begin {DF, G, F, E, D, C, B, A} = 8'h66; end
```

```
    else if(in == 4'b0101)begin {DF, G, F, E, D, C, B, A} = 8'h6d; end
    else if(in == 4'b0110)begin {DF, G, F, E, D, C, B, A} = 8'h7d; end
    else if(in == 4'b0111)begin {DF, G, F, E, D, C, B, A} = 8'h07; end
    else if(in == 4'b1000)begin {DF, G, F, E, D, C, B, A} = 8'h7f; end
    else if(in == 4'b1001)begin {DF, G, F, E, D, C, B, A} = 8'h6f; end
    else    begin   {DF, G, F, E, D, C, B, A} = 8'hxx; BIT1 = 0; end
  end
endmodule
```

由于数码管的小数点 DF 为常灭状态，也可将其删除。四位共阴数码管只用了其中一位数码管，用 BIT1 控制该数码管亮灭(BIT1 为低电平时数码管灭)。由于 BIT1 接到 NPN 三极管的基极高电平导通，因此将 BIT1 设置为高电平可使对应位的数码管点亮，反之则灭。

六、仿真激励程序和波形

仿真激励程序如下：

```
`timescale 1ns / 1ps
module decode_bcd_tf();
wire A, B, C, D, E, F, G, DF, BIT1;
reg [3:0] in;
decode_bcd uut(
    .DF(DF),
    .G(G),
    .F(F),
    .E(E),
    .D(D),
    .C(C),
    .B(B),
    .A(A),
    .BIT1(BIT1),
    .in(in)
  );
    initial
    begin
        in = 4'b0000; #100; in = 4'b0001; #100;
        in = 4'b0010; #100; in = 4'b0011; #100;
        in = 4'b0100; #100; in = 4'b0101; #100;
        in = 4'b0110; #100; in = 4'b0111; #100;
        in = 4'b1000; #100; in = 4'b1001; #100;
        $stop;
    end
endmodule
```

如图 9.9 BCD 译码器波形图所示，为了方便观察，将 DF-A 生成新总线：选中要合并的线，点击右键选择 New Virtual Bus 生成新总线并命名为 seg。选择新总线 seg，点击右键选择 Radix 中的 Hexadecimal 修改为十六进制；将 in 总线修改为二进制 Binary。

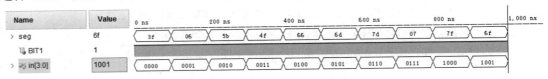

图 9.9　BCD 译码器波形图

七、配置约束文件

在 EGO1 开发板上，选择四位共阴数码管的其中一位，对应引脚为 G6。该引脚连接到 NPN 三极管的基极，高电平选通。

配置约束文件内容如下：

```
set_property IOSTANDARD LVCMOS33 [get_ports {in[3]}]
set_property IOSTANDARD LVCMOS33 [get_ports {in[2]}]
set_property IOSTANDARD LVCMOS33 [get_ports {in[1]}]
set_property IOSTANDARD LVCMOS33 [get_ports {in[0]}]
set_property PACKAGE_PIN R2 [get_ports {in[3]}]
set_property PACKAGE_PIN M4 [get_ports {in[2]}]
set_property PACKAGE_PIN N4 [get_ports {in[1]}]
set_property PACKAGE_PIN R1 [get_ports {in[0]}]
set_property PACKAGE_PIN D4 [get_ports A]
set_property PACKAGE_PIN E3 [get_ports B]
set_property PACKAGE_PIN D3 [get_ports C]
set_property PACKAGE_PIN F4 [get_ports D]
set_property PACKAGE_PIN F3 [get_ports E]
set_property PACKAGE_PIN E2 [get_ports F]
set_property PACKAGE_PIN D2 [get_ports G]
set_property PACKAGE_PIN H2 [get_ports DF]
set_property PACKAGE_PIN G6 [get_ports BIT1]
set_property IOSTANDARD LVCMOS33 [get_ports A]
set_property IOSTANDARD LVCMOS33 [get_ports B]
set_property IOSTANDARD LVCMOS33 [get_ports C]
set_property IOSTANDARD LVCMOS33 [get_ports D]
set_property IOSTANDARD LVCMOS33 [get_ports E]
set_property IOSTANDARD LVCMOS33 [get_ports F]
set_property IOSTANDARD LVCMOS33 [get_ports G]
set_property IOSTANDARD LVCMOS33 [get_ports DF]
set_property IOSTANDARD LVCMOS33 [get_ports BIT1]
```

八、拓展训练

1. 采用 case 语句设计 BCD 译码器并仿真下载。
2. 修改程序让两位数码管同时显示。
3. 修改程序让数码管自动从 0～F 循环显示并仿真下载。

实验五 D 触发器设计

一、实验目的

(1) 了解时序逻辑电路的时钟边沿信号的描述；
(2) 了解时序逻辑电路复位信号的分类和描述；
(3) 掌握 always 语句的使用。

二、实验设备

本实验所需实验设备包括：计算机、实验平台、万用表、Vivado 软件等。

三、实验原理说明

本实验设计的是一个带同步复位端的 D 触发器。根据 D 触发器的工作原理，编写真值表，如表 9.6 所示。

表 9.6　D 触发器真值表

$\overline{Q^{n+1}}$	Q^{n+1}	D	$\overline{res}$	clk
1	0	任意值	0	↑
$\overline{Q^n}$	Q^n	任意值	1	↓
1	0	0	1	↑
0	1	1	1	↑

D 触发器函数表达式如下：

$$Q^{n+1} = D \quad (\text{clk} = \uparrow，\text{res} = 1)$$

当时钟 clk 上升沿且 res=0 时 D 触发器复位，输出 $Q^{n+1} = 0$；当 res = 1 时 D 触发器不复位，在时钟 clk 上升沿 Q^{n+1} 锁存 D 的值，否则 Q^{n+1} 保持原来的值。

四、实验步骤

(1) 打开 Vivado 软件，新建工程 dff_syn.xpr；
(2) 芯片选择 xc7a35tcsg324-1，根据实验原理说明编写程序；
(3) 编写仿真激励程序 dff_syn_tf.v，并观察波形；
(4) 对芯片配置约束文件；
(5) 将程序综合后，生成 dff_syn.bit 并下载文件；
(6) 在示波器中观察波形。

五、参考程序

图 9.10 为 D 触发器 RTL 原理图，从图中可看出当 res 为低电平时，选择器 RTL_MUX

输出高电平，使后级 RTL_REG_SYNC 高电平复位；当 res = 1 时，RTL_REG_SYNC 不复位而正常工作。

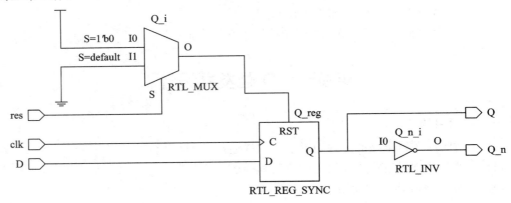

图 9.10　D 触发器 RTL 原理图

参考程序如下：

```
module dff_syn(
    output reg Q,
    output Q_n,
    input clk,
    input D,
    input res
    );
    assign Q_n =_____;
    always@(_____)                //时钟上升沿
    begin
        if(res == 0)
        begin
        _____
        end
        else
        begin
        _____
        end
    end
endmodule
```

六、仿真激励程序和波形

仿真激励程序如下：

```
`timescale 1ns / 1ps
module dff_syn_tf;
```

```
reg clk;
reg D;
reg res;
//wire clk_buf;
wire Q;
wire Q_n;
parameter Period = 10;              //定义周期常量 Period 为 10
dff_syn uut (
        .Q(Q),
        .Q_n(Q_n),
        .clk(clk),
        //.clk_buf()clk_buf,
        .D(D),
        .res(res)
);
initial begin
    clk = 0; D= 0; res = 0;
    clk = 1; #10;
    res = 1;                        //不复位
    D = 1; #80;
    D = 0; #80;
    D = 1'bx; #100;
    D = 1'bz; #100;
    $stop;
end
always #(Period/2) clk = ~clk;      //10 ns 时钟产生
endmodule
```

从图 9.11 D 触发器波形图中可看到：当 res = 0 时，在 clk 上升沿时 Q 输出为 0；在 clk 上升沿时 Q 才会等于 D 的值；当 Q 为高阻态或未知态时，Q_n 等于高阻态。

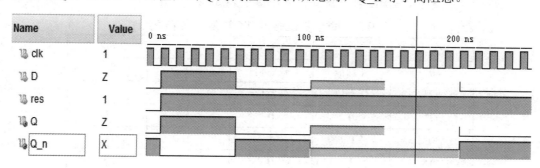

图 9.11　D 触发器波形图

233

七、配置约束文件

为了方便对比观察，可将 clk 时钟信号引入 clk_buf 用示波器显示。使用信号发生器在 D 端输入频率可调的 3.3 V 矩形波信号。从输出端 Q 可对比观察 D 触发器的工作波形(如果没有仪器，可将输入 D 和输出 Q、Q_n 配置到按键和 LED 上)。

配置约束文件内容如下:

```
set_property PACKAGE_PIN P17 [get_ports clk]
#set_property PACKAGE_PIN G17 [get_ports clk_buf]
#J5  左上第三
#set_property PACKAGE_PIN H17 [get_ports D]
#J5  右上第三
set_property PACKAGE_PIN R17 [get_ports D]
#输入端 D   S1
#set_property PACKAGE_PIN B16 [get_ports Q]
set_property PACKAGE_PIN K2 [get_ports Q]
#LD2 0  最右边 LED
#set_property PACKAGE_PIN B17 [get_ports Q_n]
set_property PACKAGE_PIN J2 [get_ports Q_n]
#LD2 1
set_property PACKAGE_PIN R1 [get_ports res]
#复位 SW0
set_property IOSTANDARD LVCMOS33 [get_ports clk]
#set_property IOSTANDARD LVCMOS33 [get_ports clk_buf]
set_property IOSTANDARD LVCMOS33 [get_ports D]
set_property IOSTANDARD LVCMOS33 [get_ports Q]
set_property IOSTANDARD LVCMOS33 [get_ports Q_n]
set_property IOSTANDARD LVCMOS33 [get_ports res]
```

八、拓展训练

1. 设计一个带异步复位的 D 触发器并进行仿真。
2. 设计同步复位端的 JK 触发器并仿真，真值表如表 9.7 所示。

表 9.7　同步复位端的 JK 触发器真值表

Q^{n+1}	J	K	$\overline{res}$	clk
0	任意值	任意值	0	↑
Q^n	任意值	任意值	1	↓
Q^n	0	0	1	↑
0	0	1	1	↑
1	1	0	1	↑
$\overline{Q^n}$	1	1	1	↑

实验六 模 10 计数器设计

一、实验目的

(1) 掌握同步复位和异步复位的 Verilog HDL 描述方法；
(2) 了解阻塞与非阻塞赋值语句的区别；
(3) 掌握计数器的工作原理。

二、实验设备

本实验所需实验设备包括：计算机、实验平台、万用表、Vivado 软件等。

三、实验原理说明

在数字系统中，计数器主要用于对脉冲个数计数，以实现测量、计数和控制的功能，同时兼有分频功能。本实验要设计一个带异步复位端的模 10 计数器，复位时输出端清零；不复位时，当每个 clk 时钟的上升沿触发 always 语句时，Q 便自加 1，当 Q 加到 9 时自身清零且进位端 Cout = 1。此计数器真值表如表 9.8 所示。

表 9.8 模 10 计数器真值表

Cout	Q	$\overline{res}$	clk	备注
0	0	0	X	复位
0	0	1	↑	不复位
0	1	1	↑	
0	2	1	↑	
0	3	1	↑	
0	4	1	↑	
0	5	1	↑	
0	6	1	↑	
0	7	1	↑	
0	8	1	↑	
1	9	1	↑	进位

四、实验步骤

(1) 打开 Vivado 软件，新建工程 count_m10.xpr；
(2) 芯片选择 xc7a35tcsg324-1，根据实验原理说明编写程序；
(3) 编写仿真激励程序 count_m10_tf.v，并观察波形；

(4) 对芯片配置约束文件；

(5) 将程序综合后，生成 count_m10.bit 并下载文件。

五、参考程序

图 9.12 为模 10 计数器的 RTL 原理图。图中：Q0_i 为加法器，其作用是使输入信号加 1；Q1_i 负责判断输入信号是否等于 9，如果是则输出 1；Q_i 为选择开关，当 Q1_i 输出为 1 时，Q_i 从 0 重新开始；Q_reg[3:0]为 4 位 D 触发器，当 res = 0 时，输出为 0，否则正常 工作；Cout_i 为 ROM，根据前面 Q_reg[3:0]的输出值判断 Cout 的值，当 Q_reg[3:0]为 9 时 Cout 输出 1。

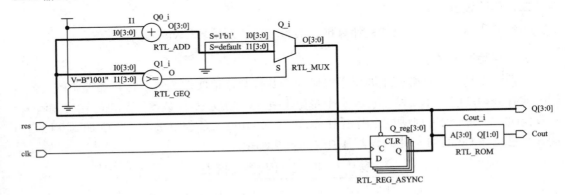

图 9.12　模 10 计数器的 RTL 原理图

参考程序如下：

```
`timescale 1ns / 1ps
module count_m10(Cout, Q, res, clk);
input res;
input clk;
output reg [3:0]Q;
output Cout;
assign Cout = (Q == 9)?1:0;
always @(posedge clk, negedge res)
    begin
        if(!res) begin Q <= 0; end
        else
        begin
            if _____
            else _____
        end
    end
endmodule
```

六、仿真激励程序和波形

仿真激励程序如下：

```
`timescale 1ns / 1ps
module count_m10_tf();
reg res;
reg clk;
wire [3:0]Q;
wire Cout;
count_m10 uut(
            .Cout(Cout),
            .Q(Q),
            .res(res),
            .clk(clk)
            );
initial
begin
    clk=0; res=0; #100;
    res=1;
    repeat(50)#50 clk = !clk;
    res = 0; #50;
    $stop;
end
endmodule
```

图 9.13 为模 10 计数器的仿真波形图。由图 9.13 可知在 clk 上升沿输出发生变化：Q 从 0 到 9 后清零，当 Q = 9 时进位端 Cout = 1。

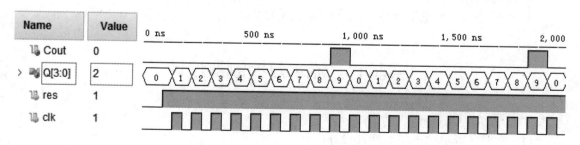

图 9.13 模 10 计数器的仿真波形图

七、配置约束文件

将进位端 Cout 连接到开发板 J5 的右上方第三个接线端子，输出端 Q 连接到四个 LED 上或者 J5 的接线端子(用逻辑分析仪观察)；将输入端 res 连接至 SW0 拨码开关，往上拨接，高电平不复位；clk 可采用开发板上 100 MHz 的时钟信号(Cout 为 10 MHz)或者通过信号发生器从 J5 右下方最后一个端子输入一个频率为 20 Hz、幅度为 3.3 V 的方波信号(Cout 为 2 Hz)。

配置约束文件内容如下：

set_property PACKAGE_PIN H4 [get_ports {Q[3]}]

set_property PACKAGE_PIN J3 [get_ports {Q[2]}]

set_property PACKAGE_PIN J2 [get_ports {Q[1]}]

set_property PACKAGE_PIN K2 [get_ports {Q[0]}]

set_property IOSTANDARD LVCMOS33 [get_ports {Q[3]}]

set_property IOSTANDARD LVCMOS33 [get_ports {Q[2]}]

set_property IOSTANDARD LVCMOS33 [get_ports {Q[1]}]

set_property IOSTANDARD LVCMOS33 [get_ports {Q[0]}]

set_property PACKAGE_PIN B16 [get_ports clk]

#J5 右下最后一个端口

set_property PACKAGE_PIN H17 [get_ports Cout]

#J5 右上第三个端口

set_property PACKAGE_PIN R1 [get_ports res]

set_property IOSTANDARD LVCMOS33 [get_ports clk]

set_property IOSTANDARD LVCMOS33 [get_ports Cout]

set_property IOSTANDARD LVCMOS33 [get_ports res]

set_property CLOCK_DEDICATED_ROUTE FALSE [get_nets clk_IBUF]

八、拓展训练

1. 将本实验的参考程序修改成带同步复位端的模 10 计数器程序，要求复位端高电平有效并将复位端配置到轻触开关 S4 上。

2. 设计一个带同步复位、同步加载端的计数器，具体要求如下：

加载端：8 位总线 data，配置到 8 个拨码开关；

输出端：8 位总线 Q，配置到 8 个 LED 或输出端；

加载使能端：load，高电平有效，配置到轻触开关 S4；

复位端：res，高电平有效，配置到轻触开关 S1。

实验七　流水灯控制器设计

一、实验目的

(1) 掌握分频器的工作原理及设计；

(2) 了解时序电路中 always 的敏感信号选择；

(3) 了解模块的调用。

二、实验设备

本实验所需实验设备包括：计算机、实验平台、万用表、Vivado 软件等。

三、实验原理说明

本实验设计的是一个带同步复位端的流水灯控制器。根据流水灯的工作原理，编写真值表，如表 9.9 所示。

表 9.9　流水灯真值表

序号	LED	clk_1Hz	$\overline{res}$	备注
1	8'b0000_0000	↑	0	复位
2	8'b0000_0001	↑	1	
3	8'b0000_0010	↑	1	
4	8'b0000_0100	↑	1	
5	8'b0000_1000	↑	1	不
6	8'b0001_0000	↑	1	复
7	8'b0010_0000	↑	1	位
8	8'b0100_0000	↑	1	
9	8'b1000_0000	↑	1	

当时钟 clk_1Hz 为上升沿时检测到 res = 0，则系统复位；当系统不复位，每一个时钟 clk_1Hz 为上升沿触发 always 语句时，always 执行流水灯向左移位的动作。clk_1Hz 的低频时钟信号由板载 100 MHz 时钟分频所得。

四、实验步骤

(1) 打开 Vivado 软件，新建工程 flash_led.xpr；

(2) 芯片选择 xc7a35tcsg324-1，根据实验原理说明编写程序；

(3) 编写仿真激励程序 flash_led_tf.v，并观察波形；

(4) 对芯片配置约束文件；

(5) 将程序综合后，生成 flash_led.bit 并下载文件。

五、参考程序

如图 9.14 流水灯端口及信号连接图所示，流水灯控制器分为两个模块：u1、u2。u1 模块为分频器，将 100 MHz 时钟信号 clk 分频成 1 Hz。u2 模块为流水灯译码电路，负责流水灯的移动方向。

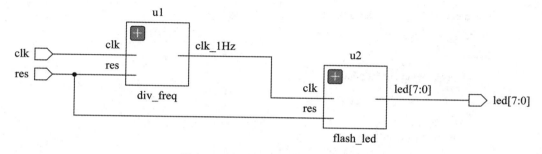

图 9.14　流水灯端口及信号连接图

参考程序如下：

　　`timescale 1ns / 1ps

```verilog
module top(led, clk, res);
output [7:0]led;
input clk;
input res;
wire clk_1Hz;
div_freq u1(clk_1Hz, res, clk);
flash_led u2(led, clk_1Hz, res);
endmodule
module flash_led(led, clk, res);
input clk;
input res;
output reg [7:0]led;
always @(posedge clk, posedge res)
    begin
      if(res) begin led = 8'b0000_0001; end
      else
       begin
       if(led != 8'b1000_0000) led = led<<1;
       else led = 8'b0000_0001;
    end
end
endmodule
module div_freq(clk_1Hz, res, clk);
input res;
input clk;
reg [31:0]cnt;
output clk_1Hz;
parameter Period = 99_999_999;
assign clk_1Hz = (cnt==Period)?1:0;
always @(posedge clk, posedge res)
begin
      if(res)begin cnt = 0; end
      else
    begin
      if(cnt >= Period) cnt = 0;
      else cnt = cnt+1;
    end
end
endmodule
```

240

六、仿真激励程序和波形

仿真激励程序如下：

```
`timescale 1ns / 1ps

module flash_led_tf();

wire [7:0]led;

reg clk, res;

top uut (led, clk, res);

initial

begin

    res = 1; clk = 0; #100;

    res = 0;

    forever #5 clk = ~clk;

end

endmodule
```

从图 9.15 流水灯波形图中可看到，当 res = 0 时，Q = 0、Q_n = 1；当 res = 1 时，流水灯在时钟驱动下正常移位。为了方便仿真观察，可将程序中的 Period 改为 5。

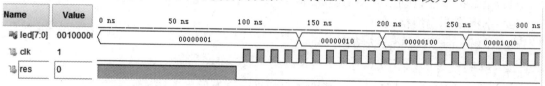

图 9.15　流水灯波形图

七、配置约束文件

将 8 个 led 配置到板子下方的 LD1，clk 使用板上 100 MHz 时钟信号 P17，复位端使用 S1 高电平复位。

配置约束文件内容如下：

```
set_property IOSTANDARD LVCMOS33 [get_ports {led[7]}]

set_property IOSTANDARD LVCMOS33 [get_ports {led[6]}]

set_property IOSTANDARD LVCMOS33 [get_ports {led[5]}]

set_property IOSTANDARD LVCMOS33 [get_ports {led[4]}]

set_property IOSTANDARD LVCMOS33 [get_ports {led[3]}]

set_property IOSTANDARD LVCMOS33 [get_ports {led[2]}]

set_property IOSTANDARD LVCMOS33 [get_ports {led[1]}]

set_property IOSTANDARD LVCMOS33 [get_ports {led[0]}]

set_property IOSTANDARD LVCMOS33 [get_ports clk]

set_property IOSTANDARD LVCMOS33 [get_ports res]

set_property PACKAGE_PIN K1 [get_ports {led[7]}]

set_property PACKAGE_PIN H6 [get_ports {led[6]}]

set_property PACKAGE_PIN H5 [get_ports {led[5]}]
```

```
set_property PACKAGE_PIN J5 [get_ports {led[4]}]
set_property PACKAGE_PIN K6 [get_ports {led[3]}]
set_property PACKAGE_PIN L1 [get_ports {led[2]}]
set_property PACKAGE_PIN M1 [get_ports {led[1]}]
set_property PACKAGE_PIN K3 [get_ports {led[0]}]
set_property PACKAGE_PIN R17 [get_ports res]
set_property PACKAGE_PIN P17 [get_ports clk]
```

八、拓展训练

1. 参考实验程序，将程序改为异步复位并修改 LED 的移动方向。
2. 设计一个带异步复位的花样流水灯，通过两个拨码开关选择样式。

实验八　按键消抖的 Verilog HDL 描述

一、实验目的

(1) 了解按键的抖动原因及消除原理；
(2) 掌握模块调用格式；
(3) 了解 case 语句的语法结构。

二、实验设备

本实验所需实验设备包括：计算机、实验平台、万用表、Vivado 软件等。

三、实验原理说明

本实验设计的是一个带同步复位端的按键消抖处理电路。开发板的按键电路如图 9.16 所示：平时电路输出低电平，按下按键时输出高电平。输出波形如图 9.17 所示：在按键按下(B 时间段)或松开(C 时间段)时均有抖动

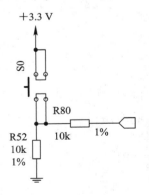

图 9.16　按键电路图

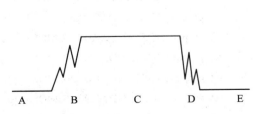

图 9.17　按键抖动波形图

系统工作原理如下：

(1) 将系统 100 MHz 时钟分频为 5 ms。
(2) 每 5 ms 对按键输出进行一次采样，当连续的四次采样逻辑电平都为 1 时判断按键

为稳定输出。

(3) 当再次检测到连续两次低电平后，判定按键已经被松开。

(4) 用稳定的输出信号驱动 led 的亮灭。

四、实验步骤

(1) 打开 Vivado 软件，新建工程 key_debouncer.xpr；

(2) 芯片选择 xc7a35tcsg324-1，根据实验原理说明编写程序；

(3) 编写仿真激励程序 key_debouncer_tf.v，并观察波形；

(4) 对芯片配置约束文件；

(5) 将程序综合后，生成 key_debouncer.bit 并下载文件。

五、参考程序

如图 9.18 按键消抖电路端口及信号连接图所示,将按键消抖电路的描述分为两个模块：u1、u2。u1 模块为分频器，将 100 MHz 时钟信号 clk 分频成 200 Hz。u2 模块为消抖采样电路，负责在连续的四个 5 ms 对按键输出进行采样和比较，当 key_r 的四次值全为 1 时输出高电平，且再次检测到两次低电平后对 key_value 取反，同时用稳定的 key_value 信号驱动 led 的亮灭。

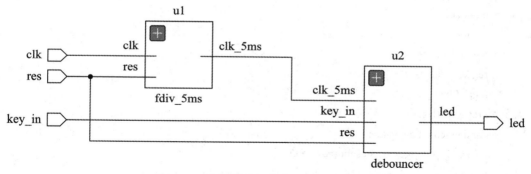

图 9.18　按键消抖电路端口及信号连接图

参考程序如下：

```
`timescale 1ns / 1ps
module key_debouncer(
    input clk,
    input key_in,
    input res,
    output led
);
wire clk_5ms;
fdiv_5ms u1(clk_5ms, clk, res);
debouncer u2(led, key_in, clk_5ms, res);
endmodule
//分频器 5ms
```

```verilog
module fdiv_5ms(clk_5ms, clk, res);
output clk_5ms;
input clk;
input res;
reg[17:0]cnt;
parameter Period_5ms = 249999;
always@(posedge clk, posedge res)
begin
    if(res)cnt <= 0;
    else cnt <= cnt+1;
end
assign clk_5ms = (cnt >= Period_5ms)?1:0;
endmodule
//抖动消除
module debouncer(led, key_in, clk_5ms, res);
input key_in;
input clk_5ms;
input res;
output led;
reg key_value;
reg[3:0]key_r;
reg key_flag;
assign led = key_value;
always@(posedge clk_5ms, posedge res)
begin
    if(res)begin key_r <= 4'b0000; key_flag <= 0; key_value <= 0; end
    else
    begin
        key_r <= {key_r, key_in};           //移位寄存器，寄存按键值
        if(key_r == 4'b1111)                //按键按下 20 ms 内连续 4 次高电平
        begin
            key_flag <= 1;                  //key_flag 为消抖后稳定信号
        end
        if(key_r == 4'b0000)    key_flag <= 0;
        if(key_flag&&(key_r == 4'b1100))key_value <= ~key_value;         //松手检测
    end
end
endmodule
```

六、仿真激励程序和波形

仿真激励程序如下：

```verilog
`timescale 1ns / 1ps
module key_debouncer_tf();
    reg clk;
    reg key_in;
    reg res;
    wire led;
    key_debouncer uut (
            .clk(clk),
            .key_in(key_in),
            .res(res),
            .led(led)
    );
    initial begin                 //仿真要在主程序中修改：Period_5ms = 9;
        clk = 0; key_in = 0; res = 0; res = 1; clk = 1; #100;
        res=0;
        key_in = 0; #200;
        repeat(5)#5 key_in = !key_in;
        key_in = 1;              //按下
        #1000;
        repeat(5)#5 key_in =! key_in;
        key_in= 0;               //松手
        repeat(10)#1000;
        key_in=0;
        repeat(5)#5 key_in =! key_in;
        key_in=1;                //按下
        #1000;
        repeat(5)#5 key_in =! key_in;
        key_in = 0;              //松手
        #3000;
        $stop;
        end
    always #5 clk = ~clk;
endmodule
```

从图 9.19 按键消抖电路波形图中可看到，当 res = 0 时，系统不复位。在 key_in 从低电平变成高电平的区间出现多次抖动，系统在连接的 20 ms 内采样 4 次的 key_in 的信号均为高电平，且又连续采样到 2 次 key_in 低电平(松手)后，输出稳定的 key_value 信号驱动 led 的亮灭。

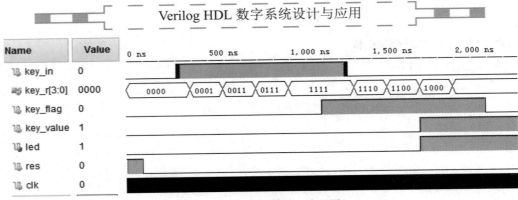

图 9.19   按键消抖电路波形图

七、配置约束文件

将 led 和 key_out 分别配置到 EGO1 开发板的 LD2 和 LD21；复位端 res 和按键 key_in 使用 S4 和 S1，高电平复位；clk 使用板上 100 MHz 时钟信号 P17。

配置约束文件内容如下：

```
set_property PACKAGE_PIN P17 [get_ports clk]
set_property PACKAGE_PIN R17 [get_ports key_in]
set_property PACKAGE_PIN K2 [get_ports led]
set_property PACKAGE_PIN   U4[get_ports res]
set_property IOSTANDARD LVCMOS33 [get_ports clk]
set_property IOSTANDARD LVCMOS33 [get_ports key_in]
set_property IOSTANDARD LVCMOS33 [get_ports led]
set_property IOSTANDARD LVCMOS33 [get_ports res]
```

八、拓展训练

1. 参考实验程序，将程序改成流水灯控制器，控制流水灯的样式。
2. 参考实验程序，将程序改成数码管控制器，控制数码管从 0~9 变化。

实验九   秒表的 Verilog HDL 实现

一、实验目的

(1) 掌握 BCD 译码器的工作原理及设计思路；
(2) 掌握数码管的工作原理；
(3) 了解 case 语句的语法结构。

二、实验设备

本实验所需实验设备包括：计算机、实验平台、万用表、Vivado 软件等。

三、实验原理说明

本实验设计的是一个带异步复位端的秒表控制器电路。根据秒表的工作原理，编写功能表，如表 9.10 所示。

表 9.10　带异步复位端的秒表功能表

显示	seg	BIT1	clk_1Hz	key_stop	$\overline{res}$	备注
无	X	X	↑	X	1	复位
无	X	0	X	X	X	
0	8'h3f	1	↑	0	0	
1	8'h06	1	↑	0	0	
2	8'h5b	1	↑	0	0	
3	8'h4f	1	↑	0	0	不
4	8'h66	1	↑	0	0	
5	8'h6d	1	↑	0	0	复
6	8'h7d	1	↑	0	0	
7	8'h07	1	↑	0	0	位
8	8'h7f	1	↑	0	0	
9	8'h6f	1	↑	0	0	
10	暂停	1	↑	1	0	

当系统检测到 res = 1 时，系统复位；当系统不复位，每一个时钟 clk_1Hz 为上升沿时，触发 always 语句执行数码管加 1 的指令。BIT1 为四位共阴数码管的其中一个公共端，高电平点亮相应的位。clk_1Hz 的低频时钟信号由板载 100 MHz 时钟分频所得。

四、实验步骤

(1) 打开 Vivado 软件，新建工程 stopwatch.xpr；

(2) 芯片选择 xc7a35tcsg324-1，根据实验原理说明编写程序；

(3) 编写仿真激励程序 stopwatch_tf.v，并观察波形；

(4) 对芯片配置约束文件；

(5) 将程序综合后，生成 stopwatch.bit 并下载文件。

五、参考程序

如图 9.20 秒表电路端口及信号连接图所示，秒表控制器分为四个模块：u1、u2、u3、u4。u1 模块为分频器，将 100 MHz 时钟信号 clk 分频成 5 ms；u2 模块为按键去抖电路，消除按键抖动；u3 为秒时钟分频器，将 100 MHz 时钟信号 clk 分频成 1 Hz，可通过按键控制启停；u4 为秒表显示电路，由 BCD 译码器构成。

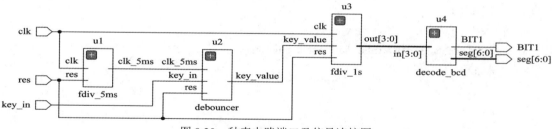

图 9.20　秒表电路端口及信号连接图

参考程序如下：

```verilog
`timescale 1ns / 1ps
module stopwatch(
    input clk,
    input key_in,
    input res,
    output BIT1,
    output [6:0]seg
    );
wire clk_5ms;
wire [3:0]binary;
wire key_value, key_flag;
//模块调用
fdiv_5ms u1(clk_5ms, clk, res);
debouncer u2(key_value, key_in, clk_5ms, res);
fdiv_1s u3(binary, clk, res, key_value);
decode_bcd u4(seg, BIT1, binary);
endmodule
//分频模块 5ms；
module fdiv_5ms(clk_5ms, clk, res);
output reg clk_5ms;
input clk;
input res;
reg[17:0]cnt;
parameter Period_5ms = 249999;              //仿真改变 9；=249999
always@(posedge clk, posedge res)
begin
    if(res)begin cnt <= 0; clk_5ms <= 0; end
    else
    if(cnt >= Period_5ms)begin cnt <= 0; clk_5ms <= ~clk_5ms; end
    else cnt <= cnt+1;
end
endmodule
//采样消抖模块；
module debouncer(key_value, key_in, clk_5ms, res);
input key_in;
input clk_5ms;
input res;
output reg key_value;
```

```verilog
reg[3:0]key_r;
reg key_flag;
always@(posedge clk_5ms, posedge res)
begin
if(res)
begin
key_r <= 4'b0000; key_flag <= 0; key_value <= 0;
end
    else
    begin
        key_r <= {key_r, key_in};                    //移位寄存器，寄存按键值
        if(key_r == 4'b1111)                         //按键按下 20 ms 内连续 4 次高电平
        begin
          key_flag <= 1;                             //key_flag 为消抖后稳定信号
        end
        if(key_r == 4'b0000)    key_flag <= 0;
        if(key_flag&&(key_r == 4'b1100))
key_value <= ~key_value;                             //松手检测
    end
end
endmodule
//分频模块 1s;
module fdiv_1s(out, clk, res, key_value);
output reg [3:0]out;
input clk;
input res;
input key_value;
reg[31:0]cnt;
parameter Period_1s = 100_000_000-1;                 //仿真改为 100-1; =100_000_000-1;
always@(posedge clk, posedge res)
begin
    if(res)cnt <= 0;
    else
        begin
            if(key_value == 1)
            begin
                if(cnt >= Period_1s) cnt <= 0;
                else cnt <= cnt+1;
            end
```

```verilog
                else cnt <= cnt;
        end
    end
    always@(posedge clk, posedge res)
    begin
        if(res)begin out <= 0; end
        else
        begin
            if(cnt==Period_1s)
            begin
                if(out<9) out <= out+1;
            else out <= 0;
            end
        end
    end
endmodule
//BCD 译码器；
module decode_bcd(
    output reg [6:0]seg,
    output reg BIT1,
    input [3:0] in
    );
always@(*)
begin
    BIT1=1;            //共阴数码管位选端，接 NPN 三极管基极
            if(in == 4'b0000)begin seg = 8'h3f; end
        else if(in == 4'b0001)begin seg = 8'h06; end
        else if(in == 4'b0010)begin seg = 8'h5b; end
        else if(in == 4'b0011)begin seg = 8'h4f; end
        else if(in == 4'b0100)begin seg = 8'h66; end
        else if(in == 4'b0101)begin seg = 8'h6d; end
        else if(in == 4'b0110)begin seg = 8'h7d; end
        else if(in == 4'b0111)begin seg = 8'h07; end
        else if(in == 4'b1000)begin seg = 8'h7f; end
        else if(in == 4'b1001)begin seg = 8'h6f; end
        else    begin    seg=8'hxx; BIT1 = 0; end
    end
endmodule
```

六、仿真激励程序和波形

仿真激励程序如下：

```
`timescale 1ns / 1ps
module stopwatch_tf();
    reg clk;
    reg key_in;
    reg res;
    wire BIT1;
    wire [6:0]seg;
    stopwatch uut(
            .clk(clk),
            .key_in(key_in),
            .res(res),
            .BIT1(BIT1),
            .seg(seg)
    );
    initial //仿真要在主程序中修改：Period_1s = 100-1; Period_5ms = 9;
        begin
            clk = 0;
            res = 1; key_in = 0;
            clk = 1; res = 1; #100;
            res = 0;
            key_in = 0; #200;
            repeat(5)#5 key_in = !key_in;
            key_in = 1;                 //按下；
            #1000;
            repeat(5)#5 key_in = !key_in;
            key_in = 0;                 //松手；
            repeat(10)#1000;
            key_in = 0;
            repeat(5)#5 key_in = !key_in;
            key_in = 1;                 //按下；
            #1000;
            repeat(5)#5 key_in = !key_in;
            key_in = 0;                 //松手；
            #3000;
            $stop;
        end
    always #5 clk = ~clk;
endmodule
```

为了方便仿真观察，可在程序中设置 Period_1s = 99，Period_5ms = 9。从图 9.21 秒表仿真波形中可看到，当 res = 1 时，系统复位，输出 seg 为 8'h3f；当 res = 0 时，秒表正常工作。key_in 按键第一次按下时数码管从 0～9 每秒加 1 正常显示，当 key_in 按键第二次按下时，数码管停止加 1。

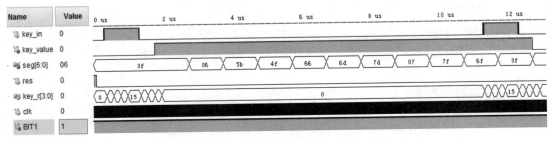

图 9.21　秒表仿真波形

七、配置约束文件

本次实验使用了 EGO1 开发板最右边的 BIT8 共阴数码管，数码管的公共端要设置为低电平；clk 使用板上 100 MHz 时钟信号 P17；复位端和启停键使用 S4 和 S1。

配置约束文件内容如下：

```
set_property PACKAGE_PIN P17 [get_ports clk]
set_property PACKAGE_PIN R17 [get_ports key_in]
set_property PACKAGE_PIN U4 [get_ports res]
set_property PACKAGE_PIN D4 [get_ports {seg[0]}]
set_property PACKAGE_PIN E3 [get_ports {seg[1]}]
set_property PACKAGE_PIN D3 [get_ports {seg[2]}]
set_property PACKAGE_PIN F4 [get_ports {seg[3]}]
set_property PACKAGE_PIN F3 [get_ports {seg[4]}]
set_property PACKAGE_PIN E2 [get_ports {seg[5]}]
set_property PACKAGE_PIN D2 [get_ports {seg[6]}]
set_property PACKAGE_PIN G6 [get_ports BIT1]
set_property IOSTANDARD LVCMOS33 [get_ports BIT1]
set_property IOSTANDARD LVCMOS33 [get_ports clk]
set_property IOSTANDARD LVCMOS33 [get_ports key_in]
set_property IOSTANDARD LVCMOS33 [get_ports res]
set_property IOSTANDARD LVCMOS33 [get_ports {seg[6]}]
set_property IOSTANDARD LVCMOS33 [get_ports {seg[5]}]
set_property IOSTANDARD LVCMOS33 [get_ports {seg[4]}]
set_property IOSTANDARD LVCMOS33 [get_ports {seg[3]}]
set_property IOSTANDARD LVCMOS33 [get_ports {seg[2]}]
set_property IOSTANDARD LVCMOS33 [get_ports {seg[1]}]
set_property IOSTANDARD LVCMOS33 [get_ports {seg[0]}]
```

八、拓展训练

1. 增加功能：当数码显示 9 时，LED 灯闪烁一下。
2. 参考实验程序，将程序修改为从 0～9 再从 9～0 循环显示。

实验十 动 态 显 示

一、实验目的

(1) 掌握模块调用的语法结构；
(2) 掌握模块调用中参数的传递方法；
(3) 了解动态显示的工作原理。

二、实验设备

本实验所需实验设备包括：计算机、实验平台、万用表、Vivado 软件等。

三、实验原理说明

本实验要设计一个动态显示控制器电路。动态显示的工作原理在 7.6 节中有详细介绍，7.6 节采用的是状态机方法，本实验主要侧重模块的调用方法。图 9.22 为实验板上动态显示电路图。

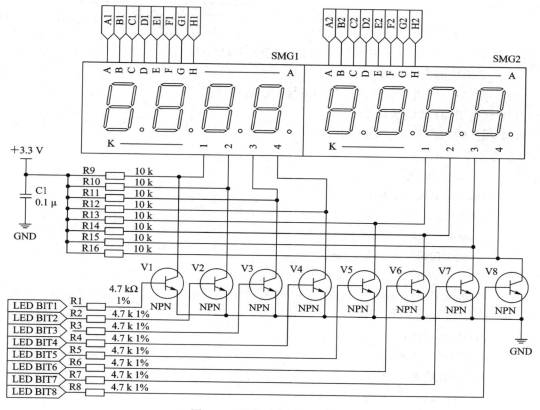

图 9.22 四位动态显示电路图

四、实验步骤

(1) 打开 Vivado 软件，新建工程 dynamic_display.xpr；

(2) 芯片选择 xc7a35tcsg324-1，根据实验原理说明编写程序；

(3) 使用 ILA 核对动态显示电路的输出波形进行捕捉，并观察波形；

(4) 对芯片配置约束文件；

(5) 将程序综合后，生成 dynamic_display.bit 并下载文件。

五、参考程序

动态显示电路端口及信号连接图如图 9.23 所示，动态显示控制器分为三个模块：u1、u2、u3。u1 模块用于对显示内容进行处理，其将 display_data 十进制的每个位(个位、十位、百位、千位)计算好后输出给 seg0_data 和 seg1_data；u2 和 u3 是动态显示控制电路，它们都调用了 seg4_7 模块。

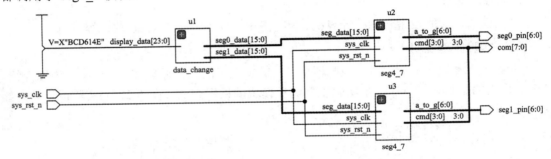

图 9.23　动态显示电路端口及信号连接图

seg4_7 模块的主要功能如下：

(1) 对系统时钟进行分频，产生动态显示位选信号；

(2) 带有 BCD 译码器功能；

(3) 显示输入信号 seg_data 的内容。

参考程序如下：

```
`timescale 1ns / 1ps
module dynamic_display(
    input           sys_clk ,
    input           sys_rst_n,
    output [6:0]    seg0_pin,
    output [6:0]    seg1_pin,
    output [7:0]    com
    );
wire [15:0] seg0_data;
wire [15:0] seg1_data;
//数据变换模块
data_change u1
(
```

```
        .display_data(24'd12345678),
        .seg0_data   (seg0_data),
        .seg1_data   (seg1_data)
    );
    //ILA 核的调用，可以不添加
    //如果是内部隐线的观察，则要在程序中加上(*keep = "TRUE"*)reg [3:0] cnt= 4'd0;
    //在 xdc 文件中要加入 ILA 核的配置 set_property MARK DEBUG ture[get nets{cnt[0]}]
    ila_0 ila_core(
        .clk     (sys_clk),
        .probe0(seg0_pin),
        .probe1(seg1_pin),
        .probe2(com)
    );
    //片选时间设置，仿真用 19'd5 方便观察，实际采用 19'd500_000
    parameter SEG_TIME= 19'd5;
    //系统时钟为 100 MHz，仿真用 27'd10 方便观察，实际采用 27'd100_000_000
    parameter SYS_CLK = 27'd10;
    seg4_7 #(.SEG_TIME(SEG_TIME), .SYS_CLK(SYS_CLK))
    u2
    (
        .sys_clk   (sys_clk),
        .sys_rst_n(sys_rst_n),
        .seg_data (seg0_data),
        .a_to_g   (seg0_pin),
        .cmd      (com[3:0])
    );
    seg4_7#(.SEG_TIME(SEG_TIME), .SYS_CLK(SYS_CLK))
    u3(
        .sys_clk   (sys_clk),
        .sys_rst_n(sys_rst_n),
        .seg_data (seg1_data),
        .a_to_g   (seg1_pin),
        .cmd      (com[7:4])
    );
endmodule

module seg4_7
#(
    parameter SYS_CLK   = 19'd50_000_000,    //系统输入时钟初设为 50 MHz
```

```
    parameter SEG_TIME   = 27'd250_000          //数码片选择时间
)
(
    input                sys_clk,
    input                sys_rst_n,
    input    [15:0]      seg_data,
    output reg [6:0]     a_to_g,
    output reg [3:0]     cmd
    );
reg [26:0] count;
reg [1:0]   step;
wire [3:0]   data0;
wire [3:0]   data1;
wire [3:0]   data2;
wire [3:0]   data3;
reg  [3:0]   temp;
assign data0 = seg_data[3:0];
assign data1 = seg_data[7:4];
assign data2 = seg_data[11:8];
assign data3 = seg_data[15:12];
always @(posedge sys_clk or negedge sys_rst_n)begin
    if(!sys_rst_n)                    count <= 1'b0;
    else if(count < SEG_TIME-1)       count <= count +1'b1;
    else                              count <= 1'b0;
end
always @(posedge sys_clk or negedge sys_rst_n)begin
    if(!sys_rst_n)                    step <= 1'b0;
    else if(count == SEG_TIME -1)     step <= step +1'b1;     //位选时间
end
always @(posedge sys_clk or negedge sys_rst_n)begin
    if(!sys_rst_n) begin
        cmd      <= 8'b0000_0000;
        temp     <= 4'd0;
    end
    else begin
        case (step)
            2'd0:begin
                    cmd <= 4'b0001;                //动态显示的位选端
                    temp <= data0;
```

```verilog
                  end
           2'd1:begin
                   cmd <= 4'b0010;
                   temp <= data1;
               end
           2'd2:begin
                   cmd <= 4'b0100;
                   temp <= data2;
               end
           2'd3:begin
                   cmd <= 4'b1000;
                   temp <= data3;
               end
           default:begin
                   cmd <= 4'b0000;
                   temp<= 4'd0;
               end
       endcase
    end
end
always @(posedge sys_clk or negedge sys_rst_n)begin
if(!sys_rst_n)
a_to_g <= 7'b111_1110;
    else begin
        case (temp)
            4'd0: a_to_g<=7'b111_1110;
            4'd1: a_to_g<=7'b011_0000;
            4'd2: a_to_g<=7'b110_1101;
            4'd3: a_to_g<=7'b111_1001;
            4'd4: a_to_g<=7'b011_0011;
            4'd5: a_to_g<=7'b101_1011;
            4'd6: a_to_g<=7'b101_1111;
            4'd7: a_to_g<=7'b111_0000;
            4'd8: a_to_g<=7'b111_1111;
            4'd9: a_to_g<=7'b111_1011;
            4'd10:a_to_g<=7'b000_0001;
            default:a_to_g <= 7'b111_1111;
        endcase
    end
```

```
end
endmodule

module data_change(
    input    [23:0]    display_data,
    output   [15:0]    seg0_data,
    output   [15:0]    seg1_data
    );                                    //显示内容处理 12345678
    assign seg1_data[3:0] = display_data%10;
    assign seg1_data[7:4] = display_data/10%10;
    assign seg1_data[11:8] = display_data/100%10;
    assign seg1_data[15:12] = display_data/1000%10;
    assign seg0_data[3:0] = display_data/10000%10;
    assign seg0_data[7:4] = display_data/100000%10;
    assign seg0_data[11:8] = display_data/1000000%10;
    assign seg0_data[15:12] = display_data/10000000;
endmodule
```

六、仿真激励程序和波形

动态显示的仿真激励程序见 7.6 节，本实验采用 ILA 核(综合逻辑分析仪)对输出的三个信号总线进行捕捉，使用 IP Catalog 向导(IP 核的使用参见第 8 章)生成 ILA 核的相关设置，如图 9.24 所示(探针 PROBE0 对应 seg0_pin，探针 PROBE1 对应 seg1_pin，探针 PROBE2 对应 com)。为了方便观察，在仿真中修改 SEG_TIME 的值为 19'd5，SYS_CLK 的值为 27'd10。图 9.25 为动态显示的 ILA 波形图，可以看到 2 个四位数码管的显示内容和 8 个公共端的输出信号。

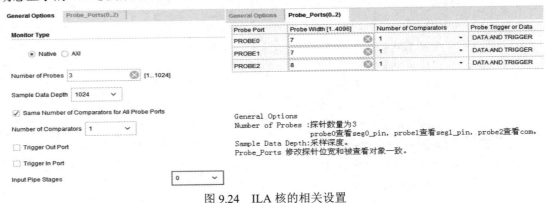

图 9.24 ILA 核的相关设置

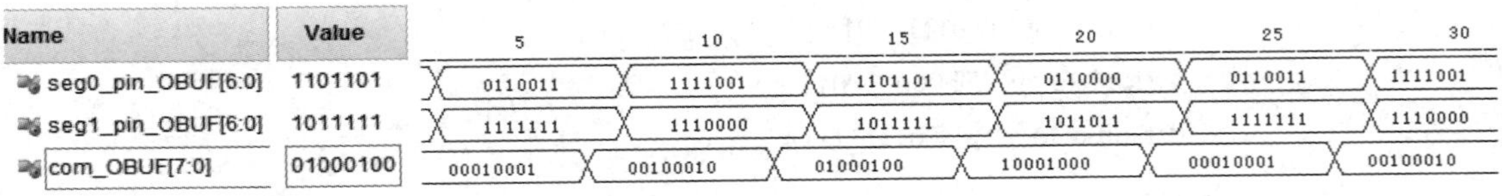

图 9.25 动态显示的 ILA 波形图

七、配置约束文件

实验使用了 2 个四位共阴数码管，数码管的数据端 A～H 接 seg0_pin 和 seg1_pin，公共端接 com；复位端 sys_rst_n 使用了 P15，低电平复位；clk 使用板上 100 MHz 时钟信号 P17。

配置约束文件内容如下：

```
set_property -dict {PACKAGE_PIN P17 IOSTANDARD LVCMOS33} [get_ports sys_clk]
set_property -dict {PACKAGE_PIN P15 IOSTANDARD LVCMOS33} [get_ports sys_rst_n]
set_property -dict {PACKAGE_PIN B4 IOSTANDARD LVCMOS33} [get_ports {seg0_pin[6]}]
set_property -dict {PACKAGE_PIN A4 IOSTANDARD LVCMOS33} [get_ports {seg0_pin[5]}]
set_property -dict {PACKAGE_PIN A3 IOSTANDARD LVCMOS33} [get_ports {seg0_pin[4]}]
set_property -dict {PACKAGE_PIN B1 IOSTANDARD LVCMOS33} [get_ports {seg0_pin[3]}]
set_property -dict {PACKAGE_PIN A1 IOSTANDARD LVCMOS33} [get_ports {seg0_pin[2]}]
set_property -dict {PACKAGE_PIN B3 IOSTANDARD LVCMOS33} [get_ports {seg0_pin[1]}]
set_property -dict {PACKAGE_PIN B2 IOSTANDARD LVCMOS33} [get_ports {seg0_pin[0]}]
set_property -dict {PACKAGE_PIN D4 IOSTANDARD LVCMOS33} [get_ports {seg1_pin[6]}]
set_property -dict {PACKAGE_PIN E3 IOSTANDARD LVCMOS33} [get_ports {seg1_pin[5]}]
set_property -dict {PACKAGE_PIN D3 IOSTANDARD LVCMOS33} [get_ports {seg1_pin[4]}]
set_property -dict {PACKAGE_PIN F4 IOSTANDARD LVCMOS33} [get_ports {seg1_pin[3]}]
set_property -dict {PACKAGE_PIN F3 IOSTANDARD LVCMOS33} [get_ports {seg1_pin[2]}]
set_property -dict {PACKAGE_PIN E2 IOSTANDARD LVCMOS33} [get_ports {seg1_pin[1]}]
set_property -dict {PACKAGE_PIN D2 IOSTANDARD LVCMOS33} [get_ports {seg1_pin[0]}]
set_property -dict {PACKAGE_PIN G2 IOSTANDARD LVCMOS33} [get_ports {com[3]}]
set_property -dict {PACKAGE_PIN C2 IOSTANDARD LVCMOS33} [get_ports {com[2]}]
set_property -dict {PACKAGE_PIN C1 IOSTANDARD LVCMOS33} [get_ports {com[1]}]
set_property -dict {PACKAGE_PIN H1 IOSTANDARD LVCMOS33} [get_ports {com[0]}]
set_property -dict {PACKAGE_PIN G1 IOSTANDARD LVCMOS33} [get_ports {com[7]}]
set_property -dict {PACKAGE_PIN F1 IOSTANDARD LVCMOS33} [get_ports {com[6]}]
set_property -dict {PACKAGE_PIN E1 IOSTANDARD LVCMOS33} [get_ports {com[5]}]
set_property -dict {PACKAGE_PIN G6 IOSTANDARD LVCMOS33} [get_ports {com[4]}]
```

八、拓展训练

1. 修改本实验的参考程序，将学号的后 8 位显示在数码管上。
2. 修改本实验的参考程序，让数码管从 0～9 循环自加。

实验十一　简易数字钟设计

一、实验目的

(1) 掌握动态显示的原理；
(2) 掌握数字钟的工作原理；

(3) 掌握有限状态机的 Verilog 描述。

二、实验设备

本实验所需的实验设备包括：计算机、实验平台、万用表、Vivado 软件等。

三、实验原理说明

本实验设计的是一个简易数字钟电路，实际电路与实验十的动态显示电路一样：输入端由时钟和复位端组成，输出由两个四位共阴数码管组成，电路的基本端口如图 9.26 所示。

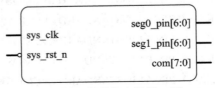

图 9.26   简易数字钟端口图

四、实验步骤

(1) 打开 Vivado 软件，新建工程 digital_watch.xpr；

(2) 芯片选择 xc7a35tcsg324-1，根据实验原理说明编写程序；

(3) 编写仿真激励程序 digital_watch_tf.v，并观察波形；

(4) 对芯片配置约束文件；

(5) 将程序综合后，生成 digital_watch.bit 并下载文件。

五、参考程序

如图 9.27 简易数字钟电路端口及信号连接图所示，简易数字钟控制器分为四个模块：u1、u2、u3、u4。u1 模块为计时模块，负责产生时、分、秒信号 time_data(time_data[7:0] 秒信号、time_data[15:8]分信号、time_data[23:16] 时信号)；u2 模块用于对显示内容进行处理，其将 time_data 的时间信号的每个位计算好后输出给 seg0_data 和 seg1_data；u3 和 u4 是动态显示控制电路，它们调用了 seg4_7 模块(模块功能在实验十中有介绍)。

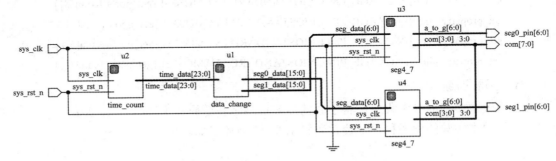

图 9.27   简易数字钟电路端口及信号连接图

参考程序如下：

```
`timescale 1ns / 1ps
module digital_watch(
    input           sys_clk,
    input           sys_rst_n,
```

```
    output [6:0]        seg0_pin,
    output [6:0]        seg1_pin,
    output [7:0]        com
    );
wire [23:0] time_data;
wire [15:0] seg0_data;
wire [15:0] seg1_data;
data_change u1(
    .time_data(time_data),
    .seg0_data(seg1_data),
    .seg1_data(seg0_data)
);
parameter TIME_HOUR = 8'd23;              //初始化时间 23:59:55
parameter TIME_MIN =   8'd59;
parameter TIME_SEC =   8'd55;
time_count #(
    .TIME_HOUR(TIME_HOUR),
    .TIME_MIN(TIME_MIN),
    .TIME_SEC(TIME_SEC)
)
u2
(
    .sys_clk      (sys_clk),
    .sys_rst_n    (sys_rst_n),
    .time_data    (time_data)
);
parameter SEG_TIME = 32'd5;               //实际用 500_000，仿真用 5
parameter SYS_CLK = 32'd10;               //实际用 100_000_000，仿真用 10
seg4_7 #(.SEG_TIME(SEG_TIME), .SYS_CLK(SYS_CLK))
u3
(
    .sys_clk   (sys_clk),
    .sys_rst_n(sys_rst_n),
    .seg_data (seg0_data),
    .a_to_g   (seg0_pin),
    .com      (com[3:0])
);
seg4_7 #(.SEG_TIME(SEG_TIME))
u4(
```

```
        .sys_clk   (sys_clk),
        .sys_rst_n(sys_rst_n),
        .seg_data  (seg1_data),
        .a_to_g    (seg1_pin),
        .com       (com[7:4])
);
//ILA 核调用，实际使用可移除
ila_0 ila_ip(
        .clk(sys_clk),              //input wire clk
        .probe0(seg0_pin),          //input wire [6:0]   probe0
        .probe1(seg1_pin),          //input wire [6:0]   probe1
        .probe2(com)                //input wire [7:0]   probe2
);
endmodule

module time_count
#(
    parameter SYS_CLK = 32'd100_000_000, //100M
    parameter TIME_HOUR = 8'd23,
    parameter TIME_MIN = 8'd59,
    parameter TIME_SEC = 8'd55
    )
    (
    input           sys_clk,
    input           sys_rst_n,
    output reg [23:0]   time_data
    );
reg [31:0] count;
always @(posedge sys_clk or negedge sys_rst_n)begin
    if(!sys_rst_n) count <= 1'd0;
    else if(count < SYS_CLK - 1) count <= count +1'b1;
    else count <= 1'b0;
end
always @(posedge sys_clk or negedge sys_rst_n)begin
    if(!sys_rst_n)begin
        time_data[7:0]   <= TIME_SEC;
        time_data[15:8]  <= TIME_MIN;
        time_data[23:16] <= TIME_HOUR;
    end
```

```verilog
        else if(count== (SYS_CLK - 1))begin
            if(time_data[7:0] < 59) time_data[7:0] <= time_data[7:0] + 1'b1;
            else begin
                time_data[7:0] <= 8'd0;
                if(time_data[15:8] < 59)time_data[15:8] <= time_data[15:8] + 1'b1;
                else begin
                time_data[15:8] <= 8'd0;
                if(time_data[23:16] < 23)time_data[23:16] <= time_data[23:16] + 1'b1;
                else time_data[23:16] <= 8'd0;
                end
            end
        end
    end
end
endmodule

module seg4_7
#(
    parameter SYS_CLK = 32'd100_000_000,        //系统输入时钟 100M
    parameter SEG_TIME= 32'd500_000             //数码片选择时间
)
(
    input           sys_clk,
    input           sys_rst_n,
    input   [16:0]  seg_data,
    output reg [6:0] a_to_g,
    output reg [3:0] com
    );
reg [31:0] count;
reg [1:0]    step;
wire [3:0]    data0;
wire [3:0]    data1;
wire [3:0]    data2;
wire [3:0]    data3;
reg [3:0]    temp;

assign data0= seg_data[3:0];
assign data1= seg_data[7:4];
assign data2= seg_data[11:8];
assign data3= seg_data[15:12];
```

263

```verilog
always @(posedge sys_clk or negedge sys_rst_n)begin
    if(!sys_rst_n)                    count <= 1'b0;
    else if(count < SEG_TIME-1)count <= count +1'b1;
    else                          count <= 1'b0;
end

always @(posedge sys_clk or negedge sys_rst_n)begin
    if(!sys_rst_n)                    step <= 1'b0;
    else if(count== SEG_TIME -1) step <= step +1'b1;
end

always @(posedge sys_clk or negedge sys_rst_n)begin
    if(!sys_rst_n) begin
        com <= 8'b0;
        temp <= 4'd0;
    end
    else begin
        case (step)
            2'd0:begin
                    com <= 4'b0001;
                    temp <= data0;
                end
            2'd1:begin
                    com <= 4'b0010;
                    temp <= data1;
                end
            2'd2:begin
                    com <= 4'b0100;
                    temp <= data2;
                end
            2'd3:begin
                    com <= 4'b1000;
                    temp <= data3;
                end
            default:;
        endcase
    end
end
```

```
always @(posedge sys_clk or negedge sys_rst_n)begin
    if(!sys_rst_n) a_to_g <= 7'b111_1110;
    else begin
      case (temp)
        4'd0: a_to_g=7'b111_1110;      //显示 0;
        4'd1: a_to_g=7'b011_0000;
        4'd2: a_to_g=7'b110_1101;
        4'd3: a_to_g=7'b111_1001;
        4'd4: a_to_g=7'b011_0011;
        4'd5: a_to_g=7'b101_1011;
        4'd6: a_to_g=7'b101_1111;
        4'd7: a_to_g=7'b111_0000;
        4'd8: a_to_g=7'b111_1111;
        4'd9: a_to_g=7'b111_1011;
        4'd10:a_to_g=7'b000_0001;      //数码管显示—，用于分隔时钟的时、分、秒位
        default:a_to_g=7'b000_0001; ;
      endcase
    end
end
endmodule


module data_change(
    input [23:0]      time_data,
    output reg [15:0] seg0_data,
    output reg [15:0] seg1_data
  );
  always @(time_data)begin
  seg0_data[3:0]   = time_data[7:0] % 4'd10;           //秒
  seg0_data[7:4]   = time_data[7:0] / 4'd10 % 4'd10;
  seg0_data[11:8] = 4'd10;                             //显示符号—
  seg0_data[15:12]= time_data[15:8] % 4'd10;          //分
  seg1_data[3:0]   = time_data[15:8] /4'd10 % 4'd10;
  seg1_data[7:4]   = 4'd10;
  seg1_data[11:8] = time_data[23:16] % 4'd10;         //时
  seg1_data[15:12]= time_data[23:16] / 4'd10 % 4'd10;
  end
  endmodule
```

六、仿真激励程序和波形

为了方便观察，在程序中可作如下修改：

```
parameter SEG_TIME=32'd5;
parameter SEG_CLK=32'd10;
`timescale 1ns / 1ps
module digital_watch_tf();
reg              sys_clk;
reg              sys_rst_n;
wire [6:0]       seg0_pin;
wire [6:0]       seg1_pin;
wire [7:0]       com;
digital_watch uut(
        .sys_clk(sys_clk),
        .sys_rst_n(sys_rst_n),
        .seg0_pin(seg0_pin),
        .seg1_pin(seg1_pin),
        .com(com)
);
initial begin
sys_clk=0; sys_rst_n=0; sys_clk=1; #10;       //时钟上升沿，复位低电平
sys_rst_n=1;
end
always begin #5 sys_clk=~sys_clk; end          //系统时钟产生
endmodule
```

简易数字钟的仿真波形如图 9.28 所示。

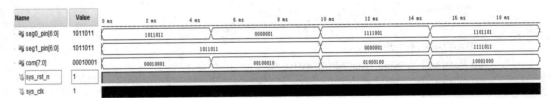

图 9.28　简易数字钟的仿真波形

本实验采用 ILA 核(综合逻辑分析仪)对数字钟输出的三个总线上的信号波形进行捕捉，部分信号如图 9.29 所示，使用 IP Catalog 向导(IP 核的使用可以参考第 8 章)生成 ILA 核的相关设置(参考实验十，探针 probe0 对应 seg0_pin，探针 probe1 对应 seg1_pin，探针 probe2 对应 com)。

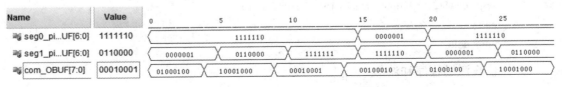

图 9.29　简易数字钟的 ILA 波形图

七、配置约束文件

实验使用 2 个四位共阴数码管，数码管的数据端 A～H 接 seg0_pin 和 seg1_pin，公共
端接 com；复位端 sys_rst_n 使用了 P15，低电平复位；clk 使用板上 100 MHz 时钟信号 P17。

配置约束文件内容如下：

```
set_property -dict {PACKAGE_PIN P17 IOSTANDARD LVCMOS33} [get_ports sys_clk]
set_property -dict {PACKAGE_PIN P15 IOSTANDARD LVCMOS33} [get_ports sys_rst_n]
set_property -dict {PACKAGE_PIN B4 IOSTANDARD LVCMOS33} [get_ports {seg0_pin[6]}]
set_property -dict {PACKAGE_PIN A4 IOSTANDARD LVCMOS33} [get_ports {seg0_pin[5]}]
set_property -dict {PACKAGE_PIN A3 IOSTANDARD LVCMOS33} [get_ports {seg0_pin[4]}]
set_property -dict {PACKAGE_PIN B1 IOSTANDARD LVCMOS33} [get_ports {seg0_pin[3]}]
set_property -dict {PACKAGE_PIN A1 IOSTANDARD LVCMOS33} [get_ports {seg0_pin[2]}]
set_property -dict {PACKAGE_PIN B3 IOSTANDARD LVCMOS33} [get_ports {seg0_pin[1]}]
set_property -dict {PACKAGE_PIN B2 IOSTANDARD LVCMOS33} [get_ports {seg0_pin[0]}]
set_property -dict {PACKAGE_PIN D4 IOSTANDARD LVCMOS33} [get_ports {seg1_pin[6]}]
set_property -dict {PACKAGE_PIN E3 IOSTANDARD LVCMOS33} [get_ports {seg1_pin[5]}]
set_property -dict {PACKAGE_PIN D3 IOSTANDARD LVCMOS33} [get_ports {seg1_pin[4]}]
set_property -dict {PACKAGE_PIN F4 IOSTANDARD LVCMOS33} [get_ports {seg1_pin[3]}]
set_property -dict {PACKAGE_PIN F3 IOSTANDARD LVCMOS33} [get_ports {seg1_pin[2]}]
set_property -dict {PACKAGE_PIN E2 IOSTANDARD LVCMOS33} [get_ports {seg1_pin[1]}]
set_property -dict {PACKAGE_PIN D2 IOSTANDARD LVCMOS33} [get_ports {seg1_pin[0]}]
set_property -dict {PACKAGE_PIN G2 IOSTANDARD LVCMOS33} [get_ports {com[3]}]
set_property -dict {PACKAGE_PIN C2 IOSTANDARD LVCMOS33} [get_ports {com[2]}]
set_property -dict {PACKAGE_PIN C1 IOSTANDARD LVCMOS33} [get_ports {com[1]}]
set_property -dict {PACKAGE_PIN H1 IOSTANDARD LVCMOS33} [get_ports {com[0]}]
set_property -dict {PACKAGE_PIN G1 IOSTANDARD LVCMOS33} [get_ports {com[7]}]
set_property -dict {PACKAGE_PIN F1 IOSTANDARD LVCMOS33} [get_ports {com[6]}]
set_property -dict {PACKAGE_PIN E1 IOSTANDARD LVCMOS33} [get_ports {com[5]}]
set_property -dict {PACKAGE_PIN G6 IOSTANDARD LVCMOS33} [get_ports {com[4]}]
```

八、拓展训练

1. 修改本实验的参考程序：增加整点报时功能。
2. 修改本实验的参考程序：增加调时功能。
3. 增加 ILA 核查看 time_data 数据。

实验十二　四人抢答器设计

一、实验目的

(1) 掌握分支语句的使用方法；

(2) 掌握模块调用的语法结构；

(3) 了解有限状态机的 Verilog 描述。

二、实验设备

本实验所需的实验设备包括：计算机、实验平台、万用表、Vivado 软件等。

三、实验原理说明

本实验设计的是一个四人抢答器，程序流程图如图 9.30 所示。初始化后 4 个 LED 全亮的选手均有资格抢答，同时进入 9 秒倒计时；倒计时结束后有资格抢答的选手可以进行按键抢答，抢答后用 LED 的亮灭来指示抢答成功的选手；抢答结束后，由主持人控制开始第二次抢答。

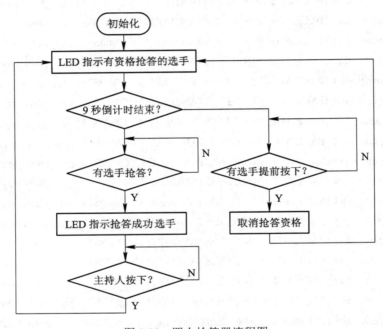

图 9.30　四人抢答器流程图

四、实验步骤

(1) 打开 Vivado 软件，新建工程 responder.xpr；

(2) 芯片选择 xc7a35tcsg324-1，根据实验原理说明编写程序；

(3) 编写仿真激励程序 responder_tf.v，并观察波形；

(4) 对芯片配置约束文件；

(5) 将程序综合后，生成 responder.bit 并下载文件。

五、参考程序

如图 9.31 四人抢答器电路端口及信号连接图所示，四人抢答器控制器分为两个模块：seg7 和 key_scan。seg7 模块是动态显示模块，负责显示倒计时时间；key_scan 模块用于抢答器的按键处理。key_scan 模块的主要功能如下：

(1) 调用按键消抖模块；

(2) 输出倒计时时间;

(3) 判断按键情况。

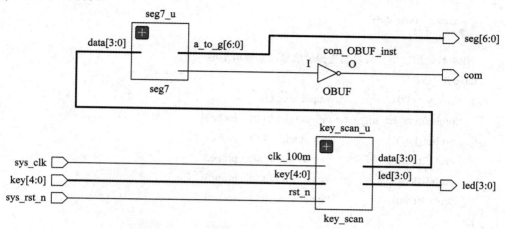

图 9.31 四人抢答器电路端口及信号连接图

参考程序如下:

```verilog
`timescale 1ns / 1ps
/*======== 顶层模块================*/
module key_responder(
    input    sys_clk,
    input    sys_rst_n,
    input    [4:0] key,
    output   [6:0] seg,
    output   [3:0] led,
    output   com
);
parameter TIME_1S = 1000_000_00;    //1 秒钟计数脉冲, 100 M 晶振, 仿真时改为 10
parameter WAIT_TIME = 9;            //抢答时间   单位: 秒
wire [3:0] seg_data;
seg7 seg7_u(
    .data   (seg_data),
    .a_to_g(seg),
    .com    (com)
);
key_scan #(
    .TIME_1S(TIME_1S),
    .WAIT_TIME(WAIT_TIME)
) key_scan_u(
    .clk_100m(sys_clk),
    .rst_n   (sys_rst_n),
```

```verilog
        .key        (key),
        .led        (led),
        .data       (seg_data)
);
//ILA 核调用，下载后可捕捉探针信号，实际可不用
ila_0 ila_ip (
        .clk(sys_clk),              //input wire clk
        .probe0(sys_rst_n),         //input wire [0:0]    probe0
        .probe1(key),               //input wire [4:0]    probe1
        .probe2(seg),               //input wire [5:0]    probe2
        .probe3(led),               //input wire [3:0]    probe3
        .probe4(com)                //input wire [0:0]    probe4
);
endmodule
/*=============== 显示模块 BCD 码===================*/
module seg7(
        input       [3:0]   data,
        output reg  [6:0]   a_to_g,
        output              com
    );
assign com= 1'b1;
always @(*)begin
        case(data)
            0: a_to_g        =7'b111_1110;
            1: a_to_g        =7'b0110000;
            2: a_to_g        =7'b1101101;
            3: a_to_g        =7'b1111001;
            4: a_to_g        =7'b0110011;
            5: a_to_g        =7'b1011011;
            6: a_to_g        =7'b1011111;
            7: a_to_g        =7'b1110000;
            8: a_to_g        =7'b1111111;
            9: a_to_g        =7'b1111011;
            'hA:a_to_g       =7'b1110111;
            'hB:a_to_g       =7'b0011111;
            'hC:a_to_g       =7'b1001110;
            'hD:a_to_g       =7'b0111101;
            'hE:a_to_g       =7'b1001111;
            'hF:a_to_g       =7'b1000111;
```

```
                default:a_to_g      =7'b1111110;
         endcase
    end
    endmodule
/*============ 按键处理模块================*/
module key_scan
#(
    parameter TIME_1S    = 1000_000_00,        //1 秒钟计数脉冲
    parameter WAIT_TIME = 9                     //抢答倒计时 9 秒
)
(
    input      clk_100m,
    input         rst_n,
    input     [4:0] key,
    output reg [3:0] led,
    output reg [3:0] data
    );
localparam IDLE         = 3'd0;          //空闲状态
localparam START        = 3'd1;          //开始
localparam WAIT         = 3'd2;          //等待
localparam RESPONDER = 3'd3;             //抢答
localparam STOP         = 3'd4;          //结束
reg [28:0]   count;
reg [7:0]    sec;
reg [2:0]    key_step;
wire [4:0]   key_value;
wire         key_en;                    //使能抢答按键有效
//计时
always@(posedge clk_100m or negedge rst_n)begin
    if(!rst_n)begin
       count <= 29'b0;
       sec   <= 8'b0;
    end else if(key_step== WAIT)begin  //抢答时间倒计时
       if(count < TIME_1S-1)begin
          count <= count + 1'b1;
       end else begin
          count <= 1'b0;
          sec   <= sec +1'b1;
       end
    end
```

```verilog
        end else begin
            count <= 29'b0;
            sec    <= 8'b0;
        end
    end
    //状态机逻辑处理
    always@(posedge clk_100m or negedge rst_n)begin
        if(!rst_n) begin
            key_step <= IDLE;
            data <= 4'b0;
            led    <= 4'b0000;
        end else begin
            if(key_value[0]) key_step <= START;           //启动抢答，进入等待计时
                case (key_step)
                        IDLE:     data <= 4'b0;
                        START:begin
                            led    <= 4'b1111;             //led 全亮，选手有抢答资格
                            key_step <= WAIT;
                                end
                        WAIT:begin                          //抢答等待倒计时
                            data <= WAIT_TIME - sec;        //抢答倒计时显示数据
                            if(sec >= WAIT_TIME)begin       //抢答等待时间结束
                                key_step <= RESPONDER;      //进入抢答
                            end else begin                  //等待期间抢答取消资格
                                if(key_value[1])       led[0] <= 1'b0;   //灯灭
                                else if(key_value[2]) led[1] <= 1'b0;
                                else if(key_value[3]) led[2] <= 1'b0;
                                else if(key_value[4]) led[3] <= 1'b0;
                            end
                        end
                        RESPONDER:begin                     //开始抢答
                            if(led[0] && key_value[1])begin
                                led <= 4'b0001; key_step <= STOP;
                            end else if(led[1] && key_value[2])begin
                                led <= 4'b0010; key_step <= STOP;
                            end else if(led[2] && key_value[3])begin
                                led <= 4'b0100; key_step <= STOP;
                            end else if(led[3] && key_value[4])begin
                                led <= 4'b1000; key_step <= STOP;
```

```
                        end
                    end
                STOP:begin
                        data        <= 4'b0;
                        key_step <= IDLE;
                    end
                default:begin
                        key_step <= IDLE;
                        data <= 4'b0;
                        led     <= 4'b0000;
                    end
            endcase
        end
end
/*===================== 按键消抖调用=====================*/
assign key_en= (key_step== WAIT || key_step== RESPONDER)? 1'b1:1'b0;
key_debouncer   key_u0(
    .clk_100m    (clk_100m),
    .rst_n        (rst_n),
    .key_en       (1'b1),
    .key_in       (key[0]),
    .key_value    (key_value[0])
);
key_debouncer key_u1(
    .clk_100m     (clk_100m),
    .rst_n        (rst_n),
    .key_en       (key_en),
    .key_in       (key[1]),
    .key_value    (key_value[1])
);
key_debouncer   key_u2(
    .clk_100m    (clk_100m),
    .rst_n        (rst_n),
    .key_en       (key_en),
    .key_in       (key[2]),
    .key_value    (key_value[2])
);
key_debouncer   key_u3(
    .clk_100m    (clk_100m),
```

```verilog
        .rst_n      (rst_n),
        .key_en     (key_en),
        .key_in     (key[3]),
        .key_value  (key_value[3])
);
key_debouncer   key_u4(
        .clk_100m   (clk_100m),
        .rst_n      (rst_n),
        .key_en     (key_en),
        .key_in     (key[4]),
        .key_value  (key_value[4])
);
endmodule
//按键消抖模块
module key_debouncer(
        input     clk_100m,        //输入时钟 100M
        input     rst_n,
        input     key_in,
        input     key_en,
        output reg key_value
);
parameter Period_5ms=2;       //实际用 249999;
reg [31:0] cnt;
reg [3:0]   key_r;                 //按键采样寄存器
reg clk_5ms;
//使用 100 MHz 分频出 5 ms 抖动采样时钟
always@(posedge clk_100m or negedge rst_n)begin
    if(!rst_n)begin
        cnt      <= 1'b0;
        clk_5ms <= 1'b0;
    end else if(key_en) begin
        if(cnt < Period_5ms) cnt <= cnt + 1'b1;
        else begin
            cnt <= 1'b0;
            clk_5ms <= ~clk_5ms;
        end
    end else begin
        cnt      <= 1'b0;
        clk_5ms <= 1'b0;
```

```
            end
        end
    //按键消抖
    always@(posedge clk_5ms or negedge rst_n)begin
        if(!rst_n)begin
            key_r <= 4'b0;
        end else if(key_en) begin          //连续 4 次采样按键信号
            key_r[3] <= key_r[2];
            key_r[2] <= key_r[1];
            key_r[1] <= key_r[0];
            key_r[0] <= key_in; //key_r<={key_r, key_in};    //移位寄存器，寄存按键值
        end else begin
            key_r <= 4'b0;
        end
    end
    //键值判断
    always@(posedge clk_100m or negedge rst_n)begin
        if(!rst_n) key_value <= 1'b0;
        else if(key_en)begin
            if(key_r== 4'b1111)   key_value <= 1'b1;      //4 次采样值均为 1，输出稳定信号
            else                  key_value <= 1'b0;
        end else              key_value <= 1'b0;
    end
    endmodule
```

六、仿真激励程序和波形

为了方便观察，在主程序中修改：parameter TIME_1S = 10;，parameter Period_5ms = 2;。
仿真激励程序如下：

```
    `timescale 1ns / 1ps
    module responder_tf();
    reg sys_clk;
    reg sys_rst_n;
    reg [4:0]key;
    wire [6:0] seg;
    wire [3:0] led;
    wire com;
    key_responder uut(
        .sys_clk(sys_clk),
        .sys_rst_n(sys_rst_n),
```

```
        .key(key),
        .seg(seg),
        .led(led),
        .com(com)
    );
    initial begin
    sys_clk = 0; sys_rst_n = 0; key = 5'b00000; #10;
    sys_rst_n = 1;                      //不复位
    key[0] = 1; #50;                    //主裁判按下
    key[0] = 0; #50;                    //主裁判松手，开始 9 秒倒计时
    key[1] = 1; #100;                   //倒计时未完抢答，将被取消资格
    key[2] = 1; #100;                   //倒计时完，抢答成功
    $stop;
    end
    always    begin #1 sys_clk = ~sys_clk; end
    endmodule
```

如图 9.32 四人抢答器的波形图所示。sys_rst_n = 1 系统不复位后，key[0] = 1 表示主裁判按下开始键后倒计时开始；在倒计时未完成时 key[1] = 1 表示提前抢答，对应的 led = 4'b1110 表示取消抢答资格；倒计时结束后，key[2] = 1 表示抢答成功，对应的 led = 4'b0010。

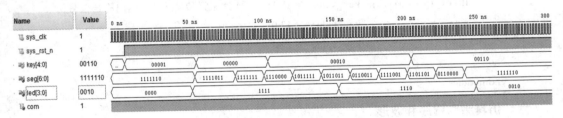

图 9.32 四人抢答器的波形图

七、配置约束文件

实验使用 1 个四位共阴数码管，数码管的数据端 A~H 接 seg，公共端接 com；复位端 sys_rst_n 使用了 P15，低电平复位；sys_clk 使用板上 100 MHz 时钟信号 P17。

配置约束文件内容如下：

```
set_property -dict {PACKAGE_PIN P17 IOSTANDARD LVCMOS33} [get_ports sys_clk]
set_property -dict {PACKAGE_PIN P15 IOSTANDARD LVCMOS33} [get_ports sys_rst_n]
set_property -dict {PACKAGE_PIN R11 IOSTANDARD LVCMOS33} [get_ports {key[0]}]
set_property -dict {PACKAGE_PIN R17 IOSTANDARD LVCMOS33} [get_ports {key[1]}]
set_property -dict {PACKAGE_PIN R15 IOSTANDARD LVCMOS33} [get_ports {key[2]}]
set_property -dict {PACKAGE_PIN V1 IOSTANDARD LVCMOS33} [get_ports {key[3]}]
set_property -dict {PACKAGE_PIN U4 IOSTANDARD LVCMOS33} [get_ports {key[4]}]
set_property -dict {PACKAGE_PIN B4 IOSTANDARD LVCMOS33} [get_ports {seg[6]}]
```

set_property -dict {PACKAGE_PIN A4 IOSTANDARD LVCMOS33} [get_ports {seg[5]}]
set_property -dict {PACKAGE_PIN A3 IOSTANDARD LVCMOS33} [get_ports {seg[4]}]
set_property -dict {PACKAGE_PIN B1 IOSTANDARD LVCMOS33} [get_ports {seg[3]}]
set_property -dict {PACKAGE_PIN A1 IOSTANDARD LVCMOS33} [get_ports {seg[2]}]
set_property -dict {PACKAGE_PIN B3 IOSTANDARD LVCMOS33} [get_ports {seg[1]}]
set_property -dict {PACKAGE_PIN B2 IOSTANDARD LVCMOS33} [get_ports {seg[0]}]
set_property -dict {PACKAGE_PIN K3 IOSTANDARD LVCMOS33} [get_ports {led[0]}]
set_property -dict {PACKAGE_PIN M1 IOSTANDARD LVCMOS33} [get_ports {led[1]}]
set_property -dict {PACKAGE_PIN L1 IOSTANDARD LVCMOS33} [get_ports {led[2]}]
set_property -dict {PACKAGE_PIN K6 IOSTANDARD LVCMOS33} [get_ports {led[3]}]
set_property -dict {PACKAGE_PIN C2 IOSTANDARD LVCMOS33} [get_ports com]

八、拓展训练

1. 修改本实验的参考程序：将有限状态机状态编码改为独热码。
2. 修改本实验的参考程序：用数码管显示抢答者的号数。

实验十三　DDS 正弦波信号发生器设计

一、实验目的

(1) 掌握 DAC0832 的工作原理；
(2) 掌握 DDS IP 核的使用方法；
(3) 掌握模块的调用方法。

二、实验设备

本实验所需实验设备包括：计算机、实验平台、万用表、Vivado 软件等。

三、实验原理说明

本实验要利用 DAC0832 和 DDS IP 核设计一个正弦波信号发生器。实验采用 IP Catalog 中的 DDS Compiler 生成正弦波数据，经过 DAC0832 驱动程序使 DAC 输出正弦波。DDS 正弦波信号发生器框架图如图 9.33 所示。

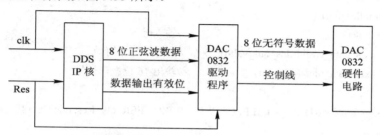

图 9.33　DDS 正弦波信号发生器框架图

四、实验步骤

(1) 打开 Vivado 软件，新建工程 signal_generator.xpr；

(2) 芯片选择 xc7a35tcsg324-1，根据实验原理说明编写程序；

(3) 编写仿真激励程序 signal_generator_tf.v，并观察波形；

(4) 对芯片配置约束文件；

(5) 将程序综合后，生成 signal_generator.bit 并下载文件。

五、参考程序

DDS 正弦波信号发生器电路端口及信号连接图如图 9.34 所示。正弦波信号发生器分为两个模块：u1 和 u2。u1 模块用于 DDS IP 核的调用，可生成 8 位 10 kHz 的双极性正弦波数据；u2 模块包括 DAC0832 直通驱动程序，该程序在第 8 章有介绍。RTL_ADD 加器法是采用将 DDS IP 核的双极性数据加 128 后转换成符合 u2 的单极性数据的方法实现的。

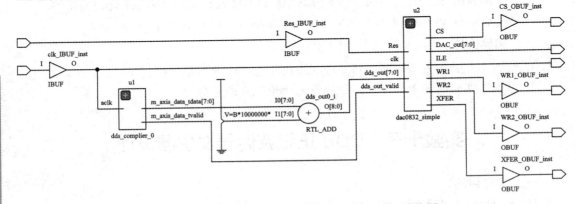

图 9.34　DDS 正弦波信号发生器电路端口及信号连接图

参考程序如下：

```
`timescale 1ns / 1ps
module signal_generator(DAC_out, ILE, CS, WR1, WR2, XFER, clk, Res);
output ILE, CS, WR1, WR2, XFER;
output [7:0]DAC_out;
input clk;                          //100 MHz
input Res;                          //平时为低电平，按下后高电平复位
wire [7:0]dds_out;
wire dds_out_valid;
dds_compiler_0 u1 (
    .aclk(clk),                     //输入时钟
    .m_axis_data_tvalid(dds_out_valid),    //高电平输出有效
    .m_axis_data_tdata(dds_out)     //输出 16 位波形信号
    );
dac0832_simple u2(DAC_out, ILE, CS, WR1, WR2, XFER, clk, Res, dds_out+128, dds_out_valid);
endmodule

module dac0832_simple(DAC_out, ILE, CS, WR1, WR2, XFER, clk, Res, dds_out, dds_out_valid);
output reg ILE, CS, WR1, WR2, XFER;
```

```
output reg [7:0]DAC_out;
input clk;                                        //100 MHz
input Res;                                        //平时为低电平，按下后高电平复位
input [7:0]dds_out;
input dds_out_valid;
always @(*)
begin
    if(Res)
        begin
            {ILE, CS, WR1, WR2, XFER} <= 5'b01111;
            DAC_out <= 8'b0000_0000;
        end
    else
    begin
        {ILE, CS, WR1, WR2, XFER} <= 5'b10000;       //设置为直通模式
        if(dds_out_valid)DAC_out <= dds_out;
        end
    end
endmodule
```

　　DDS IP 核的配置在 8.4 节中有详细介绍，不同的是 8.4 节介绍的是数据及相位宽度为 16 位、频率为 1 MHz 的正弦波发生器，本实验设计的是数据及相位宽度为 8 位、频率为 10 kHz 的正弦波发生器。在 IP 配置上，本实验重新计算了 SFDR、输出频率等参数，相关修改如图 9.35 至图 9.37 所示。

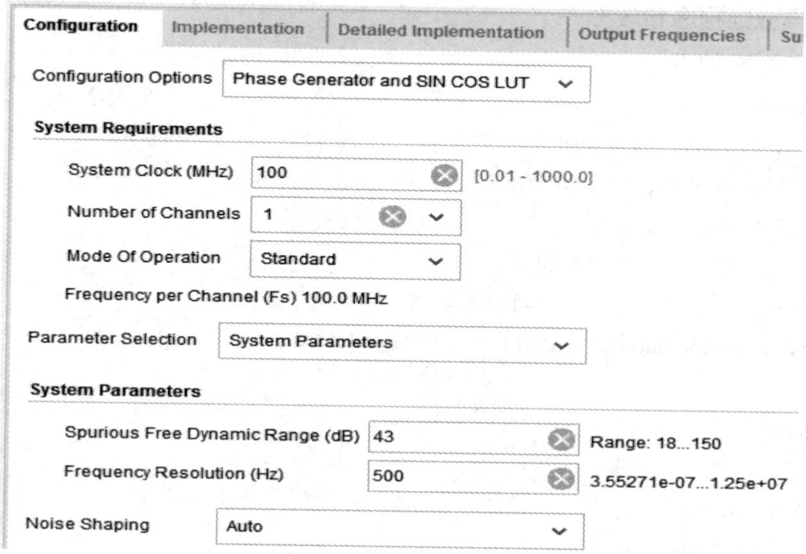

图 9.35　Configuration 窗口参数设置

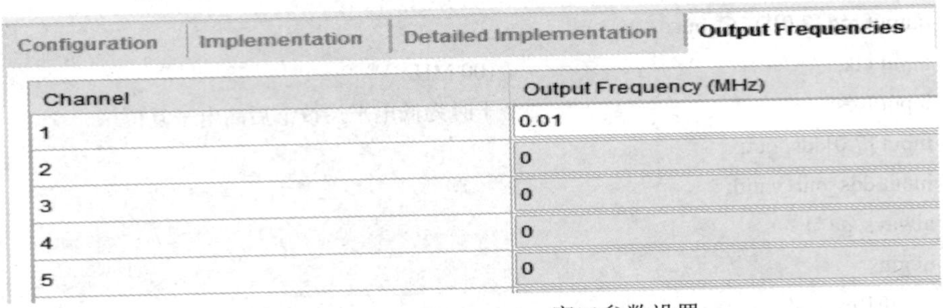
Configuration
Implementation
Detailed Implementation
Output Frequencies
Channel
Output Frequency (MHz)
1
0.01
2
0
3
0
4
0
5
0

图 9.36　Output Frequencies 窗口参数设置

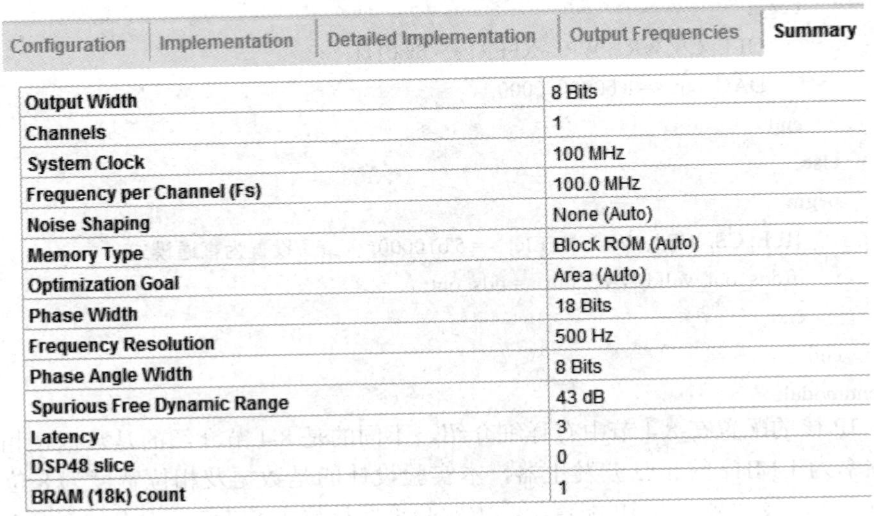
Configuration
Implementation
Detailed Implementation
Output Frequencies
Summary
Output Width
8 Bits
Channels
1
System Clock
100 MHz
Frequency per Channel (Fs)
100.0 MHz
Noise Shaping
None (Auto)
Memory Type
Block ROM (Auto)
Optimization Goal
Area (Auto)
Phase Width
18 Bits
Frequency Resolution
500 Hz
Phase Angle Width
8 Bits
Spurious Free Dynamic Range
43 dB
Latency
3
DSP48 slice
0
BRAM (18k) count
1

图 9.37　IP 配置总结

六、仿真激励程序和波形

仿真激励程序如下：

```
`timescale 1ns / 1ps
module signal_generator_tf();
wire ILE, CS, WR1, WR2, XFER;
wire [7:0]DAC_out;
reg clk;                    //100 MHz
reg Res;                    //平时为低电平，按下后高电平复位
signal_generator uut(DAC_out, ILE, CS, WR1, WR2, XFER, clk, Res);
initial
   begin
     clk = 0; Res = 1; clk = 1; #100;
     Res = 0;
     forever #5 clk = ~clk;
end
endmodule
```

DDS 正弦波信号发生器的仿真波形图如图 9.38 所示。CS、ILE、WR1、WR2、XFER 为使能 DAC0832 的控制端，设置其为直通工作方式；DAC_out[7:0]为 8 位无极性的数据，观察时应点击右键，并将 Waveform Style(波形类型)设置为 Analog(模拟)输出，同时将 Radix(基数)设置为 Unsigned Decimal(无符号十进制)类型；Res 初始化复位成功后，将其设置为低电平不复位。

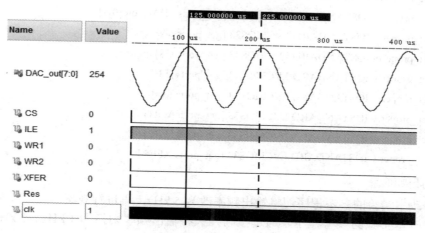

图 9.38　DDS 正弦波信号发生器的仿真波形图

七、配置约束文件

本次实验使用的 EGO1 开发板已经设定 DAC0832 对应的引脚端口，按要求进行配置；clk 使用板上 100 MHz 时钟信号 P17；复位端使用 S4。

配置约束文件内容如下：

```
set_property PACKAGE_PIN U9 [get_ports {DAC_out[7]}]
set_property PACKAGE_PIN V9 [get_ports {DAC_out[6]}]
set_property PACKAGE_PIN U7 [get_ports {DAC_out[5]}]
set_property PACKAGE_PIN U6 [get_ports {DAC_out[4]}]
set_property PACKAGE_PIN R7 [get_ports {DAC_out[3]}]
set_property PACKAGE_PIN T6 [get_ports {DAC_out[2]}]
set_property PACKAGE_PIN R8 [get_ports {DAC_out[1]}]
set_property PACKAGE_PIN T8 [get_ports {DAC_out[0]}]
set_property PACKAGE_PIN N6 [get_ports CS]
set_property PACKAGE_PIN R5 [get_ports ILE]
set_property PACKAGE_PIN V6 [get_ports WR1]
set_property PACKAGE_PIN R6 [get_ports WR2]
set_property PACKAGE_PIN V7 [get_ports XFER]
set_property PACKAGE_PIN R17 [get_ports Res]
set_property PACKAGE_PIN P17 [get_ports clk]
set_property IOSTANDARD LVCMOS33 [get_ports {DAC_out[7]}]
set_property IOSTANDARD LVCMOS33 [get_ports {DAC_out[6]}]
```

set_property IOSTANDARD LVCMOS33 [get_ports {DAC_out[5]}]
set_property IOSTANDARD LVCMOS33 [get_ports {DAC_out[4]}]
set_property IOSTANDARD LVCMOS33 [get_ports {DAC_out[3]}]
set_property IOSTANDARD LVCMOS33 [get_ports {DAC_out[2]}]
set_property IOSTANDARD LVCMOS33 [get_ports {DAC_out[1]}]
set_property IOSTANDARD LVCMOS33 [get_ports {DAC_out[0]}]
set_property IOSTANDARD LVCMOS33 [get_ports clk]
set_property IOSTANDARD LVCMOS33 [get_ports CS]
set_property IOSTANDARD LVCMOS33 [get_ports ILE]
set_property IOSTANDARD LVCMOS33 [get_ports Res]
set_property IOSTANDARD LVCMOS33 [get_ports WR1]
set_property IOSTANDARD LVCMOS33 [get_ports WR2]
set_property IOSTANDARD LVCMOS33 [get_ports XFER]

八、拓展训练

1. 修改本实验的参考程序，将输出频率改为 5 kHz，再进行观察。

2. 修改本实验的参考程序，通过拨码开关将输出频率切换为 1 kHz、2 kHz、5 kHz、10 kHz。

实验十四　UART 串口通信控制器设计

一、实验目的

(1) 了解串口通信的通信协议；
(2) 掌握串口通信的状态机描述；
(3) 掌握模块的调用方法。

二、实验设备

本实验所需的实验设备包括：计算机、实验平台、万用表、Vivado 软件等。

三、实验原理说明

UART 是通用异步收发传输控制器，主要用于实现将芯片内部的并行数据转换成串行数据流，再按照一定的帧结构、传输速度(波特率)进行通信的过程。本实验设计一个波特率为 9600 b/s 的 UART 发送端控制器,将拨码开关的状态发送至电脑端串口通信软件显示。表 9.11 为 UART 串行通信的帧结构格式。可取数据位为 D0～D7(发送 8 位数据)；校验位可省略或选择奇、偶校验；结束位可选 1 位、1.5 位或 2 位。

表 9.11　UART 串行通信的帧结构图

开始位	数 据 位					校验位	结束位
0	D0	D1	D2	...	D7	0/1	1

四、实验步骤

(1) 打开 Vivado 软件，新建工程 Uart_txd.xpr；

(2) 芯片选择 xc7a35tcsg324-1，根据实验原理说明编写程序；

(3) 编写仿真激励程序 Uart_txd_tf.v，并观察波形；

(4) 对芯片配置约束文件；

(5) 将程序综合后，生成 Uart_txd.bit 并下载文件。

五、参考程序

如图 9.39 串口通信发送控制器端口图所示，输入端 data_txd[7:0]为发送的并行数据，clk 为 100 MHz 时钟信号输入端，res 为系统复位端；输出端 TXD 为串口通信发送端。

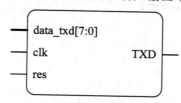

图 9.39　串口通信发送控制器端口图

参考程序如下：

```verilog
module Uart_txd#(
    parameter sys_clk = 100_000_000,
    parameter Baud_rate = 9600
)
(
    input [7:0]data_txd,
    input clk,
    input res,
    output reg TXD
);
localparam div_cnt = sys_clk/Baud_rate;             //波特率分频比
reg [31:0]Baud_cnt;
wire Baud_rate_clk;
assign Baud_rate_clk = (Baud_cnt == div_cnt-1)?1:0;  //波特率时钟生成
always @(posedge clk, negedge res)
begin
    if(res == 0)begin Baud_cnt <= 0; end
    else begin
        if(Baud_cnt == div_cnt-1)begin Baud_cnt <= 0; end
        else begin Baud_cnt <= Baud_cnt+1; end
    end
end
```

```
localparam   IDLE = 4'b0001,          //空闲
             START = 4'b0010,         //发送起始位
             SEND = 4'b0100,          //发送 8 位数据
             STOP = 4'b1000;          //发送结束位
reg [3:0]CS, NS;
reg [3:0]cnt;
wire [7:0]data_txd_buf;
assign data_txd_buf = data_txd;
always @(posedge clk, negedge res)
begin
    if(res == 0)begin    CS <= IDLE; end
    else begin
        CS <= NS;
    end
    end

always @(posedge clk, negedge res)
begin
    if(res == 0)begin    NS <= IDLE; delay <= 0; end
    else begin
    if(Baud_cnt == div_cnt-1)begin         //波特率生成
        case (CS)
            IDLE:NS <= START;
            START:NS <= SEND;
            SEND:if(cnt == 7)NS <= STOP;
            STOP:NS <= IDLE;
            default:NS <= IDLE;
        endcase
    end
end
end

always @(posedge clk, negedge res)
begin
    if(res == 0)begin TXD <= 1; cnt <= 0; end
    else begin
    if(Baud_cnt == div_cnt-1)begin              //波特率生成
        case(CS)
```

```
        IDLE:TXD <= 1;                                    //初始化，TXD 为高电平
        START:begin TXD <= 0; cnt <=0; end              //起始位，发送 0
        SEND:begin TXD <= data_txd_buf[cnt]; if(cnt < 7)cnt <= cnt+1; end    //发送8位数据
        STOP:begin TXD <= 1; cnt <= 0; end              //停止位，发送 1
        default: begin TXD <=1; cnt <= 0; end
      endcase
    end
    end
  end
  endmodule
```

六、仿真激励程序和波形

仿真激励程序如下：

```
    `timescale 1ns / 1ps
    module uart_txd_tf();
    reg [7:0]data_txd;
    reg clk;
    reg res;
    wire TXD;
    Uart_txd#(.sys_clk(100_000_000),
    .Baud_rate(9600)
    )
    uut(
        .data_txd(data_txd),
        .clk(clk),
        .res(res),
        .TXD(TXD)
    );
    initial begin
        clk = 0; res = 0; clk= 1; data_txd = 0; #100;
        res = 1; #100;
        data_txd = 8'b10101010; #2000000;  //输入并行数据;
        data_txd = 8'b10001111; #2000000;
        $stop;
    end
    always #5 clk = !clk;                    //系统时钟产生
    endmodule
```

如图 9.40 串口通信发送控制器波形图所示，串口通信发送控制器分别发送 8'b10101010 和 8'b10001111 两帧数据，同时监测 TXD、CS[3:0]、NS[3:0]、data_txd[7:0]等信号端口。

观察 data_txd[7:0] 时可点击右键在 Waveform Style(波形类型)中设置为 Digital(数字)输出，同时在 Radix(基数)中设置为 Binary(二进制)类型；Res 初始化复位成功后设置为低电平不复位。

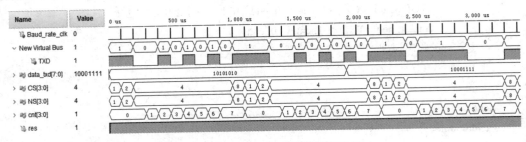

图 9.40　串口通信发送控制器波形图

七、配置约束文件

本次实验使用的 EGO1 开发板已经设定串口通信对应的引脚端口，按要求进行配置；clk 使用板上 100 MHz 时钟信号 P17；复位端使用 S4。

配置约束文件内容如下：

```
set_property PACKAGE_PIN P17 [get_ports clk]
set_property IOSTANDARD LVCMOS33 [get_ports clk]
set_property IOSTANDARD LVCMOS33 [get_ports {data_txd[7]}]
set_property IOSTANDARD LVCMOS33 [get_ports {data_txd[6]}]
set_property IOSTANDARD LVCMOS33 [get_ports {data_txd[5]}]
set_property IOSTANDARD LVCMOS33 [get_ports {data_txd[4]}]
set_property IOSTANDARD LVCMOS33 [get_ports {data_txd[3]}]
set_property IOSTANDARD LVCMOS33 [get_ports {data_txd[2]}]
set_property IOSTANDARD LVCMOS33 [get_ports {data_txd[1]}]
set_property IOSTANDARD LVCMOS33 [get_ports {data_txd[0]}]
set_property PACKAGE_PIN P5 [get_ports {data_txd[7]}]
set_property PACKAGE_PIN P4 [get_ports {data_txd[6]}]
set_property PACKAGE_PIN P3 [get_ports {data_txd[5]}]
set_property PACKAGE_PIN P2 [get_ports {data_txd[4]}]
set_property PACKAGE_PIN R2 [get_ports {data_txd[3]}]
set_property PACKAGE_PIN M4 [get_ports {data_txd[2]}]
set_property PACKAGE_PIN N4 [get_ports {data_txd[1]}]
set_property PACKAGE_PIN R1 [get_ports {data_txd[0]}]
set_property PACKAGE_PIN P15 [get_ports res]
set_property IOSTANDARD LVCMOS33 [get_ports res]
set_property IOSTANDARD LVCMOS33 [get_ports TXD]
set_property PACKAGE_PIN T4 [get_ports TXD]
```

八、拓展训练

1. 修改本实验的参考程序：将波特率改为 115 200 b/s，再进行观察。
2. 修改本实验的参考程序：实现自动发送学号至电脑端显示。

参 考 文 献

[1] 王金明. 数字系统设计与 Verilog HDL. 8 版. 北京：电子工业出版社，2021.

[2] 黄继业，潘松. EDA 技术实用教程：Verilog HDL 版. 6 版. 北京：科学出版社，2018.

[3] FLOYD T L. 数字电子技术. 11 版. 北京：电子工业出版社，2019.

[4] 阎石. 数字电子技术基础. 6 版. 北京：高等教育出版社，2016.

[5] 吴厚航. 例说 FPGA：可直接用于工程项目的第一手经验. 北京：机械工业出版社，2017.

[6] 张瑾，李泽光，韩睿，等. EDA 技术及应用. 2 版. 北京：清华大学出版社，2021.

[7] 孟宪元，钱伟康. FPGA 现代数字系统设计教程：基于 Xilinx 可编程逻辑器件与 Vivado 平台. 北京：清华大学出版社，2019.

[8] 卢有亮. Xilinx FPGA 原理与实践：基于 Vivado 和 Verilog HDL. 北京：机械工业出版社，2018.

[9] 张晋荣，章振栋，刘荣福. FPGA 实战训练精粹. 北京：清华大学出版社，2019.

[10] 郭爱煌，邢移单. 可编程逻辑器件项目开发设计. 上海：同济大学出版社，2017.

[11] 何宾. Intel FPGA 权威设计指南：基于 Quartus Prime Pro 19 集成开发环境. 北京：电子工业出版社，2020.